Klaus Hohmann

Technische Wärmelehre

Mit 240 Bildern,
84 Tabellen und 7 Diagrammen

Springer Fachmedien
Wiesbaden GmbH

Viewegs Fachbücher der Technik

Verlagsredaktion: Alfred Schubert, Willy Ebert

Additional material to this book can be downloaded from http://extras.springer.com

ISBN 978-3-663-05224-1 ISBN 978-3-663-05223-4 (eBook)
DOI 10.1007/978-3-663-05223-4

1971

Ursprünglich erschienen bei Friedr. Vieweg + Sohn GmbH, Verlag, Braunschweig 1971
Softcover reprint of the hardcover 1st edition 1971

Vorwort

Aufgabe des Buches

Zu den stärker theoretisch ausgerichteten Werken über technische Thermodynamik (Bošnjaković, oder E. Schmidt oder Spalding, Traustel, Cole) wird hier ein Arbeitsbuch der technischen Wärmelehre vorgelegt. Es sollen einmal in konzentrierter Form die theoretischen Grundlagen vermitteln und auf der anderen Seite dem Studenten wie dem Ingenieur in der Praxis ein schnelles und umfangreiches Arbeiten ermöglichen. Zu diesem Zweck hat das Buch folgenden Aufbau:

Randstichwörter

Um den Text möglichst übersichtlich zu gestalten, ist er durch Randstichwörter aufgeteilt. Im Sachwortverzeichnis sind die Seitenzahlen der Stichwörter, die auf dem Rand erscheinen, fettgedruckt.

Stoffwerte

Als Anhang besitzt das vorliegende Werk eine ausführliche Sammlung von Stoffwerten. Weil sich insbesondere in der Praxis immer wieder zeigt, daß man nach vielen Stoffwerten lange suchen muß, ist der verhältnismäßig große Umfang der Tafelsammlung eine unbedingt notwendige Voraussetzung für schnelles und gezieltes Arbeiten.

Zu Anfang der Stoffwerte steht eine Suchtafel, aus der man sofort die Nummer der Tafel findet, deren Inhalt man benötigt, z. B. man sucht die Wärmeleitfähigkeit von Luft, so weist die Suchtafel aus, daß diese Werte in Abhängigkeit von der Temperatur t in Tafel 3.1 zu suchen sind oder in Abhängigkeit vom Druck p und der Temperatur t in Tafel 3.4.

Rechenbeispiele

Zu jedem Abschnitt gehören mehrere Rechenbeispiele, die in Tafelform durchgeführt sind. Es wird gezeigt, welche Zahlenwerte tatsächlich in die für die Rechnung benötigten Gleichungen eingetragen werden, so daß auch der Ungeübte durch die bis ins einzelne durchgeführten Rechnungen Sicherheit erhält. Im Beispiel werden unter Bemerkung die Nummern der verwendeten Gleichungen angegeben, so daß jederzeit der Zusammenhang mit dem Text gewährleistet bleibt.

Übungsaufgaben

Den durchgeführten Rechenbeispielen sind in kleinen Tafeln weitere Aufgabenstellungen zu Übungszwecken nachgestellt. Diesen dort enthaltenen etwa 40 verschiedenenen Beispielen liegt das durchgerechnete Problem zugrunde, jedoch wird es so stark verändert, daß man zwar das durchgerechnete Beispiel zunächst verstehen muß, darüber hinaus aber gezwungen ist, das gestellte Problem neu zu durchdenken. Durch diese Umkehrung soll ebenfalls im Sinne eines Arbeitsbuches der Übungsbetrieb wesentlich intensiver gestaltet werden können, denn das Verteilen verschiedener Aufgaben verlangt keinen zeitlichen Aufwand und der Studierende ist in der Lage, einigermaßen selbständig die gestellte Aufgabe zu lösen, weil er zunächst das durchgerechnete Beispiel verstehen lernt.

Einheiten

Am 5.7.1970 trat das Bundesgesetz über Einheiten im Meßwesen in Kraft. Die Übergangsvorschriften lassen viele der bisher verwendeten Einheiten bis Ende 1977 zu (das Pond p, Druckeinheiten wie at, Torr, mWS, Energieeinheiten wie kcal, PSh u.a.m.). Nachher sind nur noch Einheiten wie N (Newton) für die Kraft, J (Joule) für die Energie, Pa (Pascal) für Druck und Spannung (1 Pa = 1 Nm^{-2}) usw. erlaubt.

Hier werden für die Übergangszeit alte und neue Einheiten benutzt, so daß der Leser Gelegenheit hat, sich an die neuen Einheiten zu gewöhnen. Zu Anfang des Tafelteils sind daher die Umrechnungen noch einmal zusammengestellt.

Gummersbach, August 1970

Dr.-Ing. Klaus Hohmann

Inhaltsverzeichnis

1. Grundbegriffe

1.1. Temperatur und Temperaturmessung 1
1.2. Wärmeäquivalente 4
1.3. Innere Energie 5
1.4. Druck 8
1.5. Arbeit und p-v-Diagramm 9
1.6. Zustandsänderungen idealer Gase 10
1.6.1. Zustandsgleichung idealer Gase 11
1.6.2. Kalorische Eigenschaften von Stoffen 15
1.6.3. Zustandsänderungen idealer Gase 17
1.6.4. Carnot- und Gleichdruckprozeß 23
1.7. Zweiter Hauptsatz, Entropie 25
1.8. Darstellung der Zustandsänderungen idealer Gase im p-v- und T-s-Diagramm 32
1.9. Absolute Gasarbeit, technische Arbeit, Enthalpie 34
1.10. Reale Gase 36

2. Dämpfe

2.1. Verdampfung und Verflüssigung 51
2.2. Wärmemengen bei Verdampfung und Kondensation; h-s-Diagramm 56
2.3. Dampfkraftprozesse 58

3. Kreisprozesse der Verbrennungskraftmaschinen

3.1. Allgemeines 87
3.2. Ottoprozeß 89
3.3. Dieselprozeß 95
3.4. Seiligerprozeß 96
3.5. Verbrennungsturbinen (Gasturbinen) 96

4. Linksumlaufende Prozesse

4.1. Verdichter 109
4.2. Kältemaschinen 113
4.3. Wärmepumpen 117

5. Gasgemische

5.1. Gemische idealer Gase 129
5.2. Dampf-Luft-Gemisch (feuchte Luft) 132

6. Verbrennung

6.1. Allgemeines 146
6.2. Heizwert der Brennstoffe 147
6.3. Verbrennungsgleichungen 149
6.4. Sauerstoff-, Luftbedarf, Rauchgasvolumen 150
6.5. h-t-Diagramm, Dissoziation, Irreversibilität 153
6.6. Direkte Energieumwandlung 157

7. Wärmeübertragung

7.1.	Allgemeines	168
7.2.	Wärmeleitung	170
7.3.	Wärmeübergang (Konvektion)	171
7.4.	Wärmeübertragung durch Strahlung	183

Tafelteil

Umrechnungen von Energieeinheiten		198
Umrechnungen von Leistungseinheiten		198
Umrechnungen von Druckeinheiten		198
Suchtafel		199–201
Tafel 1:	Stoffwerte fester Stoffe	202
Tafel 1.1:	Wärmetechnische Eigenschaften von Stahl und Eisen in Abhängigkeit von der Temperatur	203
Tafel 1.2:	Strahlungskoeffizienten und Strahlungskonstanten	204
Tafel 1.3:	Werte für feste Brennstoffe	205
Tafel 1.4:	Werte für Isolierstoffe	206
Tafel 2:	Stoffwerte für Flüssigkeiten bei 760 Torr, 20 °C	207
Tafel 2.1:	Stoffwerte für Wasser bei 1 at (Sättigungsdruck) abhängig von der Temperatur t	208
Tafel 2.2:	Stoffwerte für Wasser abhängig vom Siedezustand bei t und dazugehörigem Siededruck p	209
Tafel 2.3:	Werte flüssiger Brennstoffe	209
Tafel 3:	Stoffwerte von Gasen bei 760 Torr, 20 °C	210
Tafel 3.1:	Stoffwerte für trockene Luft bei 760 Torr abhängig von der Temperatur t	210
Tafel 3.2:	Spezifische Wärme trockener Luft $c_p \frac{\text{kcal}}{\text{kg grd}}$ abhängig von Temperatur und Druck	211
Tafel 3.3:	Stoffwerte für trockene Luft in Abhängigkeit von Druck und Temperatur	212
Tafel 3.4:	Wärmeleitzahl $\lambda \frac{\text{kcal}}{\text{m h grd}}$ für trockene Luft abhängig von Druck und Temperatur	212
Tafel 3.5:	Wärmeübergangszahl α in $\frac{\text{kcal}}{\text{m}^2\,\text{h grd}}$	213
Tafel 3.6:	Stoffwerte von Wasserdampf bei 1 ata und verschiedenen Temperaturen	214
Tafel 3.7:	Wärmeleitzahlen $\lambda \frac{\text{kcal}}{\text{m h grd}}$ von Wasserdampf bei verschiedenen Temperaturen und Drücken	215
Tafel 3.8:	Heizwerte gasförmiger Brennstoffe	215
Tafel 3.9:	Heizwerte reiner Brenngase	216
Tafel 3.10:	Zustandsgrößen von Wasser und Dampf bei Sättigung (Dampftafel)	217
Sachwortverzeichnis		221

Einstecktafeln

Diagramm 1: Mollier-h-s-Diagramm für Eis, Wasser und Wasserdampf von – 60 °C bis + 900 °C und von 0,00001 bar bis 2000 bar

Diagramm 2: Mollier-h-s-Diagramm für NH_3

Diagramm 3: Mollier-h-s-Diagramm für CO_2

Diagramm 4: h-x-Diagramm für feuchte Luft bei Temperaturen von - 10 °C bis 110 °C und p = 750 mm QS

Diagramm 5: Brenngemisch- und Abgasisobaren für Verbrennung von Kohlenstoff mit Luft bei p = 1 bar

Diagramm 6: Betriebscharakteristik von Gleichstromwärmeaustauschern

Diagramm 7: Betriebscharakteristik von Gegenstromwärmeaustauschern

Allgemeine Formelzeichen

(Spezielle Zeichen am Anfang jeden Abschnittes)

a	m^2/h	Temperaturleitzahl
a		Anteil Strahlungsabsorption
A	m^2	Fläche, Querschnitt
b	kg/PS h	spezifischer Brennstoffverbrauch
B	kg/h	Brennstoffverbrauch
c	kcal/kg grd	spezifische Wärme
C	kcal/kmol grd	spezifische Wärme (molar)
d	m	Durchmesser
d		Strahlungsdurchlaß
e	kcal/kg	spezifische Exergie
E	kcal	Exergie
F	kp	Kraft
g	m/s^2	Erdbeschleunigung
G	kp	Gewicht
h	kcal/kg	spezifische Enthalpie (früher i)
H	kcal	Enthalpie (früher I)
k	$kcal/m^2\,h\,grd$	Wärmedurchgangszahl
l	m	Länge
m	kg	Masse, Stoffmenge
M	kg/kmol	Molekularmasse
n		Polytropenexponent
n	min^{-1}	Drehzahl
Nu		Nußelt-Zahl
p	kp/cm^2	Druck
P	kW	Leistung
Pr		Prandtl-Zahl
q	kcal/kg	Wärmemenge
q	$kcal/m^2\,h$	Wärmedurchgang
Q	kcal	Wärmemenge
r	kcal/kg	Verdampfungswärme

r	m	Radius
Re		Reynold-Zahl
s	kcal/kg °K	spezifische Entropie
S	kcal/°K	Entropie
R	kpm/kg grd	spezielle Gaskonstante
R	kpm/kmol grd	allgemeine Gaskonstante
t	°C	Temperatur
T	°K	absolute Temperatur
u	kcal/kg	spezifische innere Energie
U	kcal	innere Energie
v	m^3/kg	spezifisches Volumen
V	m^3	Volumen
w	m/s	Geschwindigkeit
w	kpm/kg	spezifische Arbeit
W	kpm	Arbeit
x	m	Längenkoordinate
α	kcal/m^2 h grd	Wärmeübergangszahl
β	grd^{-1}	Raumausdehnungskoeffizient
γ	kp/m^3	spezifisches Gewicht
Δ . . .		Differenz
ϵ		Verdichtungsgrad, Leistungsziffer, Strahlungskoeffizient
η		Wirkungsgrad
η	kp/m^2	dynamische Zähigkeit
φ		Reversibilitätsgrad
κ		Adiabatenexponent
λ	kcal/m grd h	Wärmeleitfähigkeit
λ		Luftüberschußzahl
ν	m^2/s	kinematische Zähigkeit
ν		Irreversibilitätsgrad
ρ	kg/m^3	Dichte
ψ		Druckverhältnis
ω	s^{-1}	Winkelgeschwindigkeit

Indizes

a	Ausgang, abgelesen
ab	abgeführt
c	für Carnot-Prozeß, carnotisiert
d	auf Durchmesser als kennzeichnende Länge bezogen, auf Dampf bezogen
e	effektiv
fl	auf Flüssigkeit bezogen
G	Güte (Gütegrad)
ges	Gesamt-
h	Hub-, Heiz-
i	indiziert
k	Kompression-, Kühlung
K	auf Kondensator bezogen
l	auf kennzeichnende Länge *l* bezogen
lam	laminar
m	mechanisch, auf 1 kmol bezogen, mittlerer
max	maximal
min	minimal
n	normal (senkrecht)
p	bei konstantem Druck
s	auf Siedezustand bezogen, schwarzer Körper, schädlich
st	Strahlung
t	technisch, Zustand bei Temperatur t
th	thermisch, theoretisch
v	Verlust-
vorh	vorhanden
w	wahr, auf Wand bezogen
x	Zustand im Abstand x
zu	zugeführt
∞	außerhalb der Grenzschicht
1 2	von Zustand 1 nach Zustand 2

1. Grundbegriffe

Wärmezustand

Die technische Wärmelehre befaßt sich mit den Wärmezuständen von Körpern. Damit ist eine Vielzahl von Erscheinungsformen gemeint, die jedem aus der Anschauung mehr oder weniger geläufig sind: die verschiedenen Aggregatzustände, Temperatur, Druck, Volumen, Wärmeübergangseigenschaften und dergleichen mehr. Diese aufgezählten Werte für den Wärmezustand sind

äußere, aufgezwungene Wärmewerte.

Dagegen sind für das Wärmeverhalten der Körper noch die *stoffeigenen Werte,* wie Dichte, Masse, Temperaturleitwerte, spezifische Wärme usw. kennzeichnend.

Bevor man sich den technischen Anwendungen der Wärmelehre widmet, z. B. den Verbrennungskraftmaschinen, Verdichtern, der feuchten Luft usw. müssen diese einzelnen Größen, die den Wärmezustand der Körper kennzeichnen, bekannt und rechnerisch erfaßbar sein. Zu diesem Zweck werden zunächst diese Größen behandelt:

1. Temperatur und Temperaturmessung,
2. die Wärmeäquivalente,
3. die innere Energie und der Erste Hauptsatz,
4. der Druck,
5. die Arbeit und das p-v-Diagramm,
6. die Zustandsgleichung idealer Gase (Zusammenhang von Volumen, Druck, Temperatur und Masse),
7. die spezifische Wärme,
8. Zustandsänderungen idealer Gase (verschiedene Möglichkeiten, Druck, Volumen und Temperatur zu ändern und die dazugehörigen Energien).

1.1. Temperatur und Temperaturmessung

Jedermann denkt, über Temperatur unterrichtet zu sein. Faßt er ein kaltes Stück Holz an, so meint er, es sei eben in einem gewissen Grade kalt. Faßt er ein gleich kaltes Stück Stahl an, so hat er den Eindruck, dieses sei wesentlich kälter, hätte also eine niedrigere Temperatur. In Wirklichkeit erfaßt er jedoch nicht nur die Temperatur, sondern auch noch die Fähigkeit des Stoffes, die Wärme aus der Hand abzuleiten. Diese ist nämlich beim Holz wesentlich geringer als beim Stahl, so daß während des Anfassens der Stahl der Hand wesentlich mehr Wärme entzieht als das Holz. Es entsteht dadurch der Eindruck, die Temperatur des Metalles sei niedriger.

Temperatur kann aufgefaßt werden als die für den Transport von Wärmemengen erforderliche Kraft oder Spannung, ähnlich der treibenden Kraft des elektrischen Stromes, der elektrischen Spannung.

Meßmethoden

Temperatur kann nicht direkt gemessen werden, vielmehr wird die Temperatur durch verschiedene Wärmezustände von Körpern festgestellt (Ausdehnung, Schmelzpunkt usw).

Ausdehnungsthermometer

Die meisten Körper dehnen sich aus, je wärmer sie werden. Die Volumenvergrößerung wird zur Temperaturmessung ausgenutzt. Das bekannteste Ausdehnungsthermometer ist das

Fadenthermometer

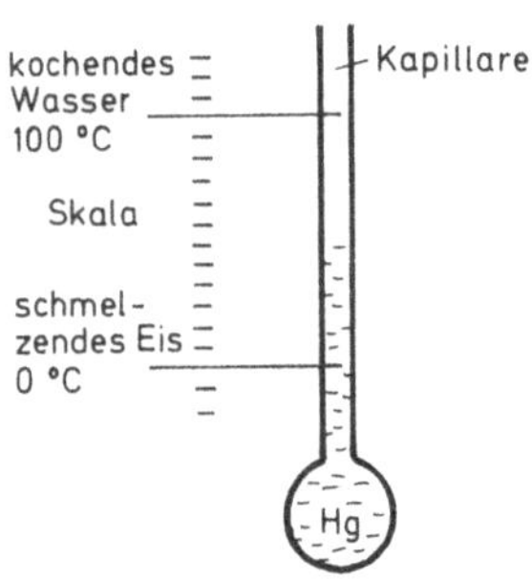

Fadenthermometer.

Es benutzt ein Flüssigkeitsvolumen (Quecksilber, Pentan, Alkohol und dgl.). Dieses meist recht kleine Volumen wird in das Medium eingebracht, dessen Temperatur gemessen werden soll. Damit die Volumenausdehnung gut sichtbar wird, leitet man die Volumenvergrößerung als Faden in eine Kapillare. Die Länge dieses Fadens wird mit einer Skala versehen, zu deren Bestimmung zwei Temperaturfestpunkt dienen, z. B. schmelzendes Eis und siedendes Wasser bei einem Druck von 760 Torr. Unterteilt man diesen Temperaturbereich in 100 gleich große Teile, so erhält man die Temperaturskala nach Celsius. (Diese 100 Teile entsprechen 100 Grad Celsius = 100 °C.)

Temperaturskalen

Andere Temperaturskalen sind in Grad *Fahrenheit* (°F) und Grad *Kelvin* (°K) weitere Skalen nach *Reaumur, Rankine* (vgl. Umrechnungstafel im Tafelteil). Die Kelvin-Skala beginnt bei −273,15 °C, am absoluten Nullpunkt. Für unsere Belange kann mit rund − 273 Grad gerechnet werden. Die Umrechnungen erfolgen nach folgenden Gleichungen:

Skala	Abkürzung	Umrechnungen in °C	°F	°K
Grad Celsius (mit t bezeichnet)	°C	1	$\frac{9}{5}$ (°C + 32) (1.3)	273 + °C (1.5)
Grad Fahrenheit	°F	(°F−32) · $\frac{5}{9}$ (1.1)	1	(°F−32) · $\frac{5}{9}$ + 273 (1.6)
Grad Kelvin (mit T bezeichnet)	°K	°K−273 (1.2)	$\frac{9}{5}$ (°K−273) + 32 (1.4)	1

Korrektur am Fadenthermometer

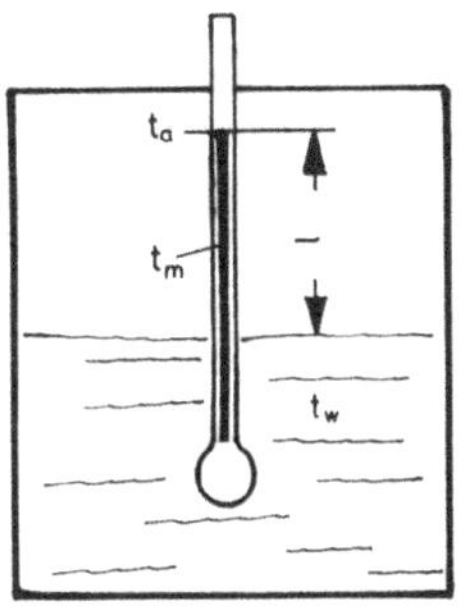

Bei der *Benutzung der Fadenthermometer* muß darauf geachtet werden, daß für genaue Messungen der Faden mit in das Medium, dessen Temperatur festzustellen ist, eingetaucht wird, weil sonst der Faden selbst eine geringere Ausdehnung hat als das eigentliche Meßvolumen. Ist das nicht möglich, muß die Temperatur korrigiert werden; die wahre Temperatur ist

$$t_w = t_a + \gamma\, l\, (t_a - t_m) \quad (1.7)$$

mit Beiwert γ für Quecksilber $\gamma = \frac{1}{6300}$, für Alkohol und Toluol $\gamma = \frac{1}{800}$. Die heraushängende Fadenlänge l ist in Grad einzusetzen. t_m ist ist die mittlere Temperatur des heraushängendes Fadens (zu schätzen).

Gasthermometer

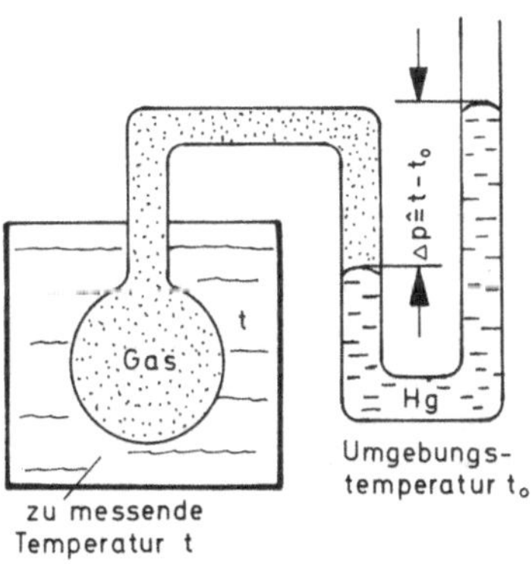

Gase haben die Eigenschaften, sich bei nicht zu hohen Drücken linear mit der Temperatur auszudehnen. Diese Eigenschaft wird beim *Gasthermometer* zur Temperaturbestimmung benutzt. Das Schema der Temperaturmessung zeigt nebenstehende Skizze. Da das Gasthermometer recht genau arbeitet, wird es gerne zu Eichzwecken benutzt, die direkte Anwendung zu irgendwelchen Messungen ist aber selten, weil das Thermometer sehr groß ist.

Thermoelement

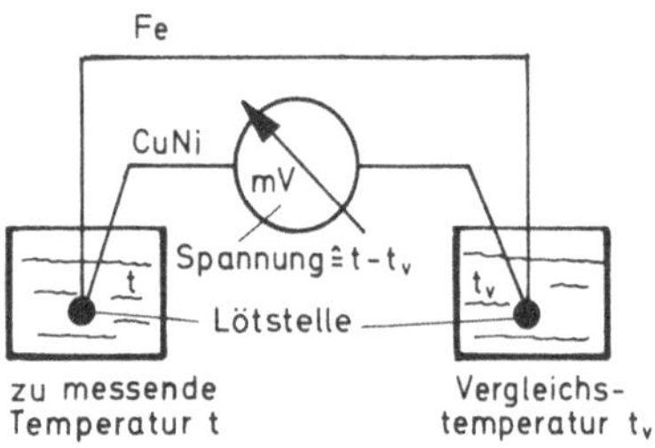

Auch mit dem *Thermoelement* wird nicht die Temperatur direkt gemessen, sondern die elektrische Spannung, die durch Temperaturdifferenz an zwei Lötstellen zwischen zwei Drähten aus verschiedenen Metallen entsteht. Das Schema zeigt nebenstehende Skizze: Die rechte Lötstelle wird auf konstanter Temperatur (z. B. Eiswasser) gehalten, während die andere Lötstelle an der Meßstelle angebracht ist. Ein Millivoltmeter mißt die Spannung, die direkt in Temperaturgraden geeicht wird. Als Metalle für die Thermodrähte kommen in Frage: Eisen-Konstantan (Cu-Ni-Legierung). Dieses Thermoelement kann bis zu 1000 Grad Celsius verwendet werden, man bekommt dort eine Spannung von etwa 55 mV. Bis 1600 °C verwendet man Platin-Rhodium-Elemente.

Strahlungspyrometer

Für die Messung hoher Temperaturen werden gerne Strahlungspyrometer verwendet, die die Glutfarbe eines elektrisch beheizten Glühfadens mit der Farbe der zu messenden Oberfläche vergleicht. Die für den Glühfaden verwendete Stromstärke wird gemessen, das Amperemeter ist in Temperaturgraden geeicht.

1.2. Wärmeäquivalente

Wärmemenge

Von der Temperatur sehr wohl zu unterscheiden sind *Wärmemengen.* Das sind die *Wärmeenergien,* die zum Aufheizen von Gegenständen, zum Verdampfen u. dgl. benötigt werden. Man hat die Wärmemenge „Kilokalorie“ (kcal) als diejenige Wärmemenge definiert, die erforderlich ist, um 1 kg Wasser von 15 °C bei einem Druck von 1 kp/cm^2 um 1 °C zu erwärmen.

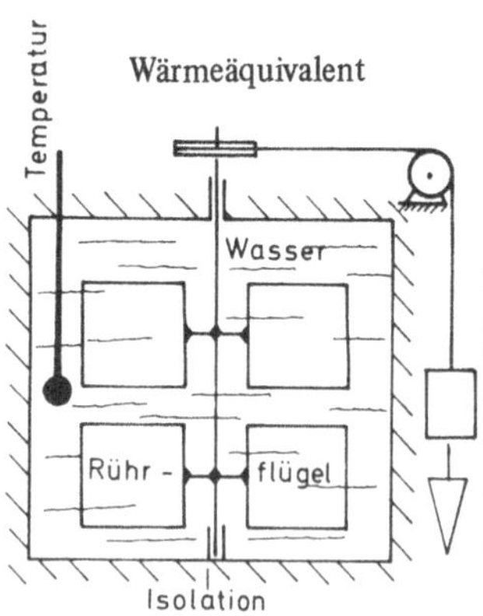

1842 formulierte Robert Mayer das *Wärmeäquivalent* für mechanische Arbeit. Er hatte festgestellt, daß sich Wasser erwärmt, wenn es bewegt wird. Zur gleichen Zeit machte Joule folgenden Versuch, dessen Schema in der Skizze wiedergegeben ist. In einem isolierten Wasserbehälter ließ er ein Rührwerk laufen, das durch das Ablaufen eines Gewichtes betrieben wurde. Er maß dabei die Temperatur des Wassers. Man stellte fest, daß für die Erwärmung von 1 kg Wasser um 1 grd 427 mkp mechanischer Arbeit erforderlich sind. Somit ist das *Wärmeäquivalent* für mechanische Arbeit 427 $\frac{\text{mkp}}{1\ \text{kcal}}$.

Energien sind gleichwertig (äquivalent), ob es sich nun um Wärmeenergien, elektrische oder mechanische Energien handelt. Man kann Energien ineinander umrechnen:

$$1\ \text{kcal} = 427\ \text{mkp} = \frac{1}{860}\ \text{kWh} = 4187\ \text{J} = 0{,}00158\ \text{PSh} \qquad (1.8)$$

Ebenfalls können die Leistungen ineinander umgerechnet werden nach

$$1\ \text{PS} = 0{,}736\ \text{kW} = 75\ \frac{\text{mkp}}{\text{s}} = 0{,}176\ \frac{\text{kcal}}{\text{s}} \qquad (1.9)$$

Immer mehr findet man die Umrechnung in das internationale Maßsystem (MKS) in dem die Kraft in Newton (N) gemessen wird.

$1\ \text{N} = 1\ \text{kg} \cdot 1\ \text{m/s}^2$.

1 N ist die Kraft, die 1 kg die Beschleunigung 1 m/s^2 gibt.

Die Energie wird dann als Kraft mal Weg in Joule (J) gemessen:

$$1\ \text{J} = 1\ \text{Nm} = \frac{1}{9{,}81}\ \text{kpm} = 1\ \text{Ws}\ \text{(1Wattsekunde)}.$$

Die Leistung in Watt:

$$1\ \text{W} = 1\ \text{J/s} = \frac{1\ \text{Nm}}{\text{s}}$$

Diese Umrechnungen sind im Tafelteil noch einmal zusammengestellt.

1.3. Innere Energie

Energiezustand

Aus dem Versuch von Joule folgt, daß nach der Temperaturerhöhung ein Zustand größerer Energie vorliegt. Dieser durch die Temperatur gekennzeichnete Energiezustand heißt „*Innere Energie*" und wird mit U kcal oder mit u kcal/kg bezeichnet.

Veränderung der inneren Energie

Die innere Energie kann auf drei verschiedene Arten verändert werden:

1. Durch Aufheizung eines Mediums bei *konstantem Volumen* (bei festen und flüssigen Stoffen die

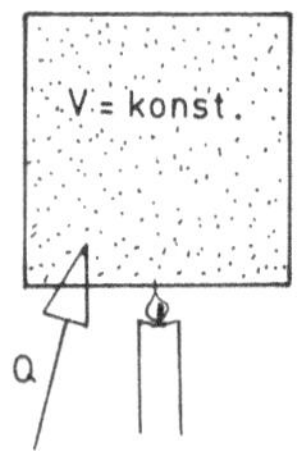

Regel). Dabei ist die innere Energie U_2 bestimmt durch die innere Energie vor dem Aufheizen U_1 und die zugeführte Wärmemenge Q.

$$U_2 = U_1 + Q \tag{1.10}$$

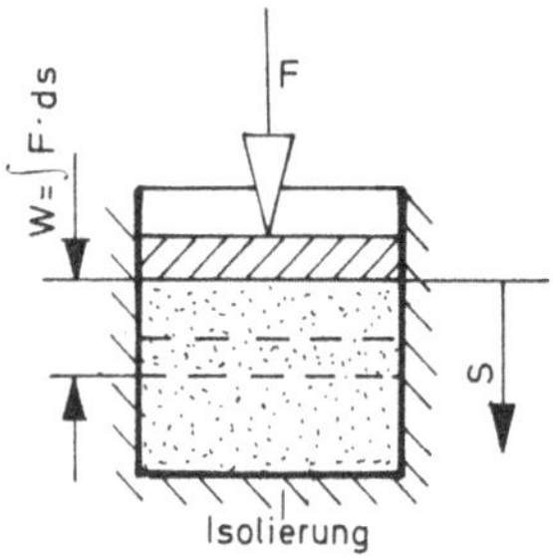

2. Ähnlich dem Jouleschen Versuch kann einem Medium äußere *Arbeit zugeführt* werden, ohne daß Wärmeaustausch stattfindet. Es wird somit dem Medium eine Arbeit W zugeführt (in Gasen z. B. durch Kompression).

$$U_2 = U_1 + W \tag{1.11}$$

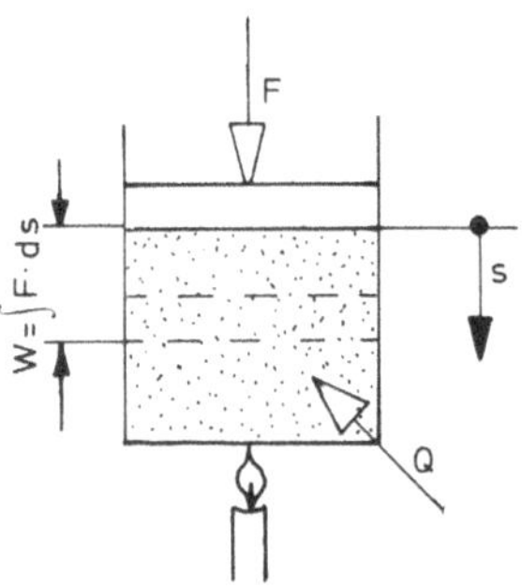

3. Die innere Energie kann ferner durch eine Kombination der Verfahren 1 und 2 verändert werden, indem zusätzlich zu einer *Kompression* das Medium *aufgeheizt* wird.

   $U_2 = U_1 + W + Q$

   Oder wenn man die Differenz der inneren Energien vor und nach der Veränderung betrachtet:

$$U_2 - U_1 = W + Q \tag{1.12}$$

innere Energie U

Findet die Aufheizung bei konstantem Volumen statt (Möglichkeit 1), so ergibt sich der Unterschied der inneren Energie $U_2 - U_1 = Q$. Die Wärmemenge ist gleich der Vergrößerung der inneren Energie.

Will man den Zuwachs an innerer Energie an der Temperaturveränderung des Mediums messen, so ergibt sich der Zuwachs an innerer Energie mit der spezifischen Wärme bei konstantem Volumen c_V für eine Menge m des betreffenden Mediums zu

$$U_2 - U_1 = m\, c_V\, (t_2 - t_1) \tag{1.13}$$

oder pro kg Medium:

$$u_2 - u_1 = c_v (t_2 - t_1) \tag{1.14}$$

(Vergleiche Abschnitt kalorische Eigenschaften von Stoffen.) Im folgenden werden die auf die Menge bezogenen Werte mit kleinen Buchstaben bezeichnet.

Bilanzkreis

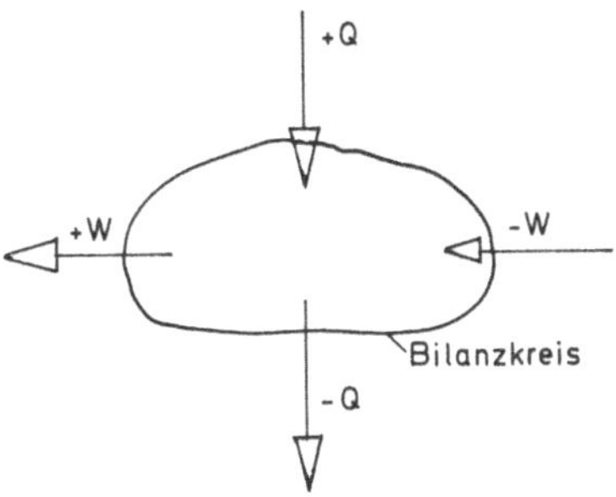

Bei den vorigen Überlegungen wird nichts anderes getan als um ein Gebilde herum ein Kreis gezogen und zusammengezählt, welche Energiemengen in den Kreis hineingesteckt werden und aus dem Kreis herauskommen. Diese Summe ist dann gleich $U_2 - U_1$. Für alle Überlegungen, bei denen derartige Energiebilanzen erforderlich sind, wollen wir eine zweckmäßige Vorzeichenregel finden:

zugeführt: Wärmemengen positiv;
mechanische Arbeiten negativ;

abgeführt: Wärmemengen negativ,
mechanische Arbeit positiv.

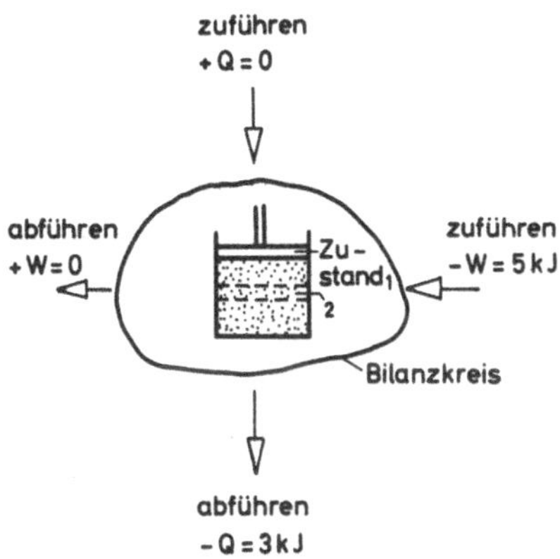

Erster Hauptsatz der Thermodynamik

Diese Vorzeichenregelung ist deswegen zweckmäßig, weil bei vielen Vorgängen aus der billigen zugeführten (positiven) Wärme mechanische Arbeit (positiv) abgeführt werden soll. Hierzu folgendes Beispiel: Ein Gas wird komprimiert. Die dazu erforderliche zuzuführende Arbeit ist $-W = 5$ kJ. Durch die Zylinderwandungen wandert die Wärmemenge $-Q = 3$ kJ an die Umgebung ab. Zieht man um dieses Gebilde den Bilanzkreis (nebenstehende Skizze), so erhält man nach Gl. (1.15)

$$U_2 - U_1 = Q - W - \Sigma E = -3 - (-5) - 0 = 2 \text{ kJ}.$$

Die innere Energie ist also durch den Vorgang um 2 kJ vergrößert.

Löst man Gl. (1.12) nach der Wärmemenge Q auf, so wird unter Berücksichtigung der oben festgelegten Vorzeichenregel

$$Q = U_2 - U_1 + W + \Sigma E \tag{1.15}$$

mit ΣE = Summe aller nicht erwähnten Energien, wie potentielle Energie, kinetische Energie und dgl.

Führt man einem System die Wärmemenge Q zu, so äußert sich diese Wärmezufuhr als Vergrößerung der inneren Energie U, einer zu- oder abgeführten mechanischen Arbeit und der ausgetauschten sonstigen Energien, wie die Beschleunigung des Systems oder die Lageänderung (potentielle Energie).

Dieser Zusammenhang heißt „*Erster Hauptsatz*". Er besagt nichts anderes, als daß *die Summe aller Energien, die an einem betrachteten Kcrper oder System ausgetauscht werden, gleich 0* ist. Mit dem ersten Hauptsatz wird die äußerst wichtige Feststellung formuliert, daß *die Energie erhalten bleibt, selbst wenn ihre Form sich ändert.* (Wenn also beispielsweise eine Wärmeenergie in eine Beschleunigung (kinetische Energie) verwandelt wird oder Wärme in mechanische Arbeit und dgl.)

1.4. Druck

Definition

Der Druck (p) ist definiert als der Quotient aus der Normalkraft, und der Fläche, auf die sie wirkt:

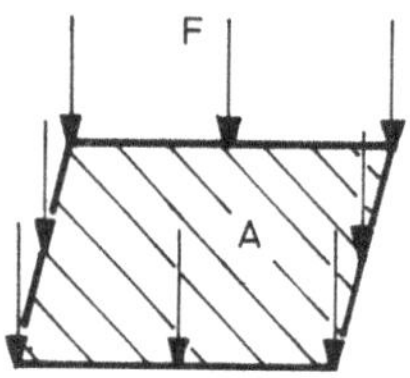

$$p = \frac{F}{A}$$

Druckeinheiten

Gebräuchliche Druckeinheiten sind:

1. at (at = technische Atmosphäre),
2. atm (physikalische Atmosphäre),
3. Torr (Millimeter-Quecksilbersäule mit Quecksilber von 0 °C und Erdbeschleunigung $g = 9{,}80665\ m/s^2$),
4. b (Bar) bzw. mb (Millibar).

Die Umrechnung erfolgt mit nachstehender Beziehung:

$$1\,\frac{kp}{cm^2} = 1\ at = 9{,}81\,\frac{N}{cm^2} \neq 1\ atm = 1{,}0330\,\frac{kp}{cm^2} = 760\ Torr = 1{,}01325\ b = 1\,013{,}25\ mb\ (Millibar). \qquad (1.16)$$

Umrechnungstafel in Tafelteil.

1.5. Arbeit und p-v-Diagramm

Arbeit W

Die Arbeit W ist das Wegintegral der Kraft (vgl. Hubarbeit nebenstehender Skizze)

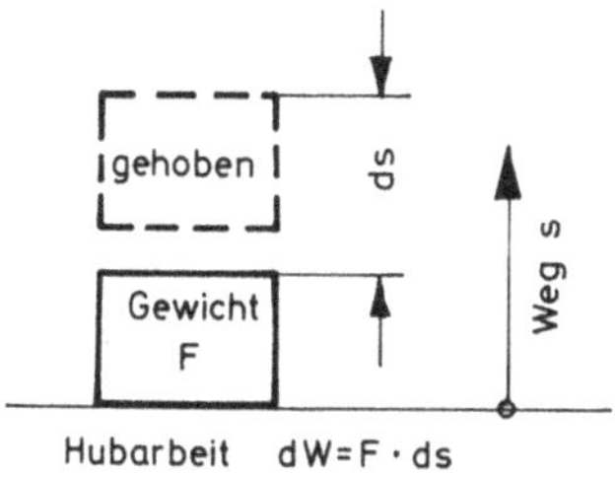

$$W = \int_{s_1}^{s_2} F \cdot ds \qquad (1.17)$$

In der technischen Wärmelehre wird die Arbeit gewöhnlich aus einer Volumenänderung bei gleichzeitiger Druckänderung gewonnen (Zylinder und Kolben). Die Kraft kann man daher ausdrücken durch den Druck auf die Fläche A, die ihre Lage verändern kann (Kolben):

$F = p \cdot A$. Damit wird Gl. (1.17)

$$W = \int_{s_1}^{s_2} F \cdot ds = \int_{s_1}^{s_2} p \cdot A \cdot ds = \int_{V_1}^{V_2} p \cdot dV \qquad (1.18)$$

mit $A \cdot ds$ = Volumen dV .

p-v-Diagramm

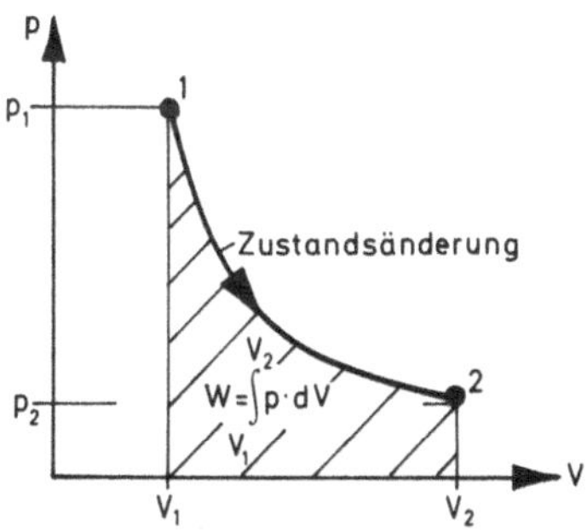

In einem Arbeitszylinder ändert sich üblicherweise der Druck mit dem Volumen. Man kann daher die integrale Schreibweise für die Arbeit nicht aufgeben. Die Größe des Integralwertes ist jedoch verhältnismäßig leicht aus dem p-v-Diagramm zu entnehmen. Sie ist die Fläche unter der Aufzeichnung des Druckverlaufes abhängig vom Volumen.

Es ist eine wesentliche Aufgabe der technischen Wärmelehre, die Umwandlungen von Energien und die dazu erforderlichen Änderungen von Zuständen zu erfassen. Ein großer Aufgabenbereich erstreckt sich also auch auf Kraftmaschinen und Verdichter. In diesen Maschinen werden Wärmeenergien in mechanische Energien umgewandelt oder umgekehrt. Diese Umwandlungen benutzen Volumen- und Druckänderungen, um z. B. eine Arbeitslieferung zu erzielen. Die Verrichtung von Arbeit bleibt wesentlich auf die Zustandsänderung von Gasen beschränkt, weil sich bei festen und flüssigen Stoffen das Volumen nur geringfügig ändern läßt.

Um über Arbeitsmaschinen wärmetechnisch Aussagen machen zu können, ist es also zunächst erforderlich, genaue Kenntnisse von den Zustandsänderungen (Volumen-, Druckänderungen) der Gase zu besitzen. Diese Kenntnisse befähigen uns, Vorgänge z. B. im p-v-Diagramm darzustellen und ein Maß für verrichtete oder aufzuwendende Arbeiten zu bekommen. In den folgenden Abschnitten werden die Zustandsänderungen im einzelnen besprochen.

1.6. Zustandsänderungen idealer Gase

Arten von Zustandsänderungen

In diesem Abschnitt sind als wesentliche Grundlage für die Behandlung von Arbeitsmaschinen, Verdichtern, Kältemaschinen und dgl. die Zustandsänderungen idealer Gase zu besprechen. Zunächst erfolgt eine Übersicht über die möglichen verschiedenen Zustandsänderungen und ihre Darstellung im p-v-Diagramm. Hierbei wird ersichtlich, daß die Zusammenhänge zwischen dem Druck p, dem Volumen V und der Temperatur T sowie über die spezifischen Wärmen c_v und c_p erforderlich sind.

Man unterscheidet 5 verschiedene Zustandsänderungen, die in praxi freilich selten in dieser exakten Form vorkommen. Es handelt sich hier also um Modellfälle. Der Ausgangszustand ist mit 1, der Endzustand mit 2 bezeichnet.

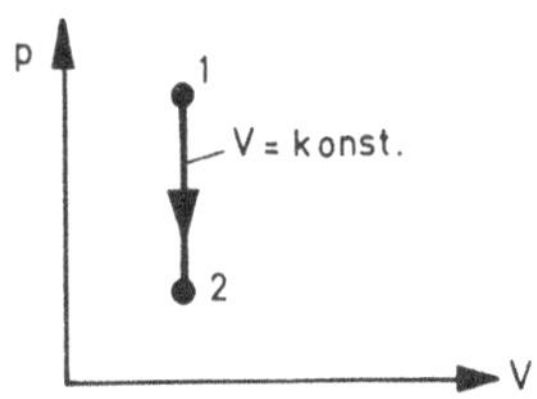

1. Zustandsänderung bei *konstantem Volumen* (Isochore).

   V = konst.

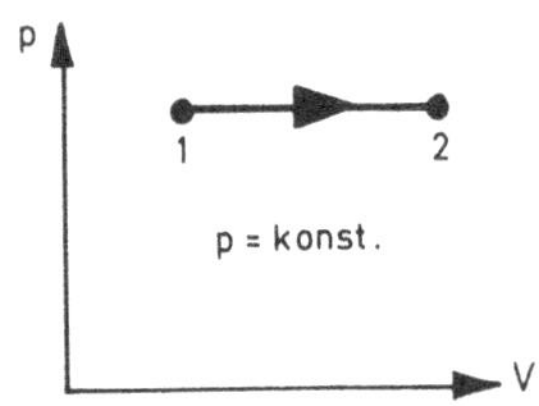

2. Zustandsänderung bei *konstantem Druck* (Isobare).

   p = konst.

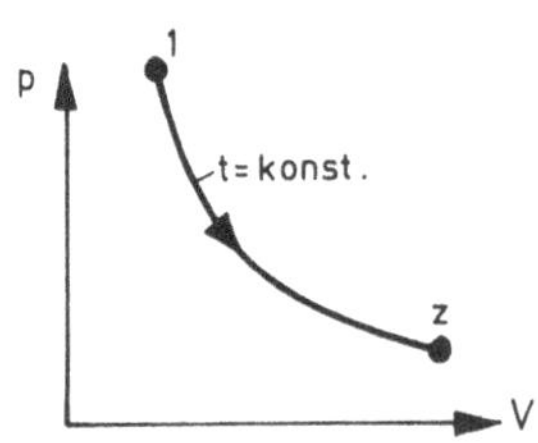

3. Zustandsänderung bei *konstanter Temperatur* (Isotherme).

   pV = konst.

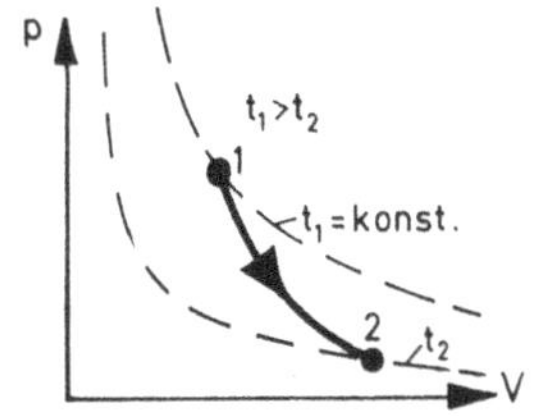

4. Zustandsänderung *ohne Wärmeaustausch* (Adiabate).

   pV^{κ} = konst.

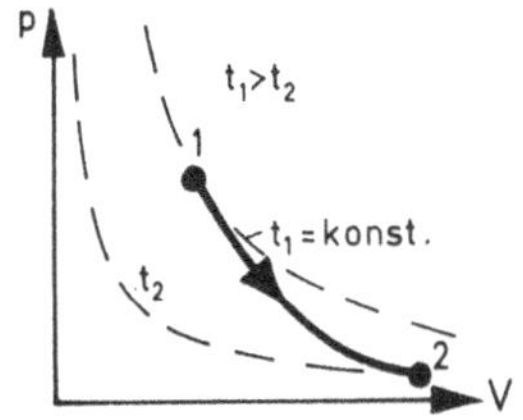

5. *Polytrope* Zustandsänderung.

   pV^{n} = konst.

Nach dem Überblick über die möglichen Zustandsänderungen von Gasen folgt die Darstellung der Zusammenhänge zwischen Druck, Volumen und der Temperatur (Zustandsgleichung idealer Gase) und anschließend der kalorischen Eigenschaften.

1.6.1. Zustandsgleichung idealer Gase

Eine *Zustandsgleichung* soll den Zusammenhang zwischen Druck, Volumen und der Temperatur von Gasen darstellen. Um eine solche Gleichung zu erhalten, werden zwei Versuche durchgeführt:

1. Bei *konstantem Druck* wird die Temperatur verändert; das sich dabei einstellende Gasvolumen wird gemessen (Gay-Lussac).
2. Bei *konstanter Temperatur* wird der Druck verändert und das sich einstellende Gasvolumen gemessen (Boyle-Mariotte).

Gay-Lussacsches Gesetz

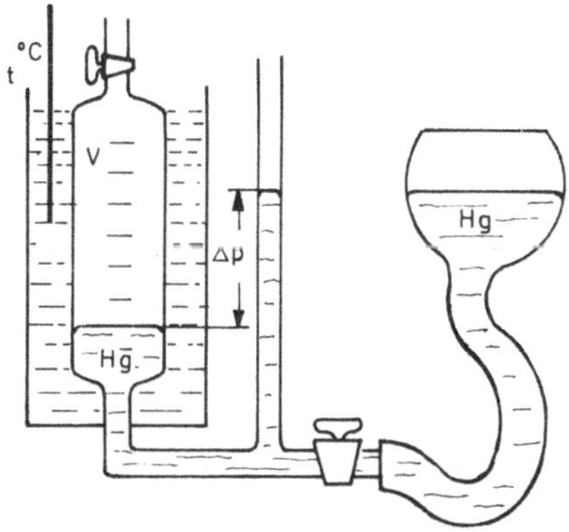

In dem linken mit temperierter Flüssigkeit umgebenen Behälter ist das zu untersuchende Gas eingeschlossen. Das Gas wird durch die rechts befindliche Quecksilbersäule unter Druck gesetzt. Dieser Druck kann dadurch variiert werden, daß man den rechten Hahn öffnet und das Quecksilbergefäß an einem Schlauch hebt oder senkt. Nachdem der gewünschte Druck sich eingestellt hat, wird der Hahn wieder geschlossen. Mit dieser Einrichtung ist man in der Lage, das Gas verschieden zu temperieren und jeweils den gleichen Druck einzustellen. Am Gasbehälter selbst kann dann das Volumen, das sich entsprechend dem Druck und der Temperatur einstellt, abgelesen werden. Dieser

Versuchsaufbau geht auf Gay-Lussac (1816) zurück. Man stellt fest, daß sich das für einen bestimmten Druck einstellende Volumen V wie folgt ausdrücken läßt.

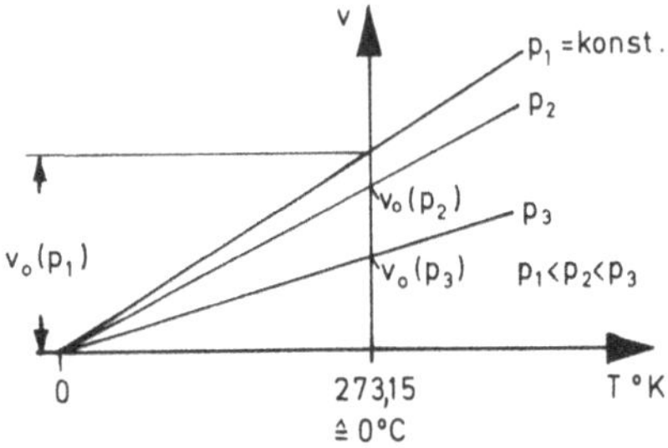

$$V = \frac{V_0}{273{,}15}\,T \tag{1.19}$$

mit dem Volumen V_0 für 0 °C und dem entsprechenden Druck. Für V kann auch das spezifische Volumen v und v_0 gesetzt werden. Die Temperatur T in °K.

Die Größe des Volumens über der Temperatur zeigt für verschiedene Drücke das nebenstehende Diagramm. Das Gay-Lussacsche Gesetz (Gl. (1.19)) ergibt Geraden mit gemeinsamem Schnittpunkt bei 0 °K. Auf diese Weise fand man die absolute Temperatur, bei der die Gasvolumina zu 0 werden.

Boyle-Mariottesches Gesetz

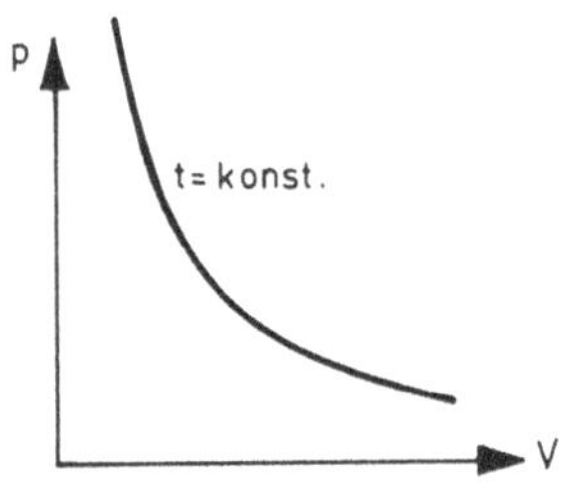

Mit der beschriebenen Einrichtung kann man ebenso bei konstanter Temperatur durch Veränderung der Quecksilberhöhe den Druck variieren. Dabei zeigt sich, daß das Produkt pV konstant ist.

$$pV = \text{konst.} \tag{1.20}$$

Im pV-Diagramm wird diese Gleichung durch eine gleichseitige Hyperbel dargestellt. Diese *Isothermen* (Linien gleicher Temperatur) sind also Hyperbeln.

Zustandsgleichung

Aus den beiden Gesetzen von Gay-Lussac und Boyle-Mariotte erhält man die *Zustandsgleichung für ideale Gase.*

$$pV = mRT \tag{1.21}$$

Setzt man für

$$\frac{V}{m} = v = \frac{1}{\rho} \tag{1.22}$$

mit Dichte ρ, v heißt spezifisches Volumen, so erhält man die Zustandsgleichung in der Form:

$$pv = RT \tag{1.23}$$

Darin ist R die sogenannte *spezielle Gaskonstante,* die jedem Gas eigen ist

$$R \text{ z.B. in } \frac{\text{kp m}}{\text{grd kg}}$$

Sie ist den Zahlentafeln für verschiedene Gase zu entnehmen oder aber aus der „Allgemeinen Gaskonstanten *R*" zu berechnen.

Ableitung

Ableitung der Zustandsgleichung:

Nach Gl. (1.19) $v = \frac{v_0}{273{,}15} T$, mit $v_0 = v_0(p)$ ist also $v = v_0(p)\,T$; diese Gleichung mit p multipliziert ergibt $pv = pv(p)\,T = \rho(p)\,T$. Nach Boyle-Mariotte ist aber pv = konst. wenn T = konst., d.h. $pv = f(T)$. Oben war $pv = \rho(p)\,T = f(T)$. Die Funktion $\rho(p)$ muß daher konstant sein: $\rho(p)$ = konst. = *spezielle Gaskonstante* R.

ideales Gas

Gase, die dieser Zustandsgleichung genügen, heißen *ideale Gase.* Die Abweichungen der wirklichen Gase gegenüber dem idealen Gas sind bei nicht allzu hohen Drücken so gering, daß man für sehr viele Rechnungen die wirklichen Gase als ideale Gase ansprechen kann. Hierzu gehören selbstverständlich auch die Dämpfe.

Anwendung der Zustandsgleichung

Die Zustandsgleichung idealer Gase ist für Rechnungen von außerordentlich großer Wichtigkeit. Mit ihr lassen sich grundsätzlich folgende Fragen beantworten:

1. Wie groß ist die Masse m eines Gases bei bekanntem Druck, Volumen und bekannter Temperatur.
2. Wie groß ist der Druck p, wenn man in konstantem Volumen ein Gas von der Temperatur T_1 auf die Temperatur T_2 bringt. Dabei wird bei bekanntem Zustand 1 die Zustandsgleichung aufgestellt, ebenso bei dem Zustand 2, die Gleichungen werden durcheinander dividiert und die Auflösung gibt den gesuchten Druck p_2.
3. Welches Gas (Gaskonstante R) gibt bei welcher Temperatur und welchem Volumen welchen Druck.
4. Wie groß muß ein Volumen sein, um eine bestimmte Gasmenge bei bestimmter Temperatur und bestimmtem Druck aufnehmen zu können.

spezielle Gaskonstante R

Die *spezielle Gaskonstante* ist für jedes Gas verschieden groß. Multipliziert man die Gaskonstante eines Gases mit dessen Molekulargewicht M (M gibt an, wieviel schwerer ein Molekül ist als ein Wasserstoffatom, für H_2 ist also M = 2), so erhält man für verschiedene Gase

$$M_1 R_1 = M_2 R_2 = \text{konst} = R \tag{1.24}$$

allgemeine Gaskonstante R

R ist die allgemeine Gaskonstante, ihr Wert beträgt

$$R = 8314 \frac{\text{J}}{\text{kmol grd}} = 848 \frac{\text{kpm}}{\text{kmol grd}} = 1{,}986 \frac{\text{kcal}}{\text{kmol grd}} \tag{1.25}$$

mol

Die allgemeine Gaskonstante ist auf ein kmol bezogen.

$$1 \text{ kmol} = \text{M kg} \tag{1.26}$$

Ein mol ist das Molekulargewicht M in Gramm.

Aus der Definition des Molekulargewichtes wird klar, daß ein kmol eines Stoffes 1 genauso viel Moleküle enthält wie ein kmol eines Stoffes 2. In einem kmol befinden sich $6{,}023 \cdot 10^{26}$ Moleküle *(Loschmidtsche Zahl)*. Wegen dieser Eigenschaft ist das mol bzw. kmol ein beliebtes Mengenmaß, das insbesondere für Rechnungen chemischer Umsetzungen angewendet wird (vgl. Abschnitt 6.3).

Molvolumen v_m

Bezieht man das spezifische Volumen nicht auf ein kg, sondern auf 1 kmol, so erhält man das Molvolumen

$$v_m = Mv = \frac{V}{M} \tag{1.27}$$

z.B. in $\frac{\text{kg m}^3}{\text{kmol kg}} = \frac{\text{m}^3}{\text{kmol}}$.

Dieses Molvolumen ist bei gleichem Druck und gleicher Temperatur für alle idealen Gase gleich. Bei gleichem Druck und gleicher Temperatur nimmt eine bestimmte Anzahl von Gasmolekülen einen gleichgroßen Raum ein *(Satz von Avogadro)*.

Die auf ein kmol bezogene Zustandsgleichung idealer Gase heißt für M kmol (hier M also nicht mehr als Molekulargewicht!)

Zustandsgleichung

$$\boxed{pV = M\,\mathcal{R}T} \qquad (1.28)$$

oder

$$\boxed{pv_m = \mathcal{R}T} \qquad (1.29)$$

Hierbei ist noch einmal der Satz von Avogadro ersichtlich, denn für T und p = konst. wird

$$v_m = \frac{\mathcal{R}T}{p} = \text{konst.}$$

Normkubikmeter nm^3

Häufig ist die Einheit kmol zu groß; in diesem Falle rechnet man gerne mit dem *Normkubikmeter* (nm^3). Es ist die Menge in kg, die unter Normbedingung (p = 1 atm, T = 273 °K) das Volumen 1 m^3 aufweist.

$$v_m = \frac{\mathcal{R}T}{p} = \frac{848 \cdot 273}{1033} = 22{,}41\,\frac{m^3}{kmol}$$

$$\boxed{1\,nm^3 = \frac{M}{v_m} = \frac{M}{22{,}41}\,kg} \qquad (1.30)$$

mit Molekulargewicht M
oder

$$\boxed{1\,kmol = 22{,}41\,nm^3} \qquad (1.31)$$

Das Molvolumen v_m ist nur für ideale Gase $v_m = 22{,}41\,\frac{nm^3}{kmol}$, für reale Gase ergeben sich geringe Abweichungen.

1.6.2. Kalorische Eigenschaften von Stoffen

Führt man einem Stoff Wärme zu, so verändert er seine Temperatur oder den Aggregatzustand (Schmelzen, Verdampfen). Je nach Stoff, Druck, Temperatur und den äußeren Bedingungen, unter denen die Wärmezufuhr stattfindet, benötigt man für die Erhöhung der Temperatur um 1 grd eine verschieden große Wärmemenge. Die spezifische Wärme c ist die Wärmemenge, die 1 kg Stoff um 1 grd erwärmt, bzw. die zu dessen Abkühlung um 1 grd abgeführt werden muß.

spezifische Wärmemenge c

$$\boxed{Q = c\,m\,(t_2 - t_1)} \qquad (1.32)$$

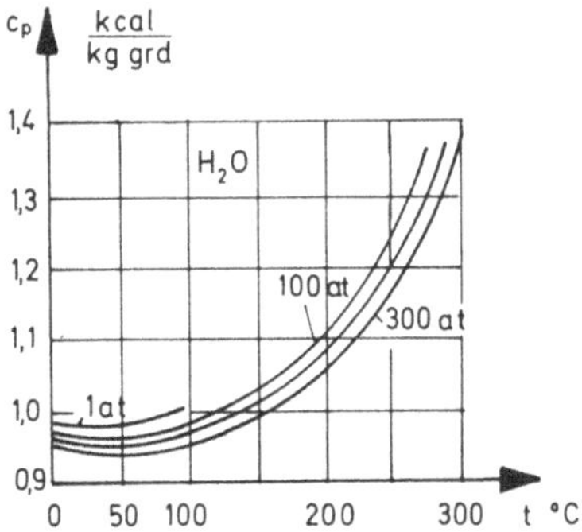

Für eine beliebige Temperaturerhöhung von t_1 auf t_2 bei einer beliebigen Masse m sind Q kcal erforderlich.

Als Beispiel zeigt nebenstehendes Diagramm die Abhängigkeit der spezifischen Wärme von Druck und Temperatur. Bei Stoffen, deren Volumen bei der Temperaturänderung annähernd gleich bleibt (feste und flüssige) ist c mit Gl. (1.32) eindeutig definiert.

Anders bei Gasen, deren Volumen von der Temperatur und dem Druck stark abhängig ist. Hier muß die Erwärmungsbedingung mit berücksichtigt werden. Es ist zu unterscheiden:

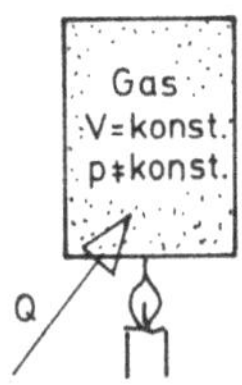

1. *Wärmezufuhr bei konstantem Volumen.* Die spezifische Wärme c_v berücksichtigt also wie oben nur die Temperaturveränderung des Gases. Für die Temperaturveränderung von Flüssigkeiten und festen Stoffen wird also $c = c_v$ verwendet (vgl. Gl. (1.13)).

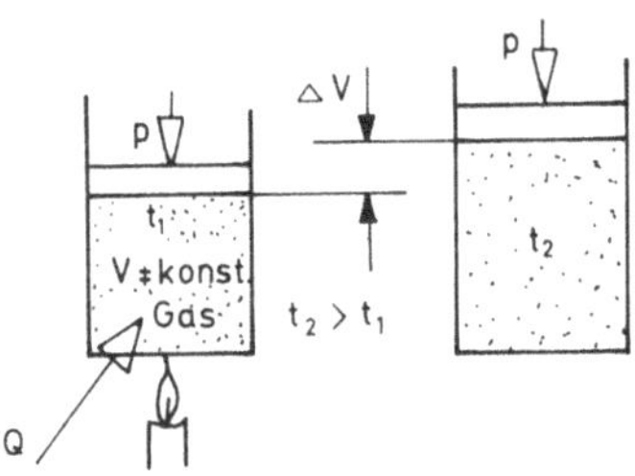

2. *Wärmezufuhr bei konstantem Druck.* Die spezifische Wärme c_p beinhaltet nicht nur die Temperaturerhöhung, sondern zusätzlich die Verdrängungsarbeit ΔVp.

Zwischen c_v und c_p bestehen folgende Beziehungen:

$$\boxed{c_p - c_v = R} \tag{1.33}$$

(R mit dem Wärmeäquivalent auf die Dimension von c, z. B. $\frac{\text{kcal}}{\text{kg grd}}$ umgerechnet) ferner

$$\boxed{\frac{c_p}{c_v} = \kappa} \tag{1.34}$$

Der sehr häufig benutzte Wert κ ist abhängig von der Anzahl der Atome in einem Gasmolekül (κ heißt Adiabatenexponent).

Bei einatomigen Gasen $\kappa = 1{,}67$
bei zweiatomigen Gasen $\kappa = 1{,}4$
bei dreiatomigen Gasen $\kappa = 1{,}33$
κ ist leicht temperaturabhängig.

mittlere spezifische Wärme c_m

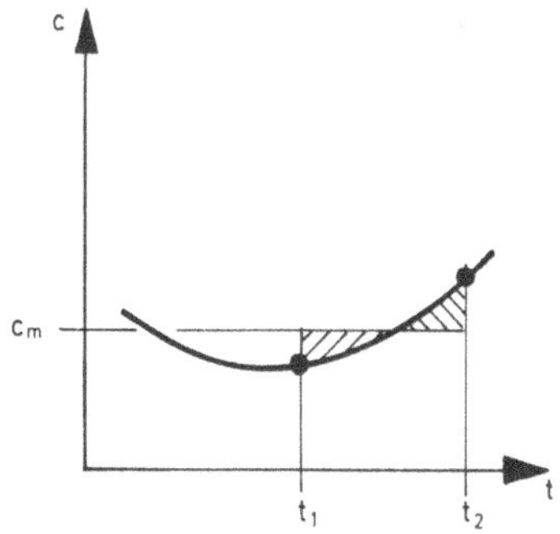

Falls man die Abhängigkeit von c_p oder c_v von der Temperatur berücksichtigen muß, rechnet man mit der mittleren spezifischen Wärme c_{pm} oder c_{vm}.
In Tafeln findet man oft mittlere spezifische Wärmen für gegebene Temperaturbereiche angegeben, z. B.
für Stahl $c_m\,{}_{0}^{500\,°C} \approx 0{,}133\ \frac{\text{kcal}}{\text{kg grd}}$.
Häufig kann genügend genau

$$c_m = \frac{c_1 + c_2}{2} \tag{1.35}$$

verwendet werden.

molare spezifische Wärme C

Bezieht man die spezifische Wärme statt auf 1 Kilogramm auf 1 kmol (das sind M kg eines Stoffes), so hat man die molare spezifische Wärme C_p oder C_v vor sich.

$$\begin{aligned} C_p &= \mathrm{M}\, c_p \\ C_v &= \mathrm{M}\, c_v \end{aligned} \tag{1.36}$$

ferner analog Gl. (1.33)

$$C_p - C_v = \mathrm{M}\,(c_p - c_v) = \mathrm{M\,R} = R \tag{1.37}$$

$$C_p - C_v = 8314\ \frac{\text{J}}{\text{kmol grd}} = 1{,}986\ \frac{\text{kcal}}{\text{kmol grd}} = 848\ \frac{\text{mkp}}{\text{kmol grd}} \tag{1.38}$$

Schmelzwärme
Verdampfungswärme

Wie erwähnt, kann einem Stoff Wärme zu- oder abgeführt werden, ohne seine Temperatur zu ändern. Dieser Fall tritt ein beim Schmelzen bzw. Erstarren oder beim Verdampfen bzw. Kondensieren. Hierbei wird die Schmelz- bzw. Verdampfungswärme (q_f bzw. $r\ \frac{\text{kcal}}{\text{kg}}$) benötigt. (Näheres in Abschnitt 2.)

1.6.3. Zustandsänderungen idealer Gase

Durch die Kenntnis der Zustandsgleichung und der spezifischen Wärme sind wir in der Lage, die oben erwähnten Zustandsänderungen näher zu untersuchen. In folgendem gilt Index 1 für den Ausgangszustand, Index 2 für den Endzustand, gleichgültig, in welcher Richtung die Zustandsänderung verläuft. Dadurch werden abzuführende Wärmemengen und aufzuwendende mechanische Arbeit negativ (vgl. Vorzeichenregeln Text hinter Gl. (1.14)).

Isochore

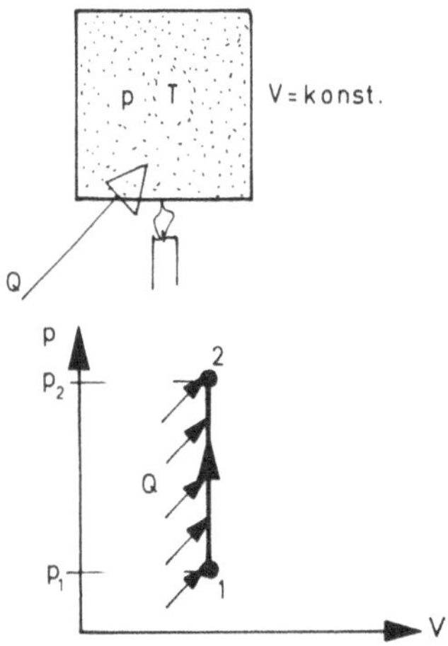

1. Zustandsänderung bei konstantem Volumen *(Isochore)* V = konst. Laut 1. Hauptsatz (Gl. (1.15)) ist $Q = U_2 - U_1 + W + \Sigma E$, da $W = \int p\,dV$ (Gl. (1.18)) und $dV = 0$, ferner $\Sigma E = 0$, wird mit Gl. (1.13)

$$Q = U_2 - U_1 = mc_v (t_2 - t_1) \tag{1.39}$$

aus der Zustandsgleichung pv = RT ist

$$T_2 = \frac{p_2}{p_1} T_1 \tag{1.40}$$

damit kann man Gl. (1.39) auch schreiben:

$$Q = mc_v T_1 \frac{p_2 - p_1}{p_1} \tag{1.41}$$

Isobare

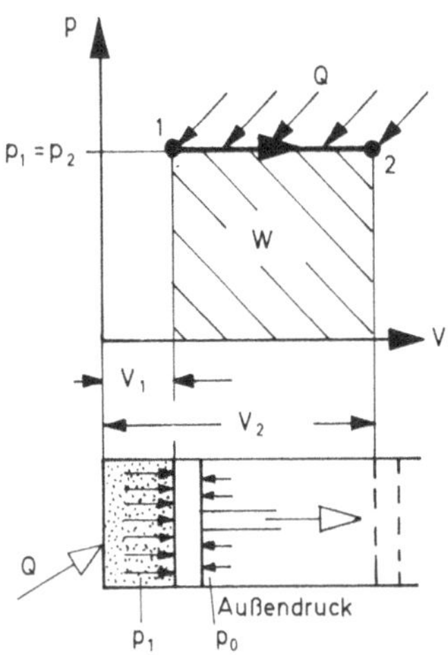

2. Die Zustandsänderung bei konstantem Druck *(Isobare)* ist z.B. in einem Zylinder zu verwirklichen, dessen Kolben ständig gleich stark belastet wird. Bei geeignetem Volumenmaßstab kann man ihn direkt unter das p-v- bzw. das p-V-Diagramm zeichnen.

   Die zuzuführende Wärme beträgt

$$Q = m\,c_p (t_2 - t_1) \tag{1.42}$$

Mit dieser Wärmeenergie wird sowohl die Temperatur erhöht (innere Energie) als auch äußere Arbeit verrichtet.

Aus der Zustandsgleichung erhält man die Temperatur T_2:

$$T_2 = T_1 \frac{V_2}{V_1} = T_1 \frac{v_2}{v_1} \tag{1.43}$$

Die verrichtete Arbeit ist

$$W = p(V_2 - V_1) = mR(T_2 - T_1) \tag{1.44}$$

Bei Verwendung der spezifischen Volumina ergibt sich die spezifische Arbeit, bezogen auf z. B. 1 kg des Arbeitsmediums

$$w = p\,(v_2 - v_1) = R\,(T_2 - T_1) \qquad (1.45)$$

Isotherme

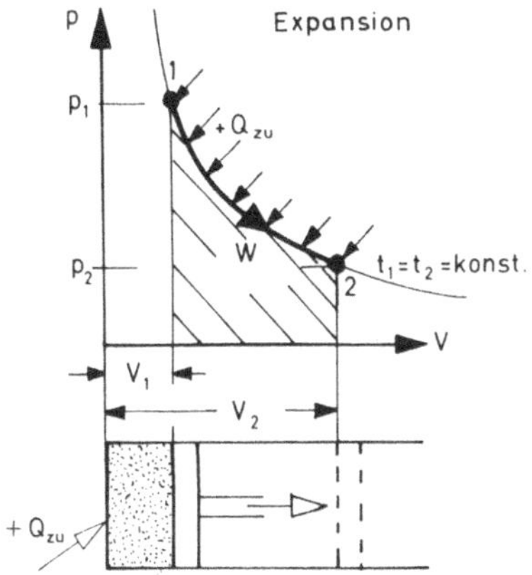

3. Zustandsänderung bei konstanter Temperatur *(Isotherme)*. Nach der Zustandsgleichung $pV = mRT$ ist die Gleichung der Isothermen

$$pV = \text{konst.} = mRT = p_1\,V_1 = p_2\,V_2 \qquad (1.46)$$

Wegen $t_2 - t_1 = 0$ ist $U_2 - U_1 = 0$, mit dem 1. Hauptsatz wird daher

$$Q = W = \int_{V_1}^{V_2} p\,dV = RmT \int_{V_1}^{V_2} \frac{dV}{V}$$

$$Q = W = RmT \ln \frac{V_2}{V_1} = RmT \ln \frac{p_1}{p_2} \qquad (1.47)$$

Die bei der *Expansion* zugeführte Wärme wird also vollständig in mechanische Energie umgewandelt, die innere Energie bleibt konstant. Bei der *Kompression* muß Wärme abgeführt werden, damit das Gas nicht erwärmt wird.

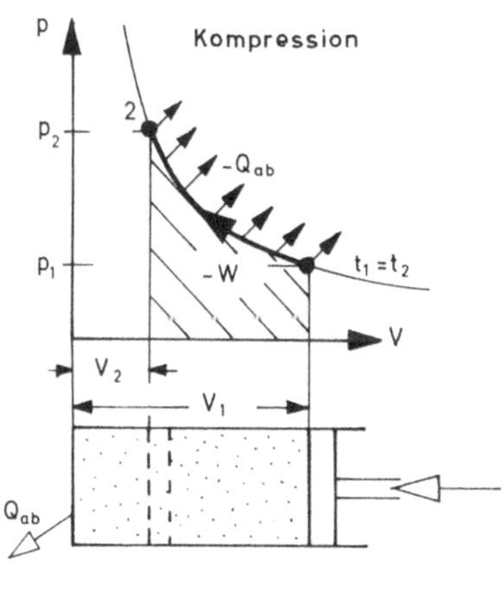

Die Isothermen bilden im p-v-Diagramm Hyperbeln, die zum Skizzieren von Zustandsänderungen eine wertvolle Hilfe zur Orientierung sind. Deswegen folgt die Darstellung der Konstruktion von Isothermen, die nicht das punktweise Berechnen mit Gl. (1.46) erforderlich macht.

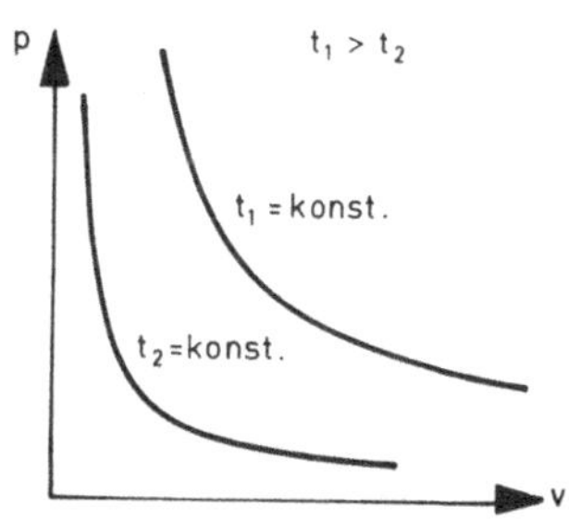

Untenstehende Skizze zeigt das zeichnerische Verfahren zur Konstruktion von Isothermen pv = konst. Von bekanntem Zustand 1 geht man nach unten und zur Seite und konstruiert jeweils den nächsten Punkt mit Hilfe der Schenkel der Winkel α und β. Bedingung: $\alpha = \beta$, aber beliebig wählbar. Das Verfahren ist unabhängig von den p- und v-Maßstäben.

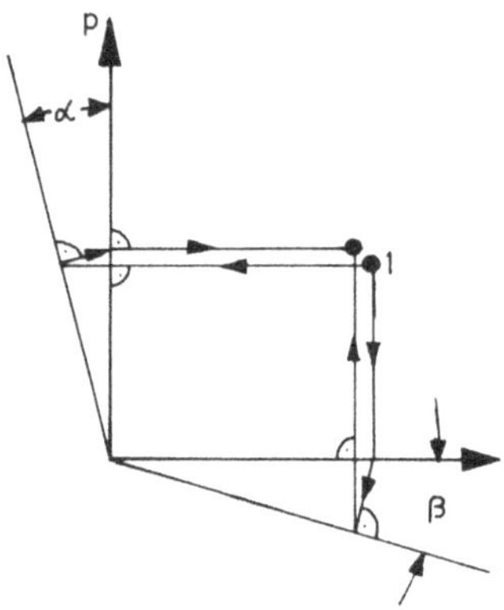

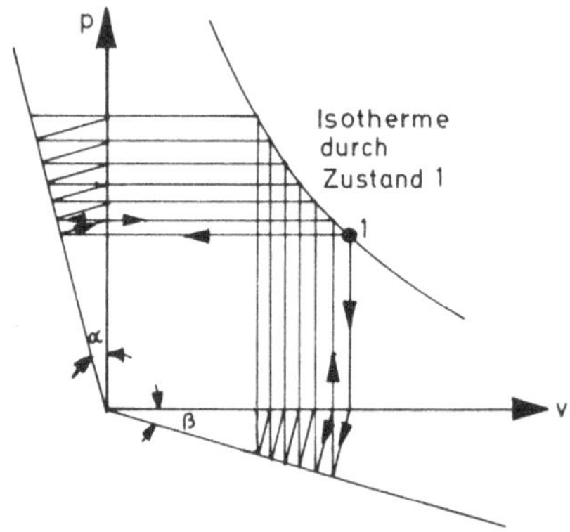

Adiabate

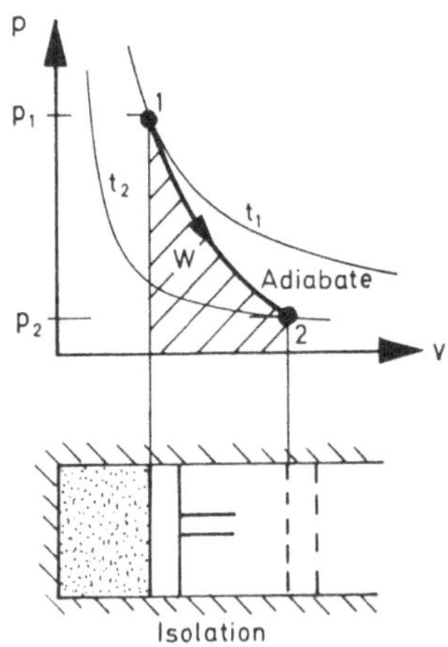

4. Zustandsänderung ohne Wärmeaustausch mit der Umgebung *(Adiabate)*, man liest manchmal *Isentrope* für Adiabate. Häufig ist allerdings ein adiabatischer Vorgang isentrop (verläuft mit konstanter Entropie, vgl. Abschnitt 1.7), jedoch kann das nicht von jedem adiabatischen Vorgang behauptet werden. Verbrennungen sind oft adiabatisch, aber die Entropie nimmt dabei zu (vgl. Abschnitt 6).

Nach Gl. (1.11) ist ohne Wärmeaustausch $U_2 - U_1 = W$. Bei der Expansion wird durch Abnahme der inneren Energie mechanische Arbeit verrichtet (das Gas wird kälter).

$$W = \frac{p_1 V_1}{\kappa - 1} \left[1 - \left(\frac{p_2}{p_1} \right)^{\frac{\kappa - 1}{\kappa}} \right] \tag{1.48}$$

für $p_1 V_1$ auch mRT_1.

$$\frac{T_1}{T_2} = \left(\frac{p_1}{p_2}\right)^{\frac{\kappa-1}{\kappa}} = \left(\frac{V_2}{V_1}\right)^{\kappa-1} = \left(\frac{v_2}{v_1}\right)^{\kappa-1} \quad (1.49)$$

$$p_1 V_1^{\kappa} = p_2 V_2^{\kappa} = pV^{\kappa} = pv^{\kappa} \quad (1.50)$$

Diese sogenannte Adiabatengleichung entsteht wie folgt: In differentialer Schreibweise ist $-dU = dW$, daraus mit Gln. (1.13) und (1.18) $-mc_v dT = pdV$. Nach Gl. (1.72) ist $dU + d(Vp) = c_p m dT$. Mit obigem Ergebnis erhält man durch Division mit dU $\frac{dU}{dU} + \frac{d(Vp)}{-\frac{V}{V} pdV} = \frac{c_p m dT}{c_v m dT}$

oder anders $-\frac{d(Vp)}{Vp} = (\kappa - 1)\frac{dV}{V}$. Das integriert ergibt $\ln\frac{p_2 V_2}{p_1 V_1} = \ln\left(\frac{V_1}{V_2}\right)^{\kappa-1}$ bzw. die Adiabatengleichung $p_1 V_1 = p_2 V_2 = pV = \text{konst.}$

Konstruktion der Adiabaten im p-v-Diagramm ähnlich der der Isothermen (siehe dort), jedoch mit $\alpha \neq \beta$.

$$\tan\beta = (1 + \tan\alpha)^{\kappa} - 1 \quad (1.51)$$

α frei wählbar.

Polytrope

5. Allgemeine Zustandsänderungen *(Polytrope)*. Statt der Grenzlagen der adiabatischen oder isothermischen Zustandsänderung stellen sich häufig solche ein, die der Gleichung

$$pV^n = \text{konst} = p_1 V_1^n = p_2 V_2^n \quad (1.52)$$

entsprechen. Je nach der Größe des Polytropenexponenten n verläuft die Expansion flacher oder steiler als die Adiabate. Ist $n > \kappa$ (Änderung von 1 nach 2), so muß zusätzlich zur Expansion gekühlt werden. Ist $1 < n < \kappa$, so erfolgt die Expansion unter Wärmezufuhr. Die Arbeit W beträgt

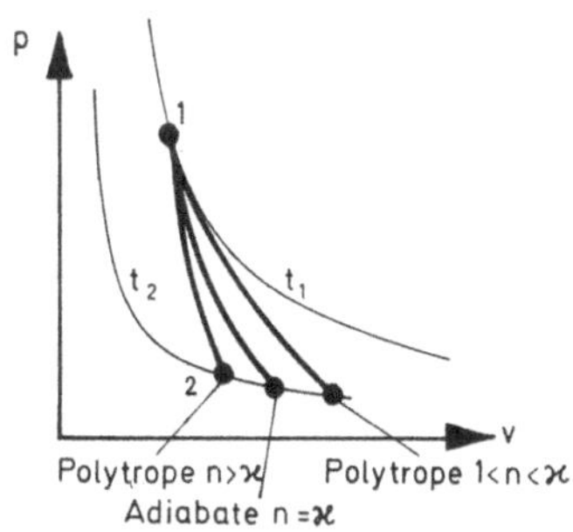

$$W = \frac{p_1 V_1}{n-1}\left[1 - \left(\frac{p_2}{p_1}\right)^{\frac{n-1}{n}}\right] = m\, c_v \frac{1-\kappa}{n-1} T_1\left(\frac{T_2}{T_1} - 1\right) \quad (1.53)$$

statt $p_1 V_1$ auch mRT_1.

$$Q = m c_v \frac{n - \kappa}{n - 1} (T_2 - T_1) \tag{1.54}$$

$$\frac{T_1}{T_2} = \left(\frac{p_1}{p_2}\right)^{\frac{n-1}{n}} = \left(\frac{V_2}{V_1}\right)^{n-1} = \left(\frac{v_2}{v_1}\right)^{n-1} \tag{1.55}$$

Konstruktion der Polytropen im p-v-Diagramm wie für die Adiabate unter Zuhilfenahme der Gl. (1.51) mit n für κ.

Polytropenexponent n

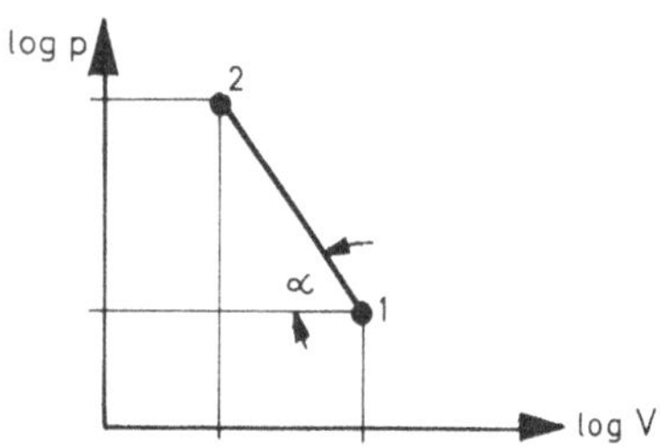

Die Feststellung des Polytropenexponenten n erfolgt aus dem log p-log V-Diagramm, in welchem Zustandsänderungen mit konstantem n Geraden bilden

$$n = \tan \alpha = \frac{\log p_2 - \log p_1}{\log V_1 - \log V_2} \tag{1.56}$$

n ändert sich während einer Zustandsänderung, z. B. bei einem Kompressor, der in den warmen Zylinder kaltes Gas ansaugt (Gas wird beheizt), während der Verdichtung wird es immer wärmer, so daß es bei bestimmtem Druck die gleiche Temperatur hat wie der Zylinder, danach ist es wärmer, so daß es Wärme abgibt. Im log p-log V-Diagramm ist eine solche Zustandsänderung keine Gerade mehr.

Vergleich der Zustandsänderungen

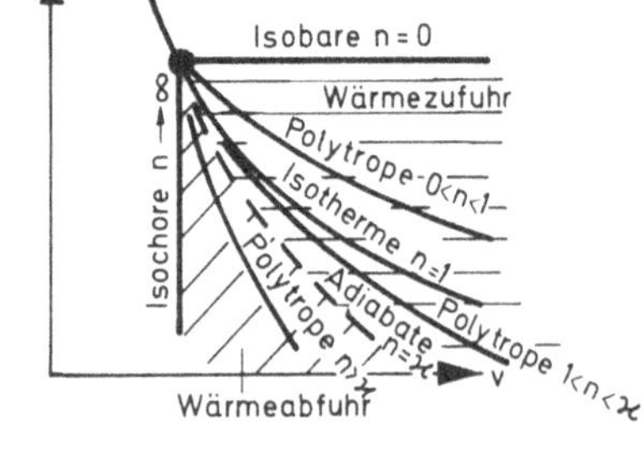

Trägt man die besprochenen Zustandsänderungen gemeinsam im p-v-Diagramm auf und sieht alle Zustandsänderungen als Sonderfälle der Polytropen pV^n an, so wird deren Steilheit sichtbar. Für alle Linien $n < \kappa$ ist Wärmezufuhr, für Linien $n > \kappa$ ist Wärmeabfuhr erforderlich, wenn Gas expandiert.

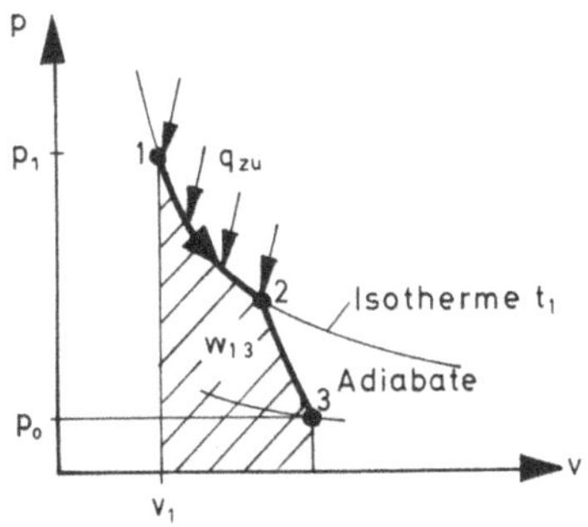

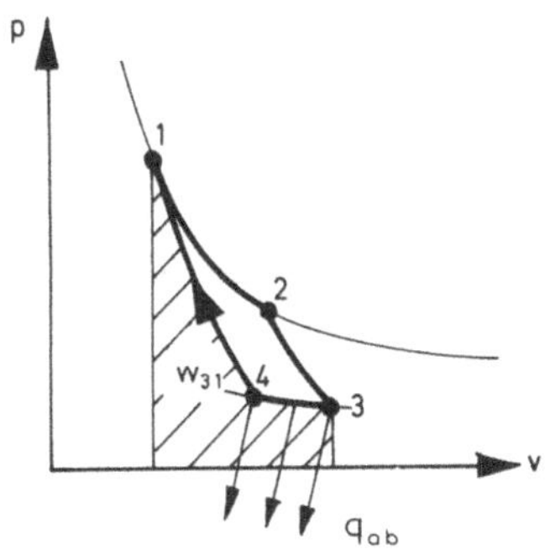

1.6.4. Carnot- und Gleichdruckprozeß

Die über die Zustandsänderungen von idealen Gasen gewonnenen Erkenntnisse sind für die sogenannten *Kreisprozesse* von hervorragender Wichtigkeit. Kreisprozesse sind periodisch wiederkehrende Abläufe von Zustandsänderungen zum Zweck der Umwandlung von Wärme in mechanische Arbeit oder zur Druckvergrößerung. Es sollen hier zunächst zwei Prozesse dargestellt werden. Es sind theoretische Prozesse, die ohne Stoffaustausch zur Gewinnung mechanischer Arbeit betrieben werden.

Der *Carnotprozeß* geht von einem großen Druck p_1 aus. Während der Expansion wird das Gas auf der Temperatur t_1 gehalten. Hat sich der Kolben bis in die Stellung 2 bewegt, so stoppt man die Wärmezufuhr. Falls Zylinder, Kolben usw. jetzt isoliert werden, wird sich der Kolben weiter nach rechts bewegen, bis der Druck rechts und links des Kolbens gleich ist ($p_3 = p_0$). Bis hier hin ist die Arbeit w_{13} verrichtet worden (einmalige Expansion). Um diese Arbeit erneut zu erhalten, muß der Kolben wieder zum Ausgangspunkt 1 zurück. Das im Zylinder befindliche Gas muß also verdichtet werden, und zwar so, daß am Ende der Verdichtung v_1, t_1 und p_1 erreicht werden.

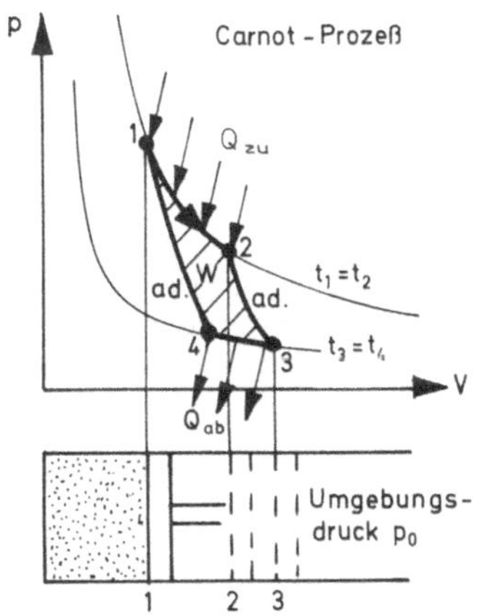

Die dazu erforderliche Arbeit w_{31} muß möglichst viel kleiner sein als die gewonnene w_{13}, damit viel Arbeit $w = w_{13} - w_{31}$ zur Nutzung übrig bleibt.

Man verdichtet zunächst isothermisch (3–4), anschließend adiabatisch, so daß $w_{31} < w_{13}$. Dabei muß zwischen 3 und 4 Wärme entzogen werden. Ein Teil der bei der Expansion freigewordenen mechanischen Arbeit wird für die Kompression wieder benutzt (Schwungrad).

Temperaturen

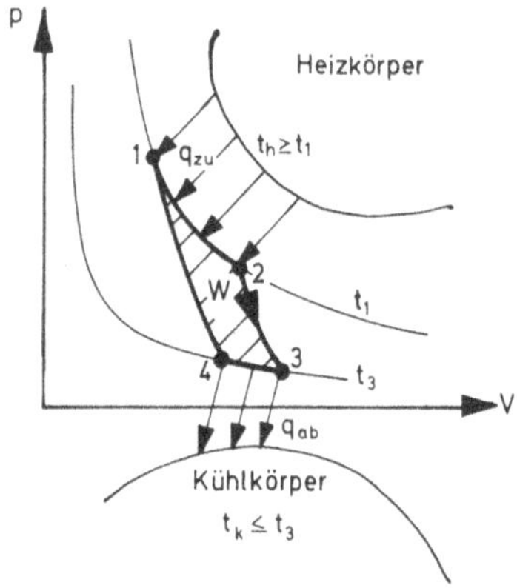

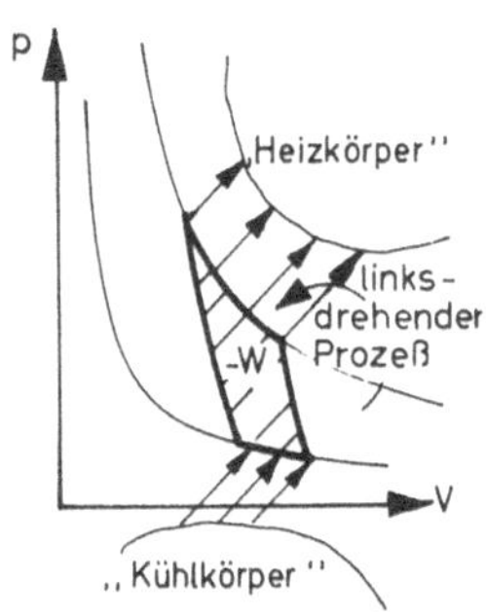

An den Carnotprozeß knüpfen sich weitere Überlegungen. Um w möglichst groß zu erhalten, wird man die Temperaturdifferenz $t_1 - t_3$ so groß wie möglich zu machen versuchen. Dem sind jedoch durch Heiz- und Kühlmittel sowie durch den Werkstoff Grenzen gesetzt. Die Heiztemperatur t_h und die Temperatur des Kühlers t_k müssen jedoch höher bzw. niedriger sein als die Gastemperatur, damit Heizung und Kühlung wirtschaftlich schnell vor sich gehen. Man ist also nicht in der Lage, die Grenztemperaturen t_h und t_k auszunutzen, und zwar um so weniger, je schneller der Prozeß ablaufen soll. Legt man keinen Wert auf raschen Ablauf des Prozesses, so kann im Grenzfalle $t_h = t_1$ und $t_3 = t_k$ sein. Für diesen Fall könnte der Unterschied des Temperaturniveaus zwischen t_h und t_k voll ausgenutzt werden. Sind t_h und t_1 fast gleich, so genügt eine sehr geringe Temperaturerhöhung von t_1, so daß $t_1 > t_h$; dabei geht Wärme vom Gas an das Heizmedium über. Wenn auch $t_k > t_3$, so ist der Prozeß *umkehrbar* oder *reversibel*.

Umkehrbarkeit

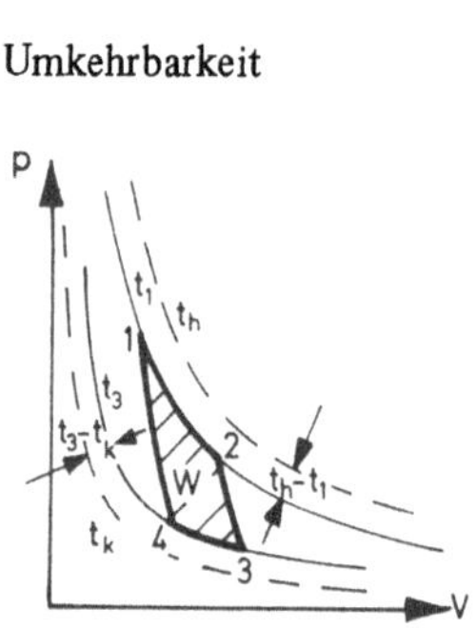

Diese Eigenschaft der Umkehrbarkeit wird bei der Beurteilung der Wirtschaftlichkeit von Vorgängen noch eine wichtige Rolle spielen.

Im p-v-Diagramm können die Temperaturen t_h und t_k als Isothermen eingezeichnet werden. Die Temperaturverluste $t_h - t_1$ und $t_3 - t_k$ sind dann gut sichtbar.

Gleichdruckprozeß

Ein weiteres Beispiel für einen Kreisprozeß ist der *Gleichdruck-* oder *Jouleprozeß*. Die beiden Isobaren zeigen, daß auch im Grenzfall keine Umkehrbarkeit der Richtung des Wärmetransportes möglich ist, weil $t_1 < t_2 < t_h$ und $t_3 > t_4 > t_k$.

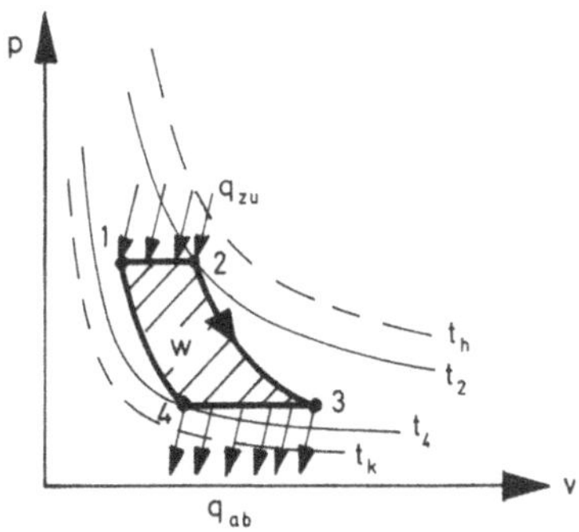

Hier soll noch festgehalten bleiben, daß *Kreisprozesse mit Hilfe geeigneter Apparaturen* (Zylinder und Kolben, Turbinen) *aus einem Wärmestrom mechanische Arbeit „abspalten". Der Wärmestrom kommt zwischen einem Heizkörper und einem Kühlkörper zustande.*

1.7. Zweiter Hauptsatz, Entropie

Zweiter Hauptsatz der Thermodynamik

In Abschnitt 1.1 wurde festgestellt, daß die Temperatur die für den Transport von Wärmeenergie notwendige „Spannung" ist. Der erste Hauptsatz stellte fest, daß die Summe aller an einem Vorgang (Bilanzkreis) ausgetauschten Energien Null ist. Davon völlig getrennt beschäftigt sich der *Zweite Hauptsatz* mit dem Zusammenhang Temperatur-Wärmetransport; man kann auch sagen, durch den Zweiten Hauptsatz erhält man eine *Bewertung von Wärmeenergien: Je höher die Temperatur der zur Verfügung stehenden Wärmemenge ist, desto wertvoller ist diese.*

Clausius formulierte 1850:
Wärme kann nie von selbst aus einem kälteren in einen wärmeren Körper übergehen.

Dieser banal erscheinende Erfahrungssatz hat weitgehende Folgen. Am Ende des vorigen Abschnittes wurde festgestellt, daß für den Betrieb eines Kreisprozesses ein Wärmestrom erforderlich ist. Ein solcher kommt nach dem zweiten Hauptsatz nur durch eine Temperaturdifferenz ($t_h > t_k$) zustande.

Man benötigt also eine Kühlung, die überhaupt erst den Wärmefluß vom wärmeren zum kälteren Körper veranlaßt. Planck sprach daher den Zweiten Hauptsatz so aus:

Es ist unmöglich, eine periodisch funktionierende Maschine zu konstruieren die weiter nichts bewirkt als die Hebung eines Gewichtes und eine entsprechende Abkühlung eines Wärmereservoirs.

Eine weitere Folge ist, daß es nicht möglich ist, eine Maschine zu bauen, die einen Wärmefluß restlos in mechanische Arbeit umformt, denn dann wäre man unabhängig von einem Kühlkörper. Es ist nach diesen Überlegungen z.B. nicht möglich, eine Schiffsmaschine mit der Wärmeenergie des Meeres zu betreiben, da keine Kühlung mit entsprechend niedriger Temperatur vorhanden ist.

Ostwald formulierte: *Es gibt kein Perpetuum mobile zweiter Art.* Das heißt, der praktisch unausschöpfbar große Energievorrat der Umgebung ist technisch nicht nutzbar. Positiv ausgedrückt kann man sagen:

Zum Transport von Wärmeenergie wird immer ein kälterer Körper benötigt, zu dem die Wärme übergeht.

Entropie s

Quantitativ erfaßt man die Aussage des Zweiten Hauptsatzes mit Hilfe der Entropie. Diese ist in differentieller Schreibweise definiert als

$$ds = \frac{dq}{T} \ ; \quad dS = m\,\frac{dq}{T} = m\,ds = \frac{dQ}{T} \qquad (1.57)$$

Clausius schuf mit dieser Definition eine einfache Verknüpfung von Wärmetransport und Temperaturniveau. Je größer T, desto kleiner ist die Entropie s, das wiederum heißt, je kleiner s, desto wertvoller ist die Wärmeenergie.

Die Entropiedifferenz ds ist also die bei der Temperatur T übergegangene Wärme dq dividiert durch T.

$$\Delta s = s_2 - s_1 = \int_1^2 \frac{dq}{T} \qquad (1.58)$$

Wärmeaustausch

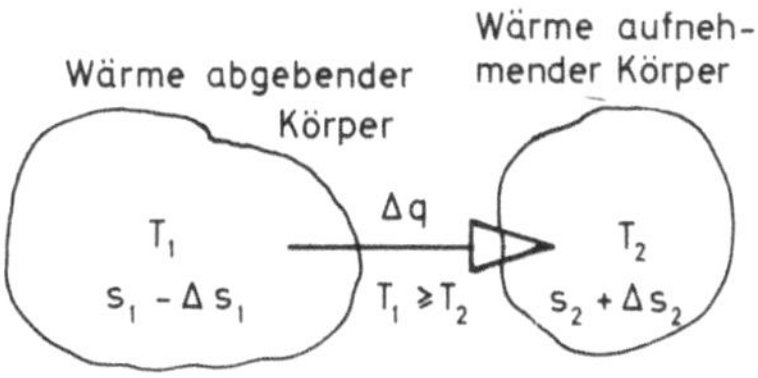

Eine Entropiedifferenz tritt bei allen an einem Wärmeaustausch beteiligten Körpern auf, sie hat für den einzelnen Körper verschiedenes Vorzeichen und meist auch verschiedene Größe.

Die Entropie s_1 des Wärme abgebenden Körpers wird um Δs_1 verringert, die des Wärme aufnehmenden Körpers s_2 um Δs_2 vermehrt. Da $|-\Delta q_1| = +\Delta q_2 = \Delta q$ und $T_1 > T_2$, sind die Entropiedifferenzen Δs_1 und Δs_2 verschieden groß.

$$\left| -\Delta s_1 \right| = \left| \frac{\Delta q}{T_1} \right| < s_2 = \frac{\Delta q}{T_2} \ .$$

Bildet man die Summe der Entropiedifferenzen $-\Delta s_1 + \Delta s_2$, so stellt man fest, daß sie größer als Null ist. $\Delta s = \Delta s_2 - \Delta s_1 > 0$.

Nichtumkehrbarkeit

Im letzten Abschnitt wurde schon festgestellt, daß der Wärmeübergang von einem wärmeren Körper zu einem kälteren nicht umkehrbar ist (Inhalt des Zweiten Hauptsatzes). Mit der Summe der Entropiedifferenzen hat man jetzt ein Maß für die Nichtumkehrbarkeiten. Je größer nämlich $T_1 - T_2$, um so größer ist auch $\Delta s = \Delta s_2 - \Delta s_1$. Der Verlust durch Nichtumkehrbarkeit des Wärmeübergangs ist

$$q_v = \Delta s\, T_m = (\Delta s_2 - \Delta s_1)\, T_m \qquad (1.59)$$

mit der mittleren Temperatur T_m. Andererseits ist der Vorgang der Wärmeübertragung umkehrbar, wenn im Grenzfall $T_1 = T_2$. Für diesen Fall ist aber auch die Summe der Entropiedifferenzen = Null.

Analogie

Da die Aussagefähigkeit der Entropie erfahrungsgemäß auf erhebliche Verständnisschwierigkeiten stößt, wird versucht, eine Analogie zu finden.

Ein hochgelehrter Professor erhält den Auftrag, zu einem Fachproblem Stellung zu nehmen. Der Professor denkt nach und kommt zu einer Aussage A. Diese Aussage hat das sicherlich hohe Niveau N_{Prof}. Er teilt diese Aussage einem Fachkollegen mit, welcher ohne weiteres in der Lage ist, die Aussage mit eigenen Worten zu wiederholen, ein Zeichen dafür, daß er auf demselben Niveau $N_{Koll} = N_{Prof}$ steht. Das Austauschen der Aussage A ist *umkehrbar*. Bezieht man die Aussage auf das geistige Niveau, so erhält man für die gemachte

Aussage den Wert $-\frac{A}{N_{Prof}}$ (negativ, weil der Professor die Aussage abgibt). Für den Empfang der Aussage durch den Kollegen ergibt sich $+\frac{A}{N_{Koll}}$.
Addiert man beide Werte, so erhält man Null:
$\frac{A}{N_{Koll}} - \frac{A}{N_{Prof}} = 0.$

Ganz anders, wenn der Professor dieselbe Aussage vor jungen Gymnasiasten macht. Diese werden kaum in der Lage sein, den Vortrag zu verstehen und ihn aus dem Verständnis heraus zu wiederholen. Der Mitteilungsvorgang ist nicht oder nur beschränkt umkehrbar je nach geistigem Niveau $N_{Gym} < N_{Prof}$. Bezieht man auch hier die Aussage auf das Niveau, so ergibt sich $\frac{A}{N_{Gym}} > \frac{A}{N_{Prof}}$. Die Summe dieser Werte ist: $\frac{A}{N_{Gym}} - \frac{A}{N_{Prof}} > 0$. Die Summe ist größer als Null, d.h. der Professor hat sein *Niveau verschwendet.*

Ist das Verhältnis $\frac{A}{N}$ (die Entropie) klein, so ist A besonders wertvoll, weil sie eben auf hohem Niveau steht (große Zahl N). Ist die Entropiesumme = 0, so ist die Übertragung der Aussage bestens *(volle Ausnutzung des Niveaus).* Ist die Summe größer als Null, so hat man Niveau verschwendet.
Man liest häufig die wörtliche Übersetzung des Wortes Entropie = Umwandlungswert (Clausius); hier wird der Vorschlag gemacht, sinngemäß Entropie mit „Niveauwert" zu übersetzen, oder zu erklären.

Wirkungsgrade

Diese Aussagefähigkeit der Entropie wird heute in immer steigendem Maß zur Beurteilung der Wirtschaftlichkeit herangezogen. Im vorigen Abschnitt ist an zwei Beispielen dargestellt, daß ein Prozeß umso wirkungsvoller ist, je besser er sich umkehren läßt. Es kommt also in der Technik darauf an, daß bei einem Prozeß, einer Verbrennung usw. die Summe der Entropiedifferenzen aller am Vorgang beteiligten Körper oder Stoffe möglichst nahe Null liegt.

Es soll festgehalten werden:

1. *Prozesse sind am wirtschaftlichsten, wenn alle Einzelvorgänge umkehrbar sind.*
2. *Je besser Vorgänge umkehrbar sind, desto mehr nähert sich die Summe der Entropiedifferenzen aller Einzelvorgänge dem Wert Null.*
3. *Als Folge von 1 und 2 ist der Prozeß am wirtschaftlichsten, dessen Entropiedifferenzensumme* Δs *am kleinsten ist.*

Es folgen einige Beispiele für nichtumkehrbare Vorgänge, an ihnen wird noch einmal gezeigt, daß die Entropiedifferenzensumme > 0 bleibt.

Reibung

Bei *Reibungsvorgängen* wird mechanische Arbeit in Wärme umgewandelt. Wäre dieser Vorgang umkehrbar, so müßte die Reibungswärme allein in der Lage sein, wieder die mechanische Arbeit zu produzieren. Das widerspricht dem Zweiten Hauptsatz, dessen eine Folge ist, daß allein durch Abkühlung eines Wärmevorrates keine mechanische Arbeit verrichtet werden kann. Umkehrbarkeit heißt aber, daß nach dem Umkehrvorgang keine bleibende Veränderung der Umgebung vorliegen darf. Wollte man aus der Reibwärme mechanische Arbeit gewinnen, so müßte man aber einen Kühlkörper aufheizen.

Nichtumkehrbarkeit (Irreversibilität) ist immer daran zu erkennen, daß bei einem Versuch, den irreversiblen Vorgang rückgängig zu machen, Spuren zurückbleiben.

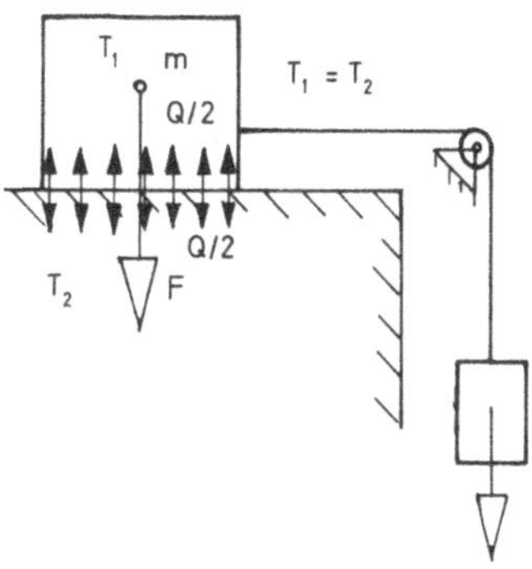

Betrachtet man einen Körper der Masse m, der über eine Ebene gezogen wird, so kann man annehmen, daß diesem und der Auflage die halbe Reibungswärme Q/2 zuteil wird. Die Summe der Entropiedifferenzen der betrachteten beiden Körper ist größer Null, Kennzeichen für die Nichtumkehrbarkeit.

$$\Delta s_1 + \Delta s_2 = \frac{Q/2}{T} + \frac{Q/2}{T} = \frac{Q}{T} > 0$$

(wenn man davon ausgeht, daß $T_1 = T_2 = T$).

Druckausgleich

Beim *Druckausgleich* ohne Verrichtung mechanischer Arbeit *(Drosselvorgang)* wird bei konstanter Temperatur (vgl. Abschnitt 1.9) der Druck verringert. Dies ist ein weiterer typischer nichtumkehrbarer Vorgang; denn ohne Zuhilfenahme äußerer Mittel kann das Medium nicht mehr auf den größeren Druck zurückgelangen.

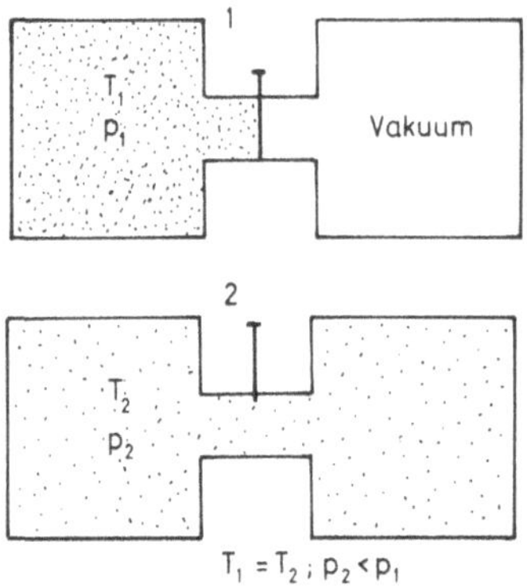

Den Entropiezuwachs kann man nicht direkt ausdrücken, da keine Wärme ausgetauscht wird. Würde man das Medium jedoch wieder komprimieren, um dabei $T = T_1$ = konst zu erhalten, müßte man die Kompressionswärme (mechanische Arbeit) abführen ($-\Delta Q$). Das hätte lt. Gl. (1.59) eine Entropieverminderung zur Folge $\Delta S = -\dfrac{\Delta Q}{T} = -\dfrac{W}{T}$. Diese Tatsache läßt erkennen, daß vorher beim Drosselvorgang ein Entropiezuwachs vorhanden war.

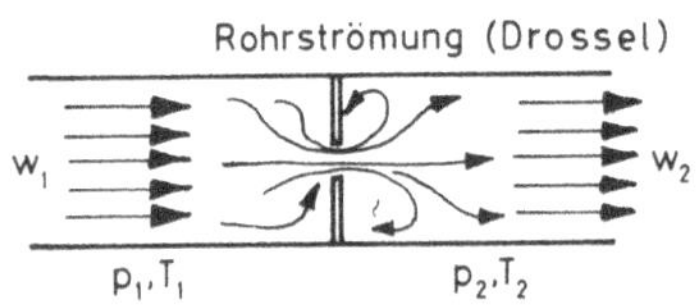

Ganz anders die *Druckverringerung mit Verrichtung von Arbeit* (Adiabate). Wendet man nämlich die bei der Expansion verrichtete Arbeit zur Kompression wieder auf, so gelangt man bei Reibungsfreiheit in den Ausgangszustand ohne fremde Hilfe – die *adiabatische Zustandsänderung ist also reversibel.*

Mischung

Für den Entropiezuwachs von *Mischungen* verschiedener Medien gilt das gleiche wie für den Drosselvorgang, denn wenn Gas 1 in den Raum 2 strömt, wird keine Arbeit verrichtet. Ohne äußere Hilfe können die Medien sich nicht mehr in die Räume 1 und 2 entmischen.

Mischung von Medien verschiedener Temperatur siehe Abschnitt 2. Beispiel 3 und in 2.4.

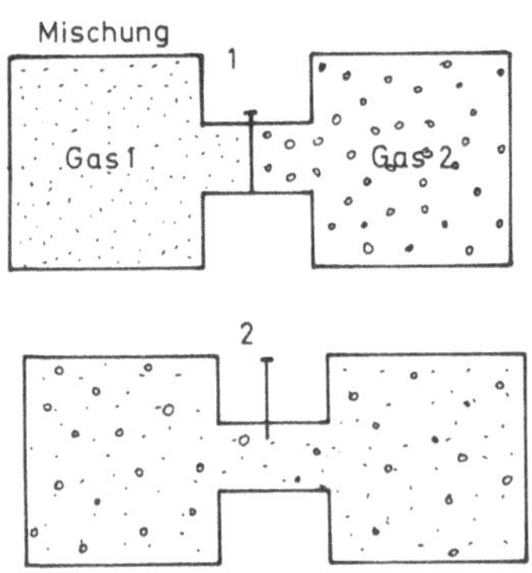

Verbrennung

Bei der *Verbrennung* findet man drei nichtumkehrbare Vorgänge:

1. die Mischung des Brennstoffes bzw. des Brenngases mit Sauerstoff oder Luft,
2. ist der chemische Vorgang der Verbrennung irreversibel und
3. liegen die Verbrennungstemperaturen viel höher als die z. B. in Arbeitsmaschinen verwendbaren, so daß ein großer Entropiezuwachs durch den nicht ausgenutzten Temperaturabfall zustande kommt (vgl. Abschnitt 6.1).

Entropie idealer Gase

Für konkrete Rechnungen benötigt man die Entropiebeträge. Diese finden sich entweder in Tafeln (z. B. Dampftafeln) oder man berechnet sie. Für ideale Gase (c_p und c_v = konst.) ist

$$s = c_v \ln \frac{p}{p_0} + c_p \ln \frac{v}{v_0} + s_0 .$$

Da man fast ausschließlich mit Entropiedifferenzen rechnet, fällt s_0 mit p_0 und v_0 heraus, die man z. B. auf 0 °C und 1 at beziehen könnte. Praktisch interessieren also nur Differenzen:

$$\boxed{\Delta s = s_2 - s_1 = c_v \ln \frac{T_2}{T_1} + R \ln \frac{v_2}{v_1}} \qquad (1.60)$$

oder

$$\boxed{\Delta s = s_2 - s_1 = c_p \ln \frac{T_2}{T_1} + R \ln \frac{p_1}{p_2}} \qquad (1.61)$$

oder

$$\boxed{\Delta s = s_2 - s_1 = c_p \ln \frac{v_2}{v_1} + c_v \ln \frac{p_2}{p_1}} \qquad (1.62)$$

Für die einzelnen Zustandsänderungen vereinfachen sich diese Gleichungen; wegen ln 1 = 0 fallen einzelne Summanden aus. Bei der Adiabaten ist $\Delta s = 0$ wegen $\Delta q = 0$. Bei der Polytropen ist $c = c_v \dfrac{n - \kappa}{n - 1}$ einzusetzen. Falls es erforderlich ist, die Temperaturabhängigkeit der spezifischen Wärmen zu berücksichtigen, kann man sich durch Einsetzen der mittleren Werte (vgl. Abschnitt 1.6.2) helfen.

Häufig ist es anschaulicher, Zustandsänderungen im T-s-Diagramm als im p-v-Diagramm darzustellen, wie im nächsten Abschnitt gezeigt wird.

1.8. Darstellung der Zustandsänderungen idealer Gase im p-v- und T-s-Diagramm

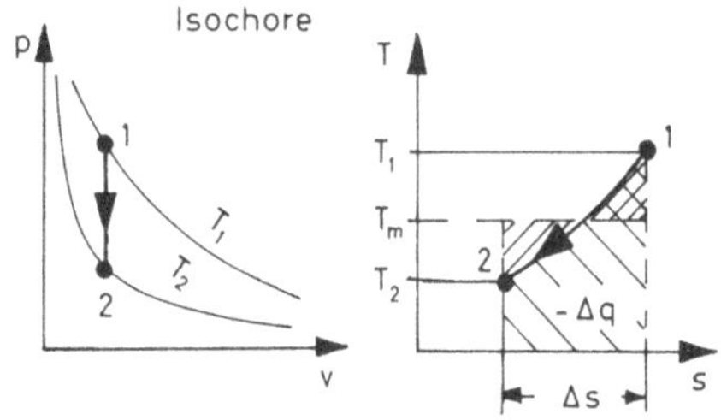

Isochore:

$$s_2 - s_1 = c_v \ln \frac{T_2}{T_1} \qquad (1.63)$$

In nebenstehendem Beispiel ist die abzuführende Wärme

$\Delta q = T_m \, \Delta s$ = Fläche unter der Zustandsänderung im T-s-Diagramm

$$\Delta q = \int_1^2 T \, ds$$

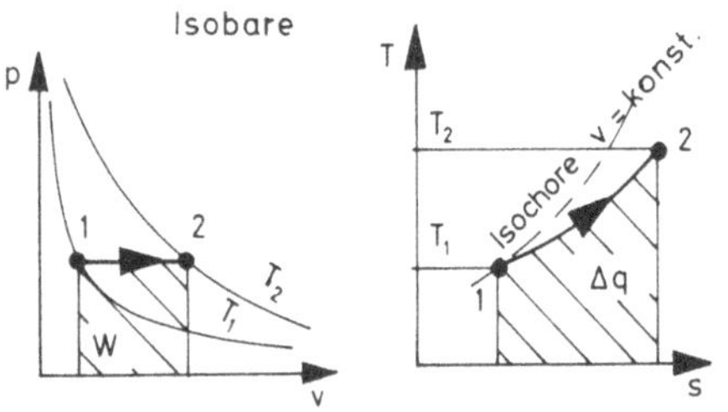

Isobare:

$$s_2 - s_1 = c_p \ln \frac{T_2}{T_1} \qquad (1.64)$$

Da $c_p > c_v$ verläuft die Isobare im T-s-Diagramm etwas flacher als die Isochore.

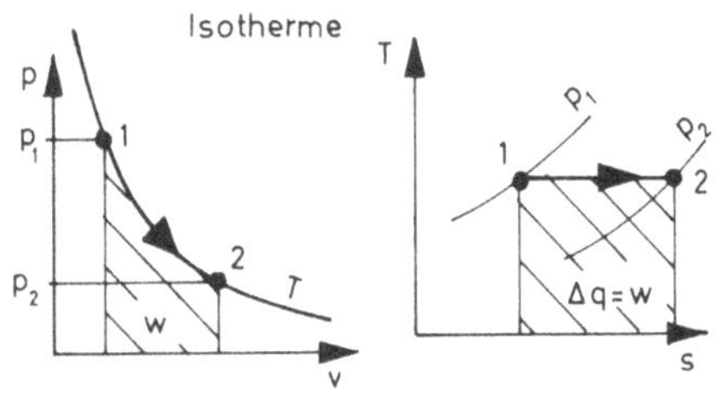

Isotherme:

$$s_2 - s_1 = R \ln \frac{v_2}{v_1} = R \ln \frac{p_1}{p_2} \qquad (1.65)$$

oder nach Gl. (1.62)

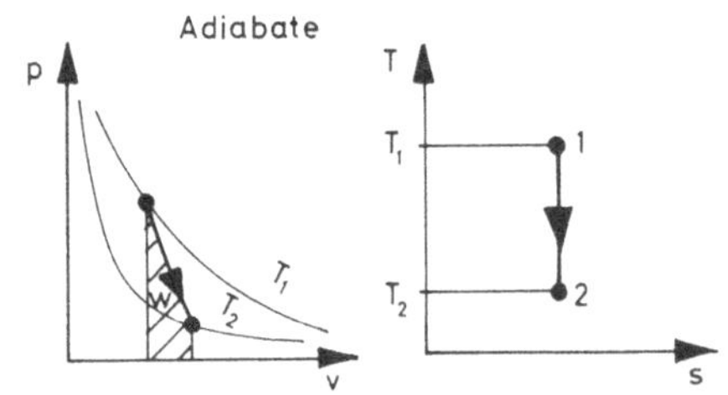

Adiabate:

$s_2 - s_1 = 0$, man spricht auch von *Isentrope.* Bei nichtumkehrbaren Vorgängen (z. B. Verbrennung) sind Adiabaten keine Isentropen, es gilt dann für die Adiabate nicht mehr $\Delta s = 0$

Polytrope:

$$s_2 - s_1 = c_v \frac{n - \kappa}{n - 1} \ln \frac{T_2}{T_1} \qquad (1.66)$$

Anschließend eine Gegenüberstellung aller Zustandsänderungen im p-v- und T-s-Diagramm.

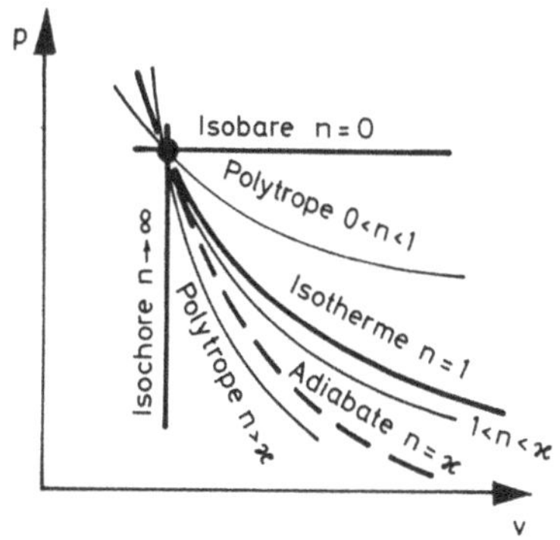

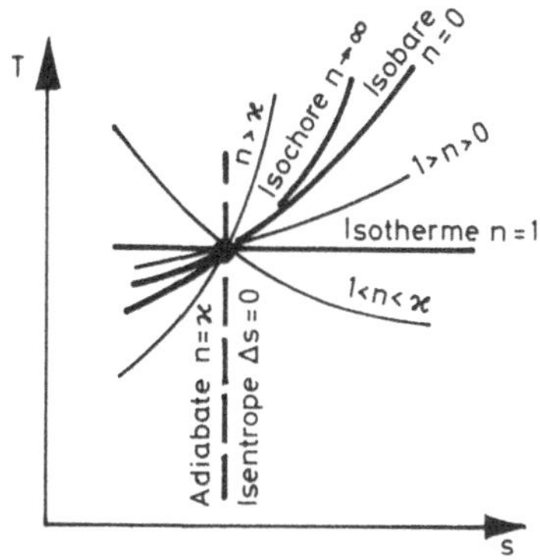

Carnot - Prozeß

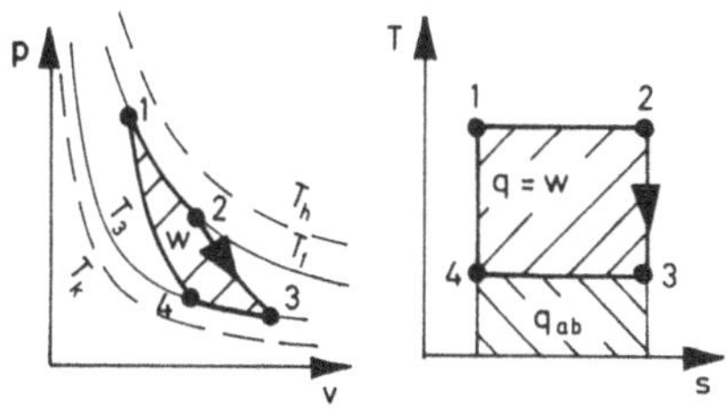

Wirkungsgrad

Nach der Darstellung der einzelnen Zustandsänderungen sollen die in Abschnitt 1.6.4 gezeigten Kreisprozesse ebenfalls im T-s-Diagramm gezeichnet werden, um den Vorteil dieses Schaubildes zu schildern.

Der *Carnot-Prozeß* bildet im T-s-Diagramm ein Rechteck, das zwischen den Temperaturen der Heiz- und Kühlkörper T_h und T_k liegt. Der Inhalt der Rechtecke sind Wärmemengen. Da lt. Gl. (1.47) W und Q bei der Isotherme gleich sind, ergibt sich der Wirkungsgrad des Carnotprozesses (Index c) zu

$$\eta_c = \frac{\text{Nutzwärme}}{\text{Wärmeaufwand}} = \frac{\text{Nutzwärme}}{\text{Nutzwärme} + Q_{ab}}$$

$$\boxed{\eta_c = \frac{w}{q_{zu}} = \frac{W}{Q_{zu}} = \frac{Q_{zu} - Q_{ab}}{Q_{zu}}} \qquad (1.67)$$

der Carnot-Wirkungsgrad ist mit $Q = T\Delta S$,

$$\boxed{\eta_c = \frac{T_1 - T_4}{T_1} = \frac{T_2 - T_3}{T_2}} \qquad (1.68)$$

Hier sieht man noch einmal, wie wichtig es ist, den Temperaturunterschied zwischen T_1 und T_4 möglichst groß zu machen, ferner, daß es interessant ist, die für den Wärmeübergang erforderlichen Temperaturgefälle $T_h - T_1$ und $T_4 - T_k$ möglichst klein zu halten, letzteres heißt aber nichts anderes, als den Entropiezuwachs in allen Teilen des Prozesses klein zu lassen, also auch für die außerhalb des Kreisprozesses erforderlichen Vorgänge wie die Verbrennung (vgl. Abschnitt 2.3, Dampfkessel).

Gleichdruckprozeß

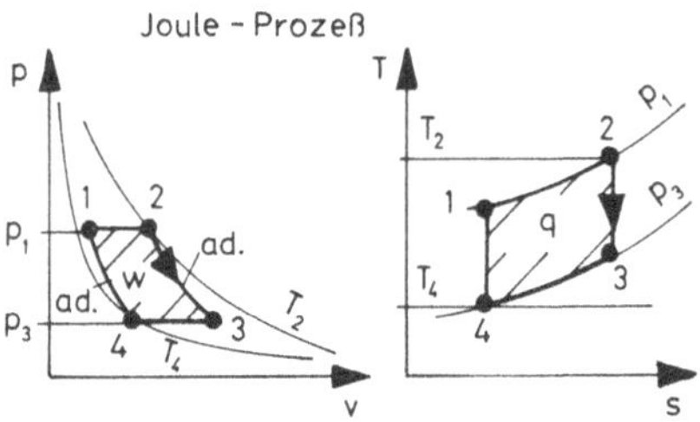

Der *Gleichdruckprozeß* verläuft zwischen den extremen Temperaturen T_2 und T_4. Im T-s-Diagramm sieht man bequem, daß sein Wirkungsgrad erheblich kleiner ist als der des Carnot-Prozesses zwischen den gleichen Temperaturen. Dennoch ist der Gleichdruckprozeß technisch besonders wichtig, wie im folgenden Abschnitt gezeigt wird.

1.9. Absolute Gasarbeit, technische Arbeit, Enthalpie

Gleichdruckprozeß

Der im letzten Abschnitt dargestellte Gleichdruckprozeß ist technisch von besonderer Wichtigkeit, weil er apparativ gut darstellbar ist (Druckluftmotor, Preßluftwerkzeuge, linkslaufend als Verdichter).

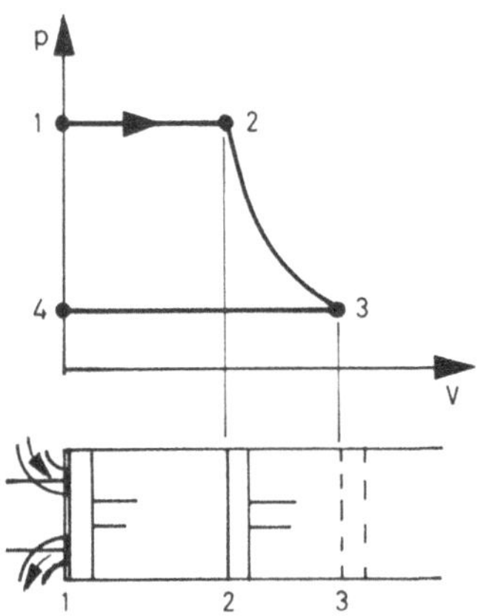

In der Kolbenstellung 1 öffnet man ein Ventil zu einem Druckbehälter, bei seinem Druck strömt Gas in den Zylinder, bis der Kolben die Stellung 2 einnimmt. Anschließend expandiert das Gas bis zum unteren Druck p_3 bzw. zur Kolbenstellung 3. Dabei wird Arbeit verrichtet. Jetzt drückt der Kolben das nicht mehr weiter nutzbare Gas aus dem Zylinder. Das austretende Gas muß die Umgebungsluft verdrängen. Die dazu erforderliche Arbeit vom Betrage $p_3 V_3$ wird z.B. einem Schwungrad entnommen.

Die Arbeitsflächen liegen jetzt für die obere Isobare unter 12, für die Expansion unter 23 und die Ausschiebearbeit unter 34. Diese Arbeiten, also die Integrale $\int p\,dV$ nennt man die absolute Gasarbeit.

technische Arbeit

Viel einfacher ist es jedoch, gleichgültig, um welche Art von Zustandsänderung es sich bei der Expansion handelt, die Nutzarbeit direkt zu berechnen. Üblich ist es, diese Arbeitsfläche als *technische Arbeit* w_t zu bezeichnen.

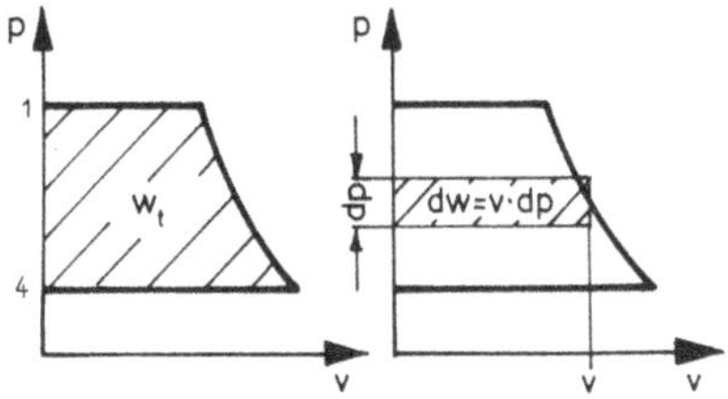

$$w_t = -\int_4^1 v\,dp \text{ oder } W_t = -\int_4^1 V\,dp \tag{1.69}$$

wird negativ, weil man Arbeit gewinnt (vgl. Vorzeichenregel nach Gl. (1.14)), wenn man gegen die positive Richtung der Druckachse fortschreitet.

Enthalpie

Setzt man voraus, daß im oben geschilderten Gleichdruckprozeß die Expansion 23 eine Adiabate ist, so kann man die technische Arbeit aus den absoluten Gasarbeiten wie folgt zusammenrechnen:

$$w_t = v_2 p_2 + (u_2 - u_3) - v_3 p_3,$$

denn die Arbeit der Adiabaten ist gleich dem Unterschied der inneren Energien (Gl. (1.11)).

$w_t = u_2 + v_2 p_2 - (u_3 + p_3 v_3)$. Setzt man für $u + v\,p = h$, so wird

$$w_t = h_2 - h_3 \text{ oder } W_t = H_2 - H_3 \tag{1.70}$$

Die Summe $u + v\,p$ bzw. $U + Vp$ heißt *Enthalpie* h z.B. in $\frac{\text{kcal}}{\text{kg}}$ bzw. H in kcal. Bislang ist die Enthalpie mit i bzw. I bezeichnet worden. $h = u + vp + h_0$. Die Konstante h_0 fällt aus Rechnungen meistens heraus, weil es sich um Differenzen handelt (vgl. Gl. (1.70). Man kann h_0 jedoch auf 0 °C beziehen und dafür $h_0 = 0$ festlegen, dann ist

$$h = u + vp = c_v t + vp = c_p t \tag{1.71}$$

oder wenn man die Enthalpie auf die Masse m bezieht

$$H = U + Vp = c_p\,m\,t \tag{1.72}$$

Die Enthalpie ist eine sehr bequeme Rechengröße, weil ihre Differenz in vielen Fällen direkt die Arbeit zwischen zwei Zuständen angibt.

Drosselung

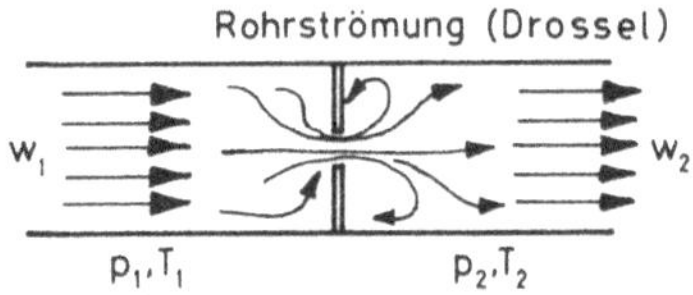

Der *Drosselvorgang* (Druckminderung ohne Arbeitsleistung) ist dadurch gekennzeichnet, daß die Enthalpie konstant bleibt. Der Drosselvorgang geht verhältnismäßig schnell vor sich, so daß kein nennenswerter Wärmeaustausch mit der Umgebung stattfindet. Laut 1. Hauptsatz ist die Energie der Strömung vor und hinter der Drossel gleich.

$$u_1 + p_1 v_1 + \frac{w_1^2}{2} = u_2 + p_2 v_2 + \frac{w_2^2}{2}$$

Die kinetische Energie ist sehr klein gegenüber $u + pv$, man schreibt also:

$$u_1 + p_1 v_1 = u_2 + p_2 v_2 = h_1 = h_2 .$$

1.10. Reale Gase

Die tatsächlich vorliegenden Gase (reale Gase) entsprechen weitgehend der Zustandsgleichung (Gl. (1.21)), (dazu gehören auch die Dämpfe). Bei hohen und besonders niedrigen Temperaturen und großen Drücken sind die Abweichungen allerdings so groß, daß man nicht mehr mit der Zustandsgleichung rechnen kann. Das abweichende Verhalten realer Gase gegenüber den idealen hat folgende Gründe:

1. oberhalb etwa 1500 °C tritt *Dissoziation* ein, d.h. die Moleküle zerfallen (z.B. $N_2O_4 \rightleftarrows 2\,NO_2$). Dieser Vorgang ist endotherm, er verbraucht Wärme, so daß die Zustandsgleichung nicht mehr gilt. Näheres in Abschnitt 6.5.
2. Die Zustandsgleichung berücksichtigt nicht die *Anziehungskräfte* zwischen den Molekülen. Die Kraft ist nur bei größerer Nähe der Moleküle nennenswert (Quadrat der Entfernung). Die Entfernung ist umso geringer, je größer der Druck ist. Gleichzeitig muß bedacht werden, daß, je größer das Molekülvolumen, desto geringer die Bewegungsfreiheit; vielatomige Moleküle werden also wegen des großen Volumens stärker von der Zustandsgleichung abweichen als ein- oder zwei-

van der Waalssche Gleichung

atomige Gase. *Van der Waals* († 1923) gibt für reale Gase in Anlehnung an die Zustandsgleichung an:

$$\left(p + \frac{a}{v^2}\right)(v - b) = RT \qquad (1.73)$$

$\frac{a}{v^2}$ berücksichtigt den Molekülabstand, b das Molekülvolumen.

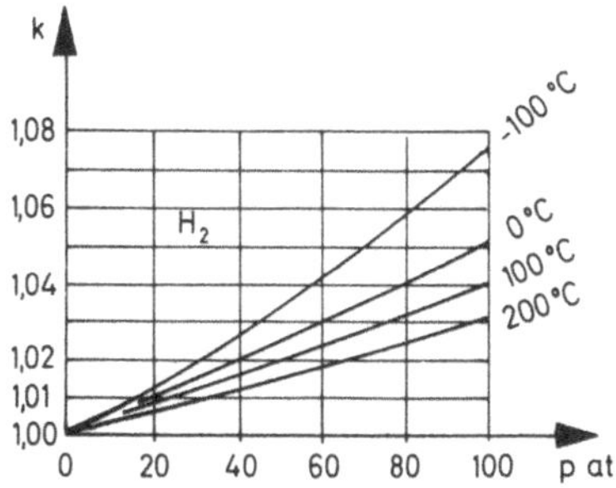

Die van der Waalssche Gleichung führt zu drei Lösungen für v (wegen v^3). Oft wird es einfacher sein, die Zustandsgleichung zu korrigieren:

$$pv = kRT \qquad (1.74)$$

mit Korrekturfaktor k abhängig von Gasart, Temperatur und Druck. Nebenstehend zwei Beispiele dafür.

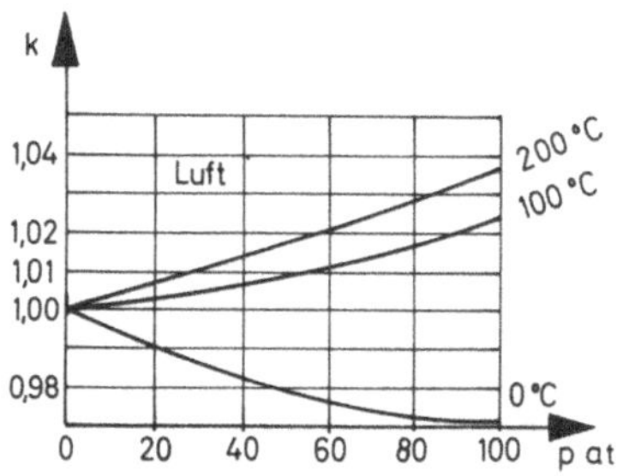

spezifische Wärme

In diesen Zusammenhang fallen auch Betrachtungen zur *Veränderlichkeit der spezifischen Wärme* (Abschnitt 1.6.2). Während für das ideale Gas κ konstant ist, ist insbesondere für vielatomige Gase κ temperatur- und druckabhängig.

Beispiele

Beispiel 1

Ein elektrischer Tauchsieder mit der Leistung P = 1 kW soll 1 kg Wasser von 10 °C auf 100 °C erwärmen (p_0 = 760 Torr).

a) Welche Zeit ist dazu nötig, wenn keine Wärmeverluste eintreten?

b) Wie groß ist der Wirkungsgrad, wenn durch Versuch eine Zeit von t_{Vers} = 7,7 min gestoppt wurde?

Zeile	Bezeichnung	Gleichung	Zahlenrechnung	Ergebnis	Bemerkung
1	Wärmemenge Q	$Q = mc\,(t_2 - t_1)$	$= 1 \cdot 1 \cdot (100-10)$	90 kcal	(1.32) $c_m = 1 \frac{\text{kcal}}{\text{kg grd}}$ angenommen, vgl. T. 2.1
2	Erwärmungszeit t (ohne Verluste)	$t = \frac{\text{Arbeit}}{\text{Leistung}} = \frac{Q}{P}$	$= \frac{90 \cdot 3600}{860}$	377 s = 6,3 min	nach Gl. (1.8) $1\ \text{kW} = \frac{860}{3600}\ \frac{\text{kcal}}{\text{s}}$
3	Wirkungsgrad η	$\eta = \frac{t}{t_{Vers}}$	$= \frac{6,3}{7,7}$	0,815 ≙ 81,5 %	Verluste durch Gefäßbeheizung, Abstrahlung usw.

Weitere Aufgabenstellungen

Wieviel Stahl (geringer C-Gehalt) kann bei bekanntem Wirkungsgrad mit einer bestimmten Leistung von 20 °C auf eine gewünschte Temperatur in vorgeschriebener Zeit erwärmt werden?

Leistung	50 kJ/s	30 kW	8000 mkp	60 PS
gewünschte Temperatur t °F	800	1000	1200	1400
Wirkungsgrad der Aufheizung η %	50		75	
Erwärmungszeit min	10	20	40	80
Bemerkung	Es ist zunächst graphisch die mittlere spezifische Wärme zu ermitteln. Alle gegebenen Angaben sind beliebig miteinander zu kombinieren.			

Beispiel 2

Um wieviel und in welchem Sinne ändert sich der Auftrieb eines Luftschiffes bei einem Luftdruck von 0,9 ata und einem Gasvolumen des Luftschiffes von $V = 2 \cdot 10^4\ m^3$, wenn es aus einem Gebiet mit + 10 °C in + 15 °C kommt, ohne daß sich die Temperatur der Gasfüllung so schnell ändert?

Zeile	Bezeichnung	Gleichung	Zahlenrechnung	Ergebnis	Bemerkung
1	Masse der verdrängten Luft bei 15 °C m_{15}	$m_{15} = \frac{pV}{RT}$	$= \frac{0{,}9 \cdot 10^4 \cdot 2 \cdot 10^4}{29{,}27 \cdot 288}$	$2{,}14 \cdot 10^4$ kg	(1.21) R nach T. 3
2	Masse der Luft bei 10 °C m_{10}	$m_{10} = \frac{pV}{RT}$	$= \frac{0{,}9 \cdot 10^4 \cdot 2 \cdot 10^4}{29{,}27 \cdot 283}$	$2{,}17 \cdot 10^4$ kg	(1.21)
3	Auftriebsdifferenz	$= m_{10} - m_{15}$	$= 2{,}17 \cdot 10^4 - 2{,}14 \cdot 10^4$	$3 \cdot 10^2$ kg $\hat{=} 300 \cdot 9{,}81$ = 2940 kp	Auftrieb = verdrängtes Gewicht. Bei 15 °C ist der Auftrieb also geringer!

Weitere Aufgabenstellungen

Wie groß muß das Volumen eines Ballons sein, wenn bei gewünschter Höhe ein Auftrieb von 2000 kp erreicht werden soll. Bei gegebenem Ballongewicht kann durch Beheizen der Füllung ein weiteres Aufsteigen erzielt werden. Um wieviel kann der Ballon durch Erwärmung der Füllung auf 80 °C erleichtert werden (Ballon ist unten geöffnet)?

Füllung	H_e					H_2
Flughöhe h m	650		1000	1600		2000
Ballongewicht G kp	500	800	1000	1600		2000
sonstige Angaben	Höhe m	0	500	800	1300	1800
	Druck Torr	760	720	680	630	585
	Temperatur °F	68	59	53	43	32
	zusätzliche Erwärmung von der Temperatur bei Flughöhe auf 80 °C					
Bemerkung	Füllung, Höhe und Ballongewicht beliebig kombinierbar. Für Druck (kp/cm^2) und Temperatur (°C) über der Höhe ist ein Diagramm zu skizzieren.					

Beispiel 3

Ein Kessel mit V = 200 l enthält CO bei $p_1 = 2{,}5$ ata, $t_1 = 20$ °C. Er wird auf $t_2 = 80$ °C erwärmt. Wie groß sind

a) Enddruck p_2,

b) Wärmemenge Q zum Aufheizen (Kessel gut isoliert aus Stahlblech ($m_{Fe} = 10$ kg),

c) Wieviel kg CO müßten abgelassen werden, um bei t_2 wieder 2,5 ata zu erhalten?

Zeile	Bezeichnung	Gleichung	Zahlenrechnung	Ergebnis	Bemerkung
1	Druck p_2	$p_2 = \frac{T_2 p_1}{T_1}$	$= \frac{(273+80)\cdot 2{,}5}{273+20}$	$3\,\frac{kp}{cm^2}$	(1.40)
2	Masse m	$m = \frac{p_1 V}{R T_1}$	$= \frac{2{,}5\cdot 10^4\cdot 0{,}2\cdot 28}{848\cdot 293}$	0,564 kg	(1.21) $R = \frac{\mathcal{R}}{M} = \frac{848}{28}$ (1.24) (1.25) oder nach T. 3
3	spezifische Wärme von CO c_v	$c_v = \frac{R}{\kappa - 1} = \frac{\mathcal{R}}{M(\kappa-1)}$	$= \frac{848}{427\cdot 28\cdot(1{,}4-1)}$	$0{,}177\,\frac{kcal}{kg\,grd}$	(1.33) (1.34) κ bei 2atomigen Gasen 1,4; oder nach T. 3 Bl. 3 $c_v = 0{,}179\,\frac{kcal}{kg\,grd}$
4	Wärme-menge Q	$Q = m_{CO} c_{vCO}(t_2 - t_1) + m_{Fe} c_{Fe}(t_2 - t_1)$ $= 0{,}564\cdot 0{,}177\cdot(80-20) + 10\cdot 0{,}111\cdot(80-20)$		72,65 kcal	(1.32) c_{Fe} nach T. 1
5	abzulassende Masse m_{ab}	$m_{ab} = m - m_{2,5\,at}$ $= m - \frac{p_1 V}{R T_2}$	$= 0{,}564 - \frac{2{,}5\cdot 10^4\cdot 0{,}2\cdot 28}{848\cdot 353}$	0,097 kg	

Weitere Aufgabenstellungen

Ein Fahrzeugreifen wird im Winter bei - 10 °C auf einen bestimmten Luftdruck aufgepumpt. Unter der Voraussetzung, daß der Reifen sich praktisch nicht verformt und der Reifen in der Sonne eine Temperatur t_2 annimmt, ist der sich einstellende Reifendruck zu bestimmen. Wie schwer ist die Luft im Reifen? Welche Wärmemenge ist der Luft zugeführt worden? Wieviel kg Luft entläßt man, um bei t_2 auf den Druck p_1 zu gelangen?

Reifendruck p_1 bar	1,6	2	2,2		
Temperatur t_2 °C	10	15	20	30	40
Reifenvolumen V l	15	20	25	30	
Bemerkung	p_1, t_2 und V beliebig kombinierbar				

Beispiel 4

Methan strömt mit der Geschwindigkeit w_1 durch ein isoliertes Rohr. Das Gas wird elektrisch beheizt. Welche Geschwindigkeit w_2 stellt sich im gleichen Querschnitt hinter der Heizung ein, wenn der Druck gleich bleibt? Welche Leistung in kW hat die Heizung?

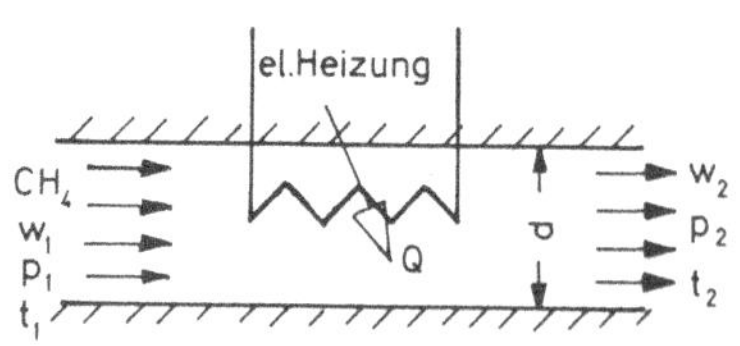

Gegeben:

$w_1 = 3$ m/s

$p_1 = p_2 = 15\,\frac{N}{cm^2}$

Rohrdurchmesser d = 40 cm

$t_1 = 15$ °C $\quad t_2 = 120$ °C

Zeile	Bezeichnung	Gleichung	Zahlenrechnung	Ergebnis	Bemerkung
1	Geschwindigkeitsverhältnis $\frac{w_2}{w_1}$	$\frac{w_2}{w_1} = \frac{V_2}{V_1} = \frac{T_2}{T_1}$	$= \frac{393}{288}$	1,365	(1.43) $w_2 = 1{,}365 \cdot w_1 =$ 4,1 m/s
2	zuzuführende Wärme Q	$Q = m\, c_p\, (t_2 - t_1)$	$= 0{,}383 \cdot 0{,}52\, (120\text{–}15)$	$0{,}208\, \frac{kcal}{s}$	(1.42) c_p nach T. 3 Bl. 3
3	sekundlicher Durchfluß m	$m = \frac{\pi}{4} d^2 w_1\, \rho$	$= \frac{\pi}{4} 0{,}4^2 \cdot 3 \cdot 1{,}02$	$0{,}383\, \frac{kg}{s}$	
4	Dichte ρ	$\rho = \frac{1}{v}$	$= \frac{1}{0{,}983}$	$1{,}02\, \frac{kg}{m^3}$	(1.22)
5	spezifisches Volumen v	$v = \frac{R T_1}{p}$	$= \frac{52{,}89 \cdot 288 \cdot 9{,}81}{15 \cdot 10^4}$	$0{,}983\, \frac{m^3}{kg}$	(1.23) R nach T. 3; $p = \frac{15 \cdot 10^4}{9{,}81}\, \frac{kp}{m^2}$ (1.16)
6	elektrische Leistung P	$P = \frac{Q\, kcal \cdot 3600 s\, kWh}{s\, h \cdot 860\, kcal}$	$= \frac{20{,}8 \cdot 3600}{860}$	87 kW	(1.8)

Weitere Aufgabenstellungen

In einem Rohr befindet sich eine Kühlschlange mit Kühlwassereintritt t_e und -austritt t_a. Es soll Gas bei konstantem Druck von t_1 auf t_2 abgekühlt werden. Wieviel Kühlwasser wird pro Stunde benötigt? Wie groß ist die Gasgeschwindigkeit vor Eintritt in die Kühlung?

Gas		NH_3		H_2		Cl_2
t_1	°F	100	150	200		250
t_e	°C	10		20		
$t_a - t_e$	°C	10	20	40		
sonstige Angaben		Rohrdurchmesser d = 35 cm, Gasgeschwindigkeit nach der Kühlung w_2 = 4 m/s Gasdruck $p_1 = p_2$ = 2,4 bar				
Bemerkung		Gase und Temperaturen beliebig kombinierbar				

Beispiel 5

Luft von 40 °C und einem Druck $p_1 = 35\, \frac{N}{cm^2}$ soll auf $12\, \frac{N}{cm^2}$ entspannt werden.

a) isochor,

b) isothermisch,

c) adiabatisch,

d) polytropisch (n = 1,2)

e) polytropisch (n = 1,6).

Welche Endtemperaturen stellen sich ein? Wie groß sind die Arbeitsbeträge w und die auszutauschenden Wärmemengen q (auf 1 kg bezogen)?

Zeile	Bezeichnung	Gleichung	Zahlenrechnung	Ergebnis	Bemerkung
a) isochore Druckminderung					
1	Endtemperatur T_2	$T_2 = \frac{p_2}{p_1} T_1$	$= \frac{12}{35} \cdot 313$	107 °K ≙ – 166 °C	(1.40) 40 °C ≙ 313 °K
2	auszutauschende Wärme q	$q = mc_v (t_2 - t_1)$	$= 1 \cdot 0{,}17\,(-166 - 40)$	$35\,\frac{kcal}{kg}$ Wärmeabfuhr	(1.39) m = 1 kg, nach T. 3 für diese Drücke und Temperaturen $c_v = 0{,}17$ kcal/kg grd genügend genau (vgl. T. 3.1)
b) isothermische Expansion					
3	auszutauschende Wärme q	$q = RmT \ln \frac{p_1}{p_2}$	$= \frac{29{,}27}{427} \cdot 1 \cdot 313 \cdot \ln \frac{35}{12}$	+ 23 kcal Wärmezufuhr	(1.47) $R = 29{,}27\,\frac{m\,kp}{kg\,grd}$ mit $\frac{1}{427}\,\frac{kcal}{m\,kp}$ (1.8) umgerechnet
4	Arbeit W	$W = q$	$= 23 \cdot 427$	9800 mkp	(1.47) und (1.8)
c) adiabatisch					
5	Endtemperatur T_2	$T_2 = T_1 \left(\frac{p_2}{p_1}\right)^{\frac{\kappa-1}{\kappa}}$	$= 313 \left(\frac{12}{35}\right)^{\frac{1{,}4-1}{1{,}4}}$	230 °K ≙ – 43 °C	(1.49) $\kappa = 1{,}4$ (2atomig)
6	Arbeit W	$W = \frac{mRT_1}{\kappa - 1}\left[1 - \left(\frac{p_2}{p_1}\right)^{\frac{\kappa-1}{\kappa}}\right]$	$= \frac{1 \cdot 29{,}27 \cdot 313}{1{,}4 - 1}\left[1 - \left(\frac{12}{35}\right)^{\frac{1{,}4-1}{1{,}4}}\right]$	6070 mkp	(1.48)

d) **polytropisch n = 1,2**

7	Endtemperatur T_2	$T_2 = T_1\left(\frac{p_2}{p_1}\right)^{\frac{n-1}{n}}$	$= 313\left(\frac{12}{35}\right)^{\frac{1,2-1}{1,2}}$	260 °K ≙ − 13 °C	(1.55)
8	auszutauschende Wärme q	$q = mc_v \frac{n-\kappa}{n-1}(T_2 - T_1)$	$= 1 \cdot 0,17 \frac{1,2-1,4}{1,2-1}(260-313)$	+ 9 kcal Wärmezufuhr	(1.54)
9	Arbeit W	$W = \frac{mRT}{n-1}\left[1-\left(\frac{p_2}{p_1}\right)^{\frac{n-1}{n}}\right]$	$= \frac{1 \cdot 29,27 \cdot 313}{1,2-1}\left[1-\left(\frac{12}{35}\right)^{\frac{1,2-1}{1,2}}\right]$	7770 mkp	(1.53)

e) **polytropisch n = 1,6**

10	Endtemperatur T_2	$T_2 = T_1\left(\frac{p_2}{p_1}\right)^{\frac{n-1}{n}}$	$= 313\left(\frac{12}{35}\right)^{\frac{1,6-1}{1,6}}$	210 °K ≙ − 63 °C	(1.55)
11	auszutauschende Wärme q	$q = mc_v \frac{n-\kappa}{n-1}(T_2 - T_1)$	$= 1 \cdot 0,17 \frac{1,6-1,4}{1,6-1}(210-313)$	− 5,85 kcal Wärmeabfuhr	(1.53)
12	Arbeit W	$W = \frac{mRT_1}{n-1}\left[1-\left(\frac{p_2}{p_1}\right)^{\frac{n-1}{n}}\right]$	$= \frac{1 \cdot 29,27 \cdot 313}{1,6-1}\left[1-\left(\frac{12}{35}\right)^{\frac{1,6-1}{1,6}}\right]$	5050 mkp	(1.53)

Zusammenstellung der Ergebnisse

Zustandsänderung	n	T_2 °K	q kcal	W mkp
isothermisch	1	313	+ 23	9800
polytropisch	1,2	260	+ 9	7770
adiabatisch	1,4	230	0	6070
polytropisch	1,6	210	- 5,85	5050
isochor	∞	107	- 35	0

Weitere Aufgabenstellungen

Es ist der Polytropenexponent n für die Kompression von Gasen festzustellen.

Gas					
Gas		H_e	CH_4	CF_2Cl_2	
p_1 bar		1	2	3	
t_1 °C	-10	0	20	40	
sonstige Angaben	Enddruck $p_2 = 55\,\frac{N}{cm^2}$ Wärmezufuhr q = - 2; 0; +2; +6 J/g				
Bemerkung	Gas, p_1 und t_1 beliebig kombinierbar. n ist für die gewählte Kombination für alle 4 Werte von q zu berechnen. Die Zustandsänderungen sind maßstäblich im p-v-Diagramm zu zeichnen.				

Beispiel 6

Zwischen den Temperaturen t_2 und t_4 und den Drücken p_1 und p_3 sollen ein *Carnotprozeß* und im *Gleichdruckprozeß* (mit Adiabaten) betrieben werden. Wie groß ist das Verhältnis η_c zu dem Wirkungsgrad des Gleichdruckprozesses? (Diagrammskizzen nicht maßstäblich)

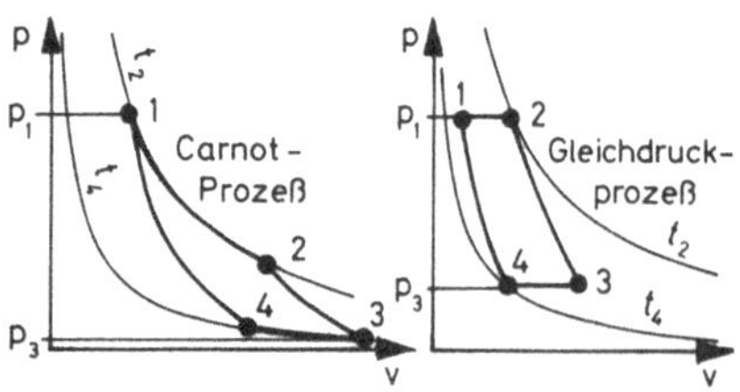

Gegeben:
t_2 = 500 °C,
t_4 = 180 °C,
p_1 = 40 at,
p_3 = 10 at.

Zeile	Bezeichnung	Gleichung	Zahlenrechnung	Ergebnis	Bemerkung
1	Wirkungsgrad Carnot η_c	$= \frac{T_1 - T_4}{T_1}$	$= \frac{773 - 453}{453}$	0,706	(1.68) $T_4 = T_3$
2	Wirkungsgrad Gleichdruck η	$\eta = \frac{q_{zu} - q_{ab}}{q_{zu}}$	$= \frac{25{,}2 - 16{,}5}{25{,}2}$	0,345	(1.67) dazu in Zeilen 3 bis 4 Zustandspunkte 1 und 3
3	Temperatur T_1	$T_1 = T_4 \left(\frac{p_1}{p_4}\right)^{\frac{\kappa - 1}{\kappa}}$	$= 453 \left(\frac{40}{10}\right)^{\frac{1{,}4 - 1}{1{,}4}}$	673 °K = 400 °C	(1.49) von Punkt 4 ausgehend; Luft angenommen
4	Temperatur T_3	$T_3 = T_2 \left(\frac{p_3}{p_2}\right)^{\frac{\kappa - 1}{\kappa}}$	$= 773 \left(\frac{10}{40}\right)^{\frac{1{,}4 - 1}{1{,}4}}$	520 °K = 247 °C	(1.49)
5	zugeführte Wärme q_{zu}	$q_{zu} = c_{pm} (t_2 - t_1)$	= 0,252 (500–400)	25,2 $\frac{kcal}{kg}$	(1.42) $c_{pm} = 0{,}252 \frac{kcal}{kg\,grd}$ nach T. 3.2 für 300 °C und 40 at
6	abgeführte Wärme q_{ab}	$q_{ab} = c_{pm} (t_3 - t_4)$	= 0,246 (247 - 180)	16,5 $\frac{kcal}{kg}$	(1.42) $c_{pm} = 0{,}246$ für 200 °C und 10 at
7	$\frac{\eta_c}{\eta}$	$\frac{\eta_c}{\eta} = \frac{0{,}706}{0{,}345}$		2,05	

Weitere Aufgabenstellungen

Zu vergleichen ist ein Carnotprozeß mit einem Gleichdruckprozeß, der von 2 Polytropen begrenzt wird.

Gas	Luft	CO	He	
t_1 °F	400	600	800	
Polytropenexponent n	1,2	1,27	1,35	1,5
sonstige Angaben	p_1 = 30 b; p_3 soll gewählt werden t_4 = 200 °F			
Bemerkung	Gas, t_1, n beliebig kombinierbar. Man skizziere das p-v-Diagramm maßstäblich, um dann p_3 zu wählen. Die Prozesse sind im p-v-Diagramm und T-s-Diagramm zu zeichnen.			

Beispiel 7

Luft von 30 °C wird von $p_1 = 100 \frac{N}{cm^2}$ auf $p_2 = 20 \frac{N}{cm^2}$ gedrosselt.
Umgebungstemperatur $t_0 = 30$ °C.

Es ist

1. der Arbeitsverlust durch Nichtumkehrbarkeit zu berechnen;

2. soll untersucht werden, wieviel Arbeit von 1 kg Luft bei isothermischer Expansion von 100 auf 20 N/cm² gewonnen werden könnte. Dabei sei so langsame Expansion vorausgesetzt, daß aus der Umgebung (t_0) das sich ausdehnende Gas ständig nachgeheizt wird.

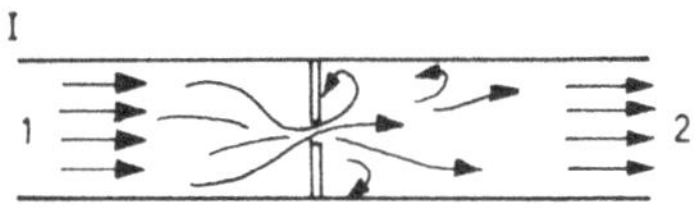

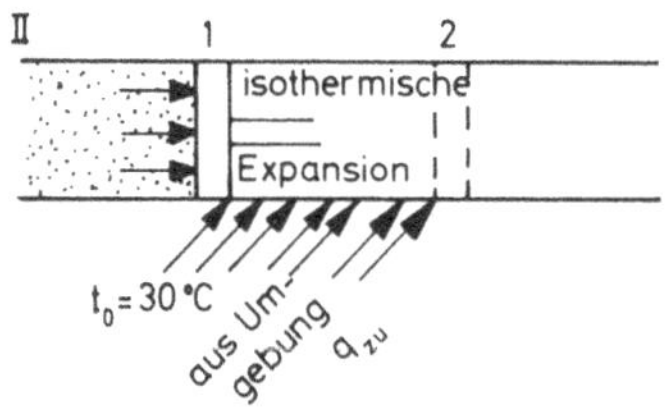

Zeile	Bezeichnung	Gleichung	Zahlenrechnung	Ergebnis	Bemerkung
1	Arbeitsverlust w_v	$w_v = \Delta s \, T_0$	$= 47{,}2 \cdot 303$	$14300 \frac{mkp}{kg}$	(1.59)
2	Entrophiedifferenz Δs	$\Delta s = c_p \ln \frac{T_2}{T_1} + R \ln \frac{p_1}{p_2}$ $= c_p \ln 1 + 29{,}27 \ln \frac{100}{20}$		$47{,}2 \frac{mkp}{kg\,grd}$	(1.61) $T_2 - T_1 = T_0$; Rn. T 3 $R = 29{,}27 \frac{kpm}{grd\,kg}$
		Arbeit bei isothermischer Expansion			
3	Arbeit w	$w = R\,T_0 \ln \frac{p_1}{p_2}$	$= 29{,}27 \cdot 303 \cdot \ln \frac{100}{20}$	$14300 \frac{mkp}{kg}$	(1.47)

Durch den Entropiezuwachs vergleicht man die bestmögliche Ausnützung, hier die isothermische Expansion bei $t = t_0$ (Zeile 3) mit dem tatsächlichen Vorgang.

Weitere Aufgabenstellungen

Für den Betrieb eines Carnotprozesses sind Heiz- und Kühltemperatur t_h und t_k gegeben. Um den Prozeß wirtschaftlich schnell betreiben zu können, sind die höchste und niedrigste Prozeßtemperatur um 40 grd niedriger bzw. höher als t_h und t_k. Zu berechnen ist der Arbeitsverlust durch die Nichtumkehrbarkeit der Wärmeübergänge (das Nichtausnutzen des gesamten Temperaturgefälles t_h - t_k).

Gas	Luft CH_4 H_2
Temperatur des Heizkörpers t_h °C	200 400 500 800
Temperatur des Kühlkörpers t_k °C	10 30 60
sonstige Angaben	größter Druck 20 b niedrigster Druck 2,5 b
Bemerkung	Gas, t_h und t_k beliebig kombinierbar. Das T-s-Diagramm ist zu zeichnen (s_0 auf 0 °C und 1 at beziehen)

Beispiel 8

Wie groß sind Entropie und Enthalpie von 1 kg, 1 nm³, Luft bei $t_1 = 250\ °C$ und $p_1 = 40$ at.

Welchen Raum benötigen die verschiedenen Gasmengen (H_0 und S_0 auf 0 °C und 1 at beziehen).

Zeile	Bezeichnung	Gleichung	Zahlenrechnung	Ergebnis	Bemerkung
Entropie					
1	Entropie von 1 kg Luft s_1	$s_1 = c_p \ln \frac{T_1}{T_0} + R \ln \frac{p_0}{p_1} + s_0$	$= 0{,}246 \cdot \ln \frac{523}{273} + \frac{29{,}27}{427} \ln \frac{1}{40} + 0$	$0{,}18 \frac{kcal}{kg\ °K}$ **d.h. Zustand 1 im T-s-Diagramm links von Zustand 0**	(1.61) Zustand 1 der Gl. $\hat{=} T_0, p_0$; Zustand 2 $\hat{=} T_1, p_1$; $R \hat{=} 29{,}27 \frac{mkp}{kg\ grd}$ umgerechnet auf kcal mit 1/427 kcal/mkp; für $c_p = c_{pm}$
2	mittlere spezifische Wärme c_{pm}	$c_{pm} = \frac{c_{p0} + c_{p1}}{2}$	$= \frac{0{,}2402 + 0{,}2525}{2}$	$0{,}246 \frac{kcal}{kg\ grd}$	(1.35) c_{p0} und c_{p1} nach T. 3.2
3	Entropie von 1 nm³ S_1	$S_1 = m\ s_1$	$= 1{,}26 \cdot (-0{,}18)$	$-0{,}227 \frac{kcal}{°K\ nm^3}$	analog Gl. (1.57)
4	Masse eines nm³ Luft m	$m = \frac{M}{22{,}41}$	$= \frac{28{,}296}{22{,}41}$	$1{,}26 \frac{kg}{nm^3}$	(1.30) $M_{Luft} = 28{,}296 \frac{kg}{kmol}$

Enthalpie

5	Enthalpie von 1 kg h_1	$h_1 = c_p t_1$	$= 0{,}246 \cdot 250$	$61 \frac{\text{kcal}}{\text{kg}}$	(1.71) $c_p = c_{pm}$ aus Zeile 2
6	Enthalpie 1 nm^3 H_1	$H_1 = m h_1$	$= 1{,}26 \cdot 61$	77 kcal	(1.72) m aus Zeile 4

Volumina

7	Volumen von 1 kg v_1	$v_1 = \frac{R T_1}{p_1}$	$= \frac{29{,}27 \cdot 523}{40 \cdot 10^4}$	$0{,}0382 \frac{m^3}{kg}$	(1.23) $p_1 = 40 \text{ at} = 40 \frac{kp}{cm^2} \hat{=}$ $40 \cdot 10^4 \text{ kg/m}^2$
8	Volumen von 1 nm^3 V_1	$V_1 = \frac{M R T_1}{p_1}$	$= \frac{1}{22{,}4} \frac{848 \cdot 523}{40 \cdot 10^4}$	$0{,}0495 \frac{m^3}{nm^3}$	(1.28) dieser Wert ergibt sich auch aus $mv_1 = 1{,}26 \cdot 0{,}0382$

Weitere Aufgabenstellungen

Für verschiedene Gase sind für verschiedene Drücke und Volumina die Masse m in kg, nm^3 und kmol sowie die Entropien und Drücke zu bestimmen.

Gas	CO	CH$_4$	N$_2$	NO
Volumen V m^3	0,8 1	1,6	2,5	4
Enthalpie h $\frac{kJ}{kg}$	80 100	160	250	400 630
sonstige Angaben	h_0 und s_0 auf 0 °C und 1 at beziehen			
Bemerkung	Gas, V und h beliebig kombinierbar			

2. Dämpfe

Formelzeichen

(Hier nicht auffindbare Zeichen unter „Allgemeine Formelzeichen" suchen)

Aö	–	Auslaß öffnet
As	–	Auslaß schließt
Eö	–	Einlaß öffnet
Es	–	Einlaß schließt

M		Zustand des Gemisches
x	$\frac{\text{kg Dampf}}{\text{kg Gemisch}}$	Dampfgehalt

Indizes

i	indiziert
irr	auf irreversible Zustandsänderungen bezogen
K	Kondensator, Kompressor
k	kritisch
o	Umgebungs-
tr	auf Tripelpunkt bezogen
ü	überhitzt
'	auf x = 0 bezogen
"	auf x = 1 (Sattdampf) bezogen

Definition

Dämpfe sind Gase, die entweder mit ihrer flüssigen Phase in Verbindung stehen (Naßdampf) oder sich in der Nähe ihrer Verflüssigung befinden.

2.1. Verdampfung und Verflüssigung

Verdampfung

Zunächst wird ein Verdampfungsvorgang bei konstantem Druck verfolgt. Die angegebenen Gleichungen lassen sich aus den später besprochenen Diagrammen leicht ablesen.

Während der *Verdampfung* bei konstantem Druck bleibt die Temperatur (Siedetemperatur t_s) konstant. Die Verdampfungswärme r wird nur zur Änderung des Aggregatzustandes benötigt (Vergrößerung der kinetischen Energie der Moleküle, daß sie aus der Flüssigkeit austreten können, also Dampfdruck $p_d \geqslant$ Umgebungsdruck p).

Verdampfungsvorgang und seine Berechnung

Erwärmung der Flüssigkeit von der Temperatur t_0 auf Siedetemperatur t_s	*Verdampfung* 1. Beginn der Dampfbildung	2. während der Dampfbildung	3. Ende der Dampfbildung	*Überhitzung* des Dampfes (keine Flüssigkeit mehr) von t_s auf t_2

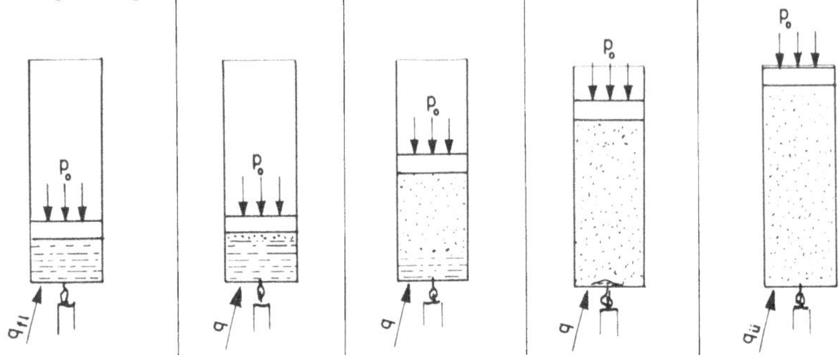

Dampfgehalt x = 0	x = 0	1 > x > 0	x = 1	x = 1
Flüssigkeit	Naßdampf		Sattdampf	überhitzter Dampf (Gas)
Wärmezufuhr $q_{fl} = c_p\,(t_s - t_0)$	xr (x hier = 0) Verdampfungswärme r, z. B. in $\frac{kcal}{kg}$	xr	r	$q_ü = c_p\,(t_2 - t_s)$ (2.1) [1]
Enthalpie $h = h' - h_0$	$h = h'$	$h = xr + h'$	$h = h''$	$h = h_ü = h'' + c_p \cdot (t_2 - t_s)$ (2.2) [1]
Entropie $s = c_p \ln \frac{T}{273}$ (s für 0 °C = 0)	$s = s'$	$s = x\,(s'' - s') + s'$	$s = s''$	$s = c_p \frac{T_ü}{T_s}$ (2.3) [1]

[1] Gleichungsnumerierung gilt für jeweils alle 5 Gleichungen der Zeile.

Stoffwerte wie h', h'', s', s'', r usw. aus Tafelteil (Dampftafel) entnehmen.

Kondensation

Entzieht man dem Dampf Wärme, so *kondensiert* er. Die Kondensation verläuft genau umgekehrt wie die Verdampfung. Die Verdampfungswäre r wird als sogenannte Kondensationswärme dem Dampf entzogen. Beim Kondensieren bildet die flüssige Phase meistens Nebel, d.h. kleine zunächst schwebende Flüssigkeitsteilchen.

Temperaturverlauf

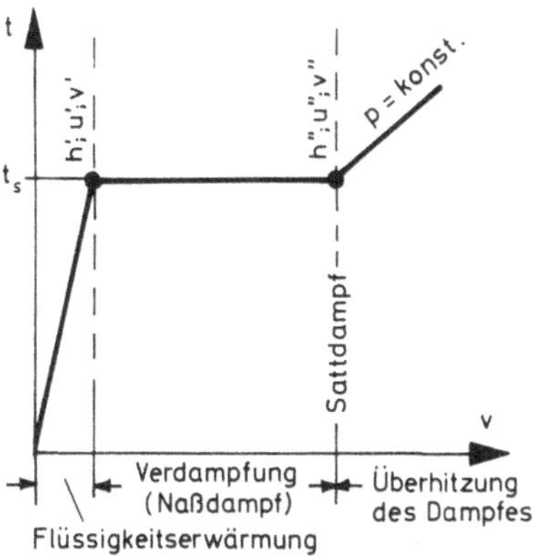

Trägt man den *Temperaturverlauf* t über dem Dampfvolumen v auf, so erhält man für einen bestimmten Druck nebenstehendes Diagramm. Die Zustände beginnender Verdampfung werden mit h', u', v' usw. bezeichnet, die Sattdampfwerte mit h'', u'', v'' usw. (Werte für Wasserdampf siehe Dampftafeln im Tafelteil). Die Temperatur bleibt während des Siedens (t_s), im sogenannten Naßdampfgebiet konstant. Als Sattdampf bezeichnet man den Dampf bei eben beendeter Verdampfung, bzw. bei gerade beginnender Kondensation, also den Übergangszustand zwischen Naßdampf und überhitztem Dampf.

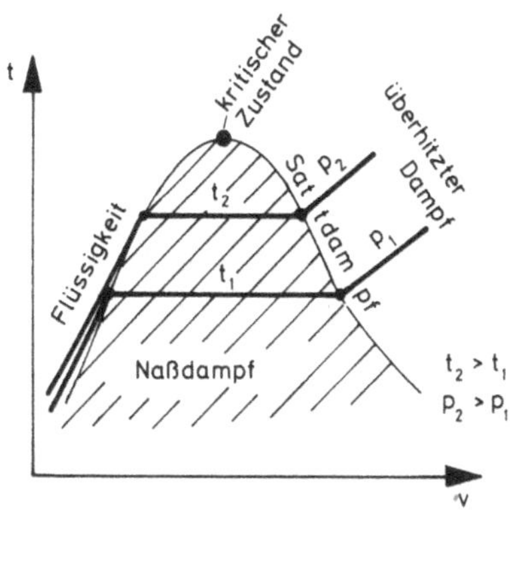

Bei größerem Druck benötigt die Verdampfung eine geringere Verdampfungswärme r. Die Siedetemperatur t_s liegt jedoch höher. Die dünne Linie verbindet Anfangs- und Endzustände der Verdampfung bei verschiedenen Drücken. Der obere Punkt dieser glockenartigen Kurve ist der sogenannte kritische Zustand.

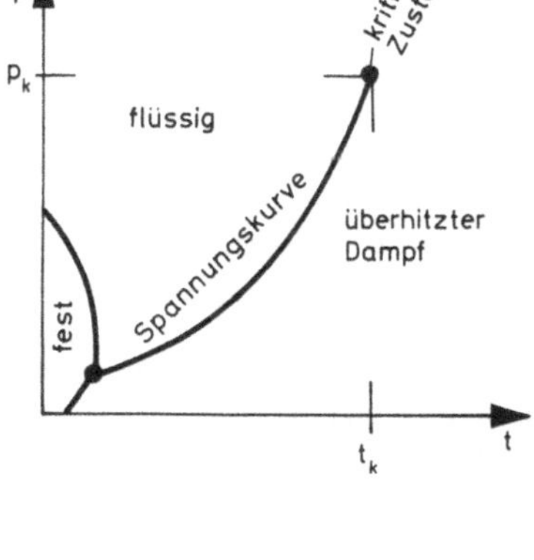

Die Abhängigkeit der Siedetemperatur vom Druck zeigt die sogenannte *Spannungskurve* (Dampfspannung), die jedem Stoff eigen ist. Die Spannungskurve endet oben im sogenannten kritischen Punkt mit der kritischen Temperatur t_k und dem kritischen Druck p_k.

Will man Dampf bzw. ein *Gas verflüssigen* (z. B. Luft), so kann das durch Druckvergrößerung geschehen, solange die Gastemperatur unter t_k liegt. Sobald t_k überschritten ist, nutzt keine noch so starke Druckerhöhung.

Oberhalb des kritischen Punktes gibt es keinen Unterschied mehr zwischen flüssig und gasförmig. Das Gas (Dampf) hat dieselbe Dichte wie die Flüssigkeit.

Tripelpunkt

Der untere Bereich der Spannungskurve ist durch den sogenannten *Tripelpunkt* gekennzeichnet. Bei p_{tr} und t_{tr} können gleichzeitig drei Phasen bestehen: fest, flüssig, dampfförmig.

Sublimieren

Erhöht man bei konstantem Druck $p < p_{tr}$ die Temperatur, so verdampft der feste Stoff, ohne vorher zu schmelzen (er sublimiert), wie es bei Temperaturerhöhung bei $p > p_{tr}$ der Fall wäre.

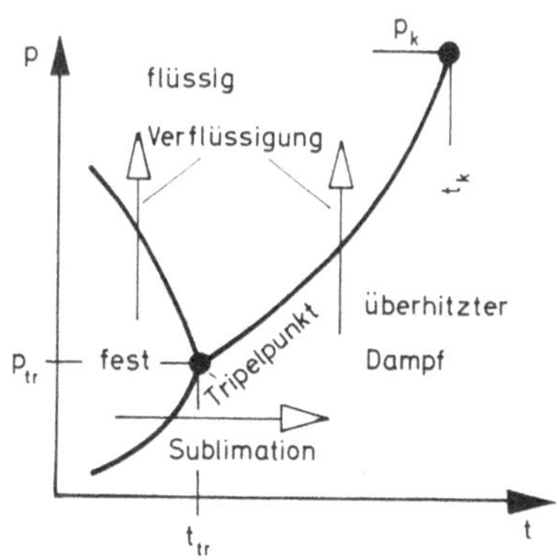

Diese Tatsache macht man sich bei der *Vakuum-Gefriertrocknung* (Sublimationstrocknung) zunutze. Das Trockengut (z. B. Obst) wird unter Vakuum ($p < p_{tr}$ = 0,0062 at für Wasser) beheizt. Der feste (eisförmige) Gegenstand verliert die Feuchtigkeit, ohne seine Form zu ändern. Für Wasser ist p_{tr} = 0,006228 at, t_{tr} = 0,01 °C.

Steigert man bei konstanter Temperatur den Druck, so erhält man sowohl aus der festen wie aus der dampfförmigen Phase Flüssigkeit (schmelzendes Eis unter dem Schlittschuh, Gasverflüssigung).

Zurück zur Verdampfung im t-v-Diagramm. Die Verdampfung oder Kondensation bei konstantem Druck $p \geqslant p_k$ verläuft nicht mehr durch das Naßdampfgebiet, in dem Flüssigkeit und Dampf im Gleichgewicht stehen.

Dampfgehalt x

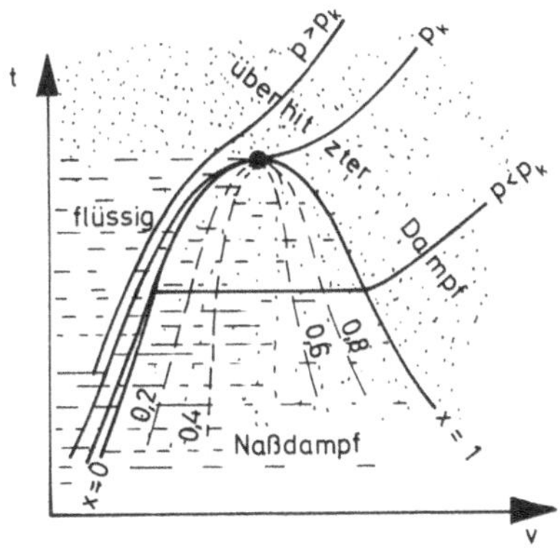

Die Verdampfung bei Drücken $p < p_k$ verläuft im Naßdampfgebiet zu immer größerem *Dampfgehalt* x. Der Dampfgehalt x' der Flüssigkeit beträgt 0, der des Sattdampfes $x'' = 1$. Umgekehrt beträgt die sogenannte *Dampfnässe* 1 - x.

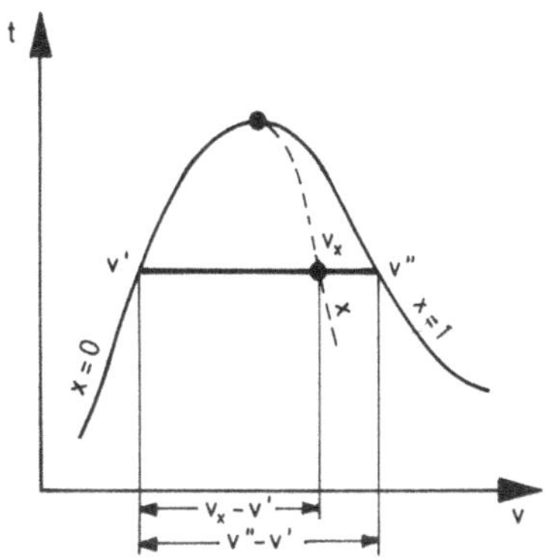

$$x = \frac{\text{Masse des Dampfes}}{\text{Masse von (Dampf + Flüssigkeit)}} = \frac{v_x - v'}{v'' - v'} \qquad (2.4)$$

Bei nicht allzu großen Drücken kann v' gegenüber v'' vernachlässigt werden, so daß $x \approx \frac{v_x}{v''}$.

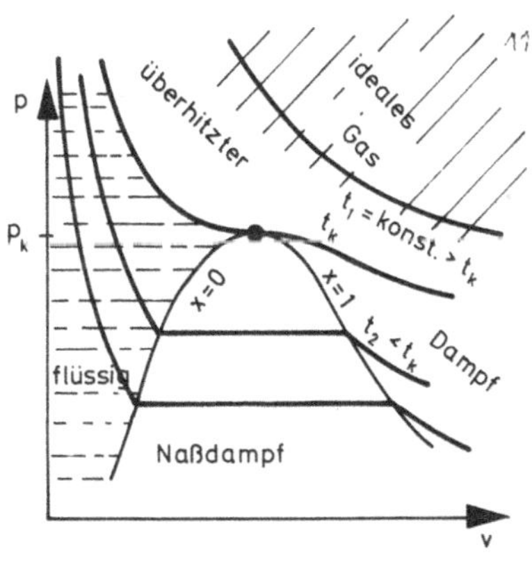

Da man gewöhnt ist, technische Arbeitsprozesse im p-v-Diagramm darzustellen, wird hier der Vollständigkeit halber die Verdampfung bei konstantem Druck im p-v-Diagramm gezeigt. Das T-s-Diagramm ist in 2.3 verwendet, so daß hier auf seine Darstellung verzichtet ist.

2.2. Wärmemengen bei Verdampfung und Kondensation; h-s-Diagramm

Heizwärme q

Die zur Verdampfung erforderliche Wärmemenge setzt sich aus drei Anteilen zusammen:

1. Heizenergie q_{fl} für die Flüssigkeitserwärmung von der Ausgangstemperatur t_1 bis zu der dem Druck entsprechenden Siedetemperatur t_s

   $q_{fl} = c_{pm}\ (t_s - t_1) = h' - h_1$

2. Energie r für die eigentliche Verdampfung abhängig vom Druck. (Die Verdampfungswärme r enthält schon die Ausdehnungsarbeit.)

   $r = h'' - h'$

3. Energie für die Überhitzung des Dampfes
   $q_{ü} = c_{pm} \cdot (t_{ü} - t_s) = h_{ü} - h''$.

Der *Gesamtwärmebedarf für die Verdampfung* einer Flüssigkeit der Ausgangstemperatur t_1 bis zur Überhitzung auf die Temperatur $t_{ü}$ beträgt somit

$$q = h' - h_1 + h'' - h' + h_{ü} - h'' = h_{ü} - h_1 \qquad (2.5)$$

spezifische Wärme c_p

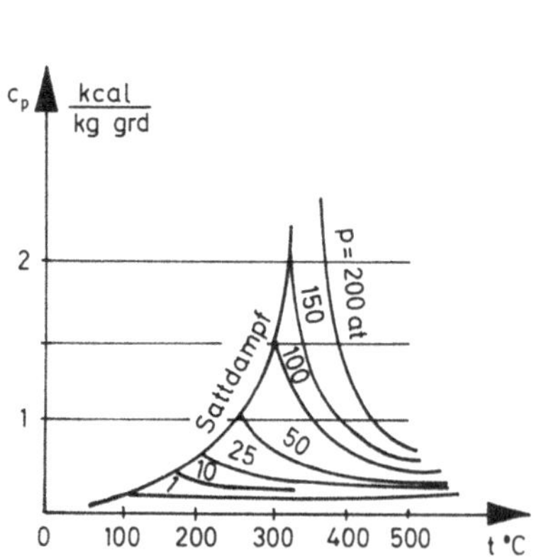

Während die spezifische Wärme c_p der Flüssigkeit etwa konstant ist, so ist sie es für den Dampf nicht mehr. Für die isobare Überhitzung muß mit c_{pm} gerechnet werden (vgl. Abschnitt 1.6.1). (Diese Betrachtung braucht beim Rechnen im h-s-Diagramm nicht mehr gemacht zu werden.)

h-s-Diagramm (Mollier)

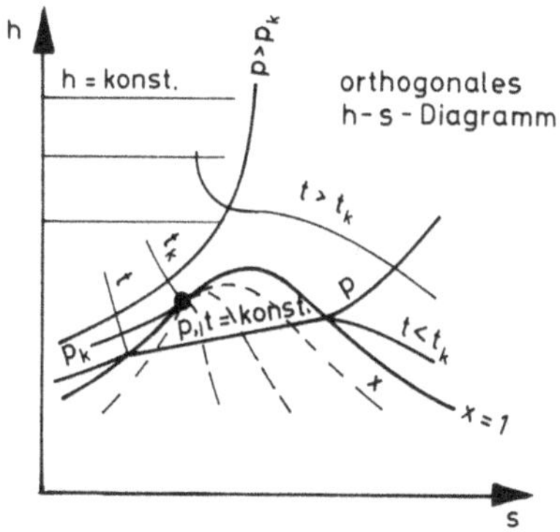

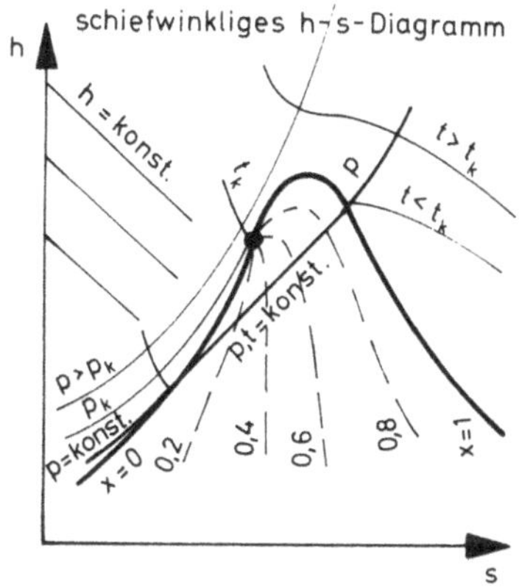

Diese Rechnung kann außerordentlich bequem werden, wenn die Verdampfung in einem Schaubild dargestellt ist, in dem die Enthalpie h eine Achse bildet. Als zweite Achse bietet sich die Entropie an, da in technischen Prozessen die Adiabate recht häufig ist. Ein solches h-s-Diagramm ist von *Mollier* 1904 entworfen worden. (Obwohl die Rechnungen in J und bar einfacher sind, benutzt das hier verwendete Diagramm noch kcal und at, weil in der Literatur häufig Stoffwerte in diesen Einheiten angegeben werden). Um die Grenzkurve (x = 0, x = 1) nicht so flach und in Richtung s-Achse nicht so langgezogen zu erhalten, können die Linien h = konst schiefwinklig angebracht werden (hier wird meistens das schiefwinklige Diagramm verwendet, zur Übung finden sich auch orthogonale h-s-Diagramme). In der Literatur ist beides gebräuchlich, besonders Ausschnitte aus dem h-s-Diagramm sind häufig mit horizontalen h-Linien gezeichnet.

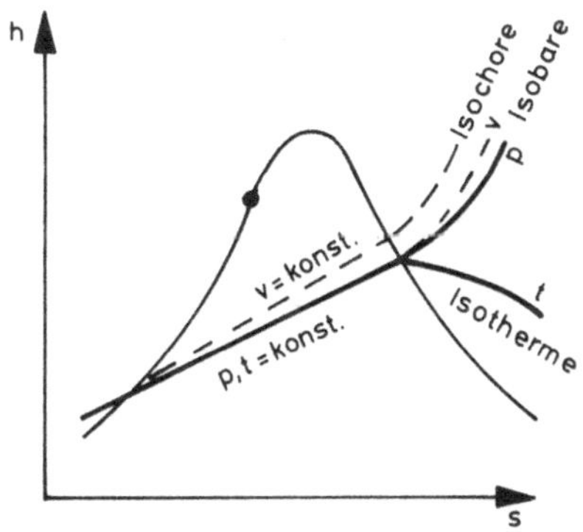

Die Diagramme sind oft mit *Isochoren* versehen, diese verlaufen etwas steiler als die *Isobaren*.

Verdampfung im h-s-Diagramm

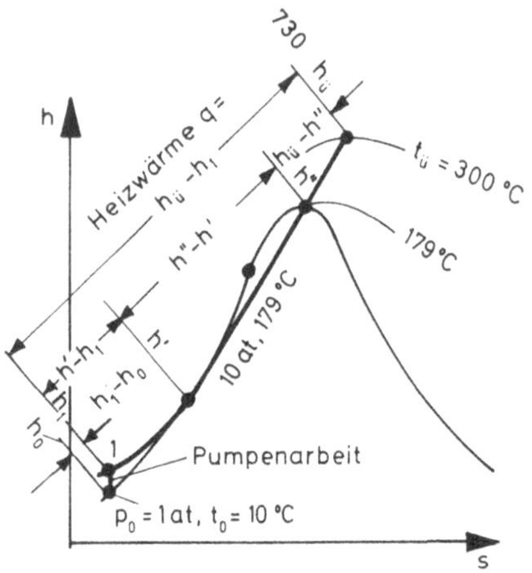

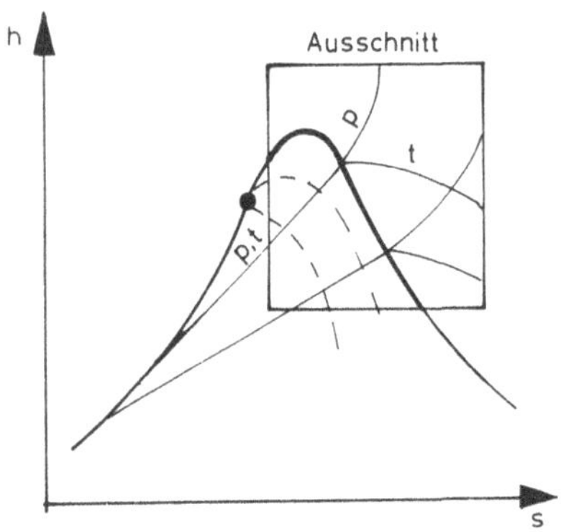

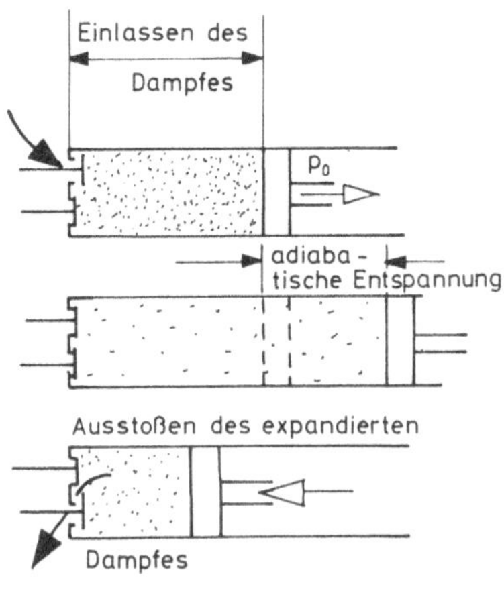

Soll eine Wasserverdampfung bei 10 at von der Temperatur $t_1 = 10\,°C$ auf $t_ü = 300\,°C$ durchgeführt werden, so benötigt man nach Gl. (2.2) $h_ü - h_1$ kcal. Legt man h_0 für 0 °C mit 0 fest (vgl. Gl. (1.71)), so erhält man, da c_p des Wassers $\approx 1 \frac{kcal}{kg\,grd}$, $h' = t_s \cdot c_p \approx t_s \frac{kcal}{kg}$.

Damit wird das Ablesen des h-s-Diagrammes auf der Flüssigkeitsseite unnötig. Aus diesem Grunde begnügt man sich, einen *Ausschnitt* des Diagrammes zu benutzen, der die höheren Dampfgehalte des Naßdampfes und das Gebiet des überhitzten Dampfes zeigt.

Zurück zur Verdampfungsaufgabe. $h_ü$ liest man im h-s-Diagramm ab: $h_ü \approx 730 \frac{kcal}{kg}$, $h_1 \approx t_1 = 10 \frac{kcal}{kg}$.

Pro kg Wasser sind also (730–10) kcal = 720 kcal zuzuführen. Die Pumpenarbeit für die Druckerhöhung von p_0 auf p_1 ist gegenüber der Aufheizung äußerst gering.

2.3. Dampfkraftprozesse

Zur Verrichtung mechanischer Arbeit wird einem *Dampfkessel* heißer, hochgespannter Dampf entnommen und in einer Turbine oder einem Zylinder entspannt. Man läßt Dampf in den Zylinder strömen, stoppt die Zufuhr und läßt den Dampf adiabatisch expandieren. Anschließend schiebt man den benutzten Dampf isobar aus dem Zylinder aus *(Clausius-Rankine-Prozeß)*.

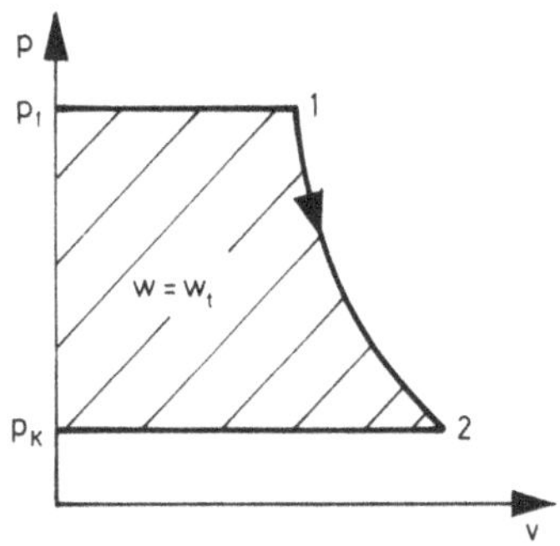

Die Arbeitsausbeute ist leicht im p-v-Diagramm zu ersehen.

$$w = w_t = h_1 - h_2 \quad (2.6)$$

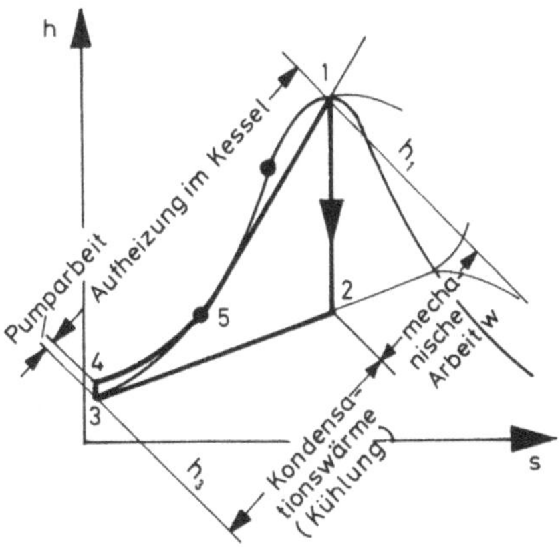

Sie ist umso größer, je größer der Druckunterschied $p_1 - p_4$ ist. Wenn schon der Dampfdruck p_1 nicht überaus groß gehalten werden kann (Werkstoff, Temperaturen, Abdichtung usw.), so wird man p_4 möglichst niedrig halten. Für diesen niedrigen Druck sorgt ein *Kondensator,* der das große Abdampfvolumen durch Kondensation des Dampfes so stark verkleinert, daß es zu sehr geringen Dampfdrücken im Kondensator kommt (Kondensatordruck ist abhängig von Kühlwassertemperatur). Der Kondensator wird mit Hilfe einer Pumpe entleert, die das Kondensat wieder auf Kesseldruck bringt *(Speisewasserpumpe).*

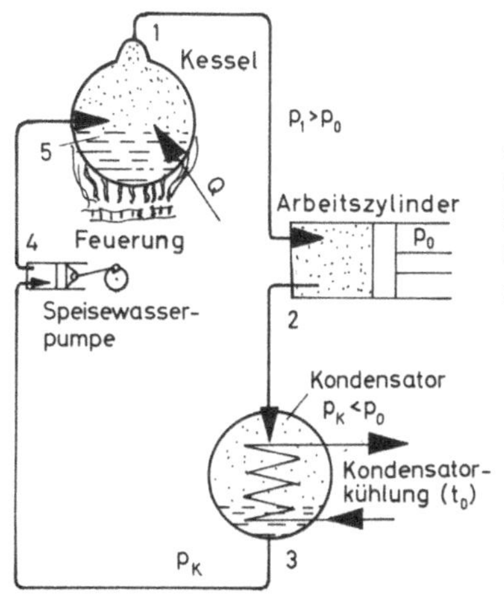

Am Beispiel einer solchen Dampfkraftanlage wird erneut klar, daß zwei Temperaturniveaus erforderlich sind, zwischen denen der Prozeß verläuft (Temperaturen des Kühlwassers und der Feuergase im Dampfkessel).

Überhitzung

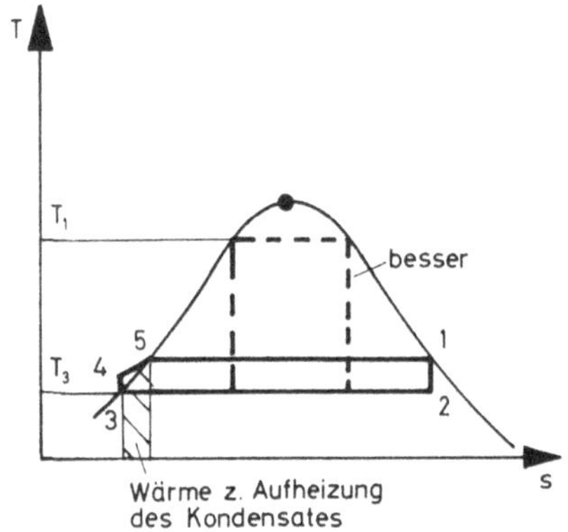

Bei den Betrachtungen zur Nichtumkehrbarkeit zeigte sich, daß man anstreben muß, die Prozeßtemperaturen möglichst denen der Heiz- und Kühlkörper anzunähern. Es ist also günstig, den Dampf möglichst heiß zu machen, ihn also zu *überhitzen* (vgl. Wirkungsgrad Carnot-Prozeß, Gl. (1.68)).

$$\eta_c = \frac{T_1 - T_3}{T_3}$$

Es kommt also darauf an, T_1 möglichst hoch zu bringen. Im Naßdampfgebiet geht das nur bei großen Drücken. Hohe Temperaturen bei geringeren Drücken führen zur Überhitzung des Dampfes.

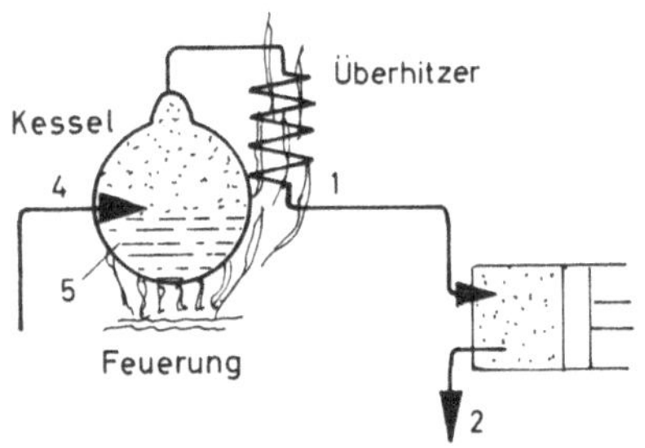

Die Überhitzung hat ferner den Vorteil, daß man das tiefe Eintauchen ins Naßdampfgebiet vermeidet (für Turbinen wegen der Korrosion durch Wassertröpfchen besonders wichtig). Häufig wird der Dampf *zwischenüberhitzt*, d.h. nach Arbeitsabgabe noch einmal beheizt.

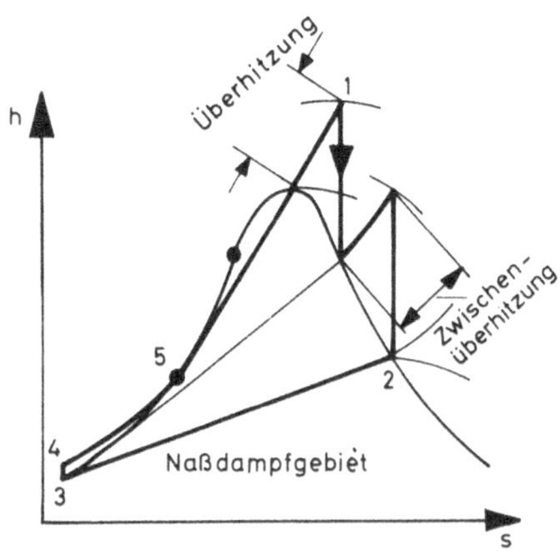

Kompressor, Speisewasserpumpe

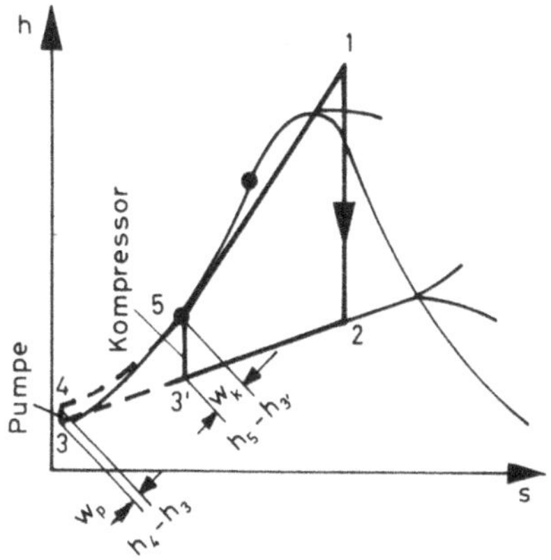

Anstatt den Dampf vollständig zu kondensieren (3), kann der Naßdampf auch von 3′ nach 5 gefördert werden. Das entspricht etwa dem thermisch günstigen Carnotprozeß. Dazu ist ein Kompressor erforderlich, der sowohl den Dampf als auch das Wasser pumpt. Der Nachteil dieses Verfahrens ist, daß in 5 nicht Wasser, sondern ein Gemisch von kaltem Wasser und überhitztem Dampf vorliegt (das Wasser ist praktisch nicht komprimierbar, bleibt also kalt; der durch die Verdichtung überhitzte Dampf kondensiert nicht so schnell am Wasser). Ferner ist der Kompressor größer als die Pumpe. In praxi findet man daher Speisewasserpumpen (3–4).

Speisewasservorwärmung

Gelangt das kalte Kondensat aus der Pumpe in das heiße Wasser des Kessels (t_s), so ist dieser Mischvorgang nicht umkehrbar, er bringt also Verluste.

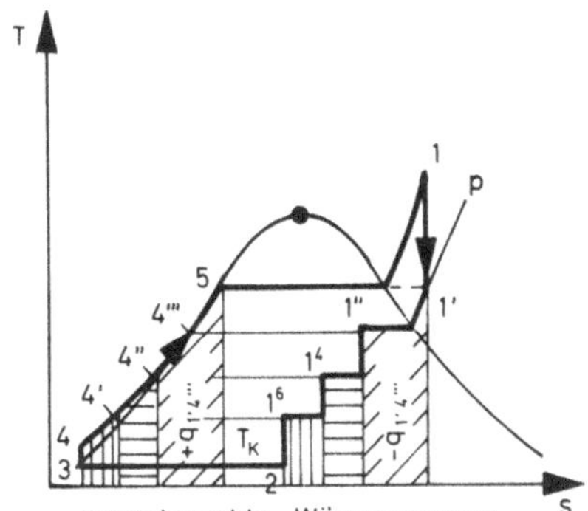

ausgetauschte Wärmemengen

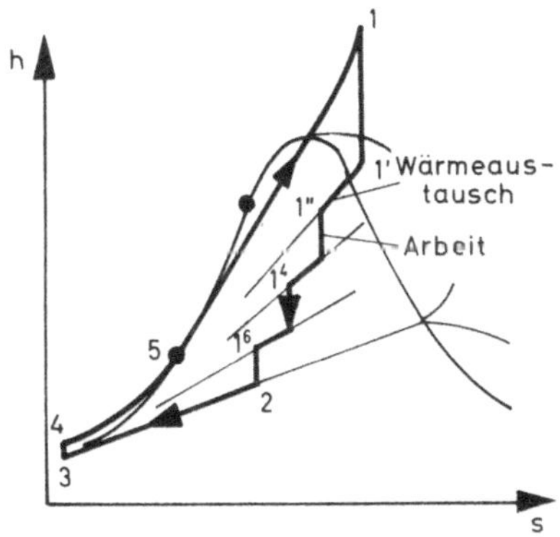

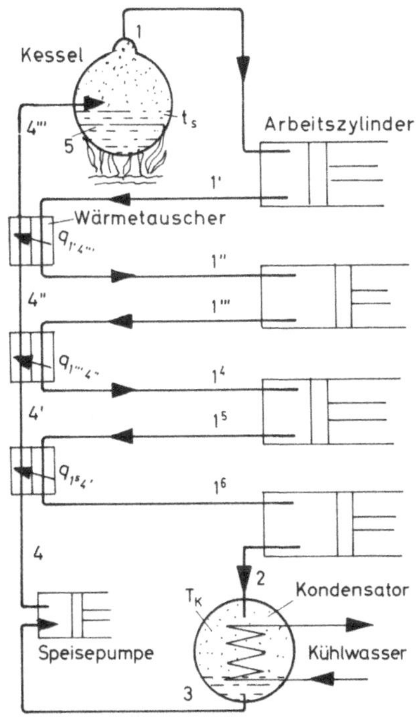

regenerative Speisewasservorwärmung

Man versucht, das *Speisewasser vorzuwärmen,* und zwar mit einem Heizmedium, dessen Temperatur nur wenig höher ist als die des Speisewassers *(regenerative Speisewasservorwärmung).*

Bei *mehrstufigen Dampfmaschinen* wird mit dem Abdampf der einzelnen Zylinder das Speisewasser im Grenzfall auf $t_4''' = t_1'$ aufgeheizt (vollkommener Wärmeaustausch). Das Speisewasser gelangt also nicht mit t_3', sondern mit der höheren Temperatur t_4''' in das heiße Kesselwasser (t_s).

Das lohnt sich jedoch nur, wenn $T_1' < T_s$. Bei vielen Heizstufen läuft die Expansion 1–2 wie beim Carnot-Prozeß parallel der Linie x = 0 (günstige Prozeßführung), vgl. T-s-Diagramm der vorigen Seite. Man nennt diese Annäherung an den

Carnotisieren

Carnot-Prozeß *„Carnotisieren"*.

Die Entropiedifferenzen Δs und Temperaturen der einzelnen Heizstufen sind bei sehr vielen Stufen gleich, so daß keine Vergrößerung der Entropiesumme auftritt (Aufheizung ist für den Grenzfall unendlich vieler Stufen reversibel). Vgl. Beispiel 3 und Reversibilitätsgrad von Mischungen in Abschnitt 2.4.

Bei Dampfturbinen entnimmt man zur Speisewasservorwärmung zwischen den Stufen Dampfströme, die nicht mehr zur Turbine zurückgeführt werden, um auf jeden Fall das Entstehen von Naßdampf zu vermeiden.

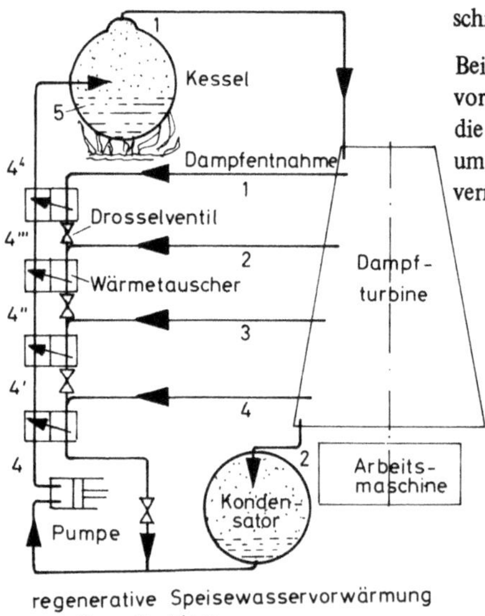

regenerative Speisewasservorwärmung bei Dampfturbinen

Drosselverluste

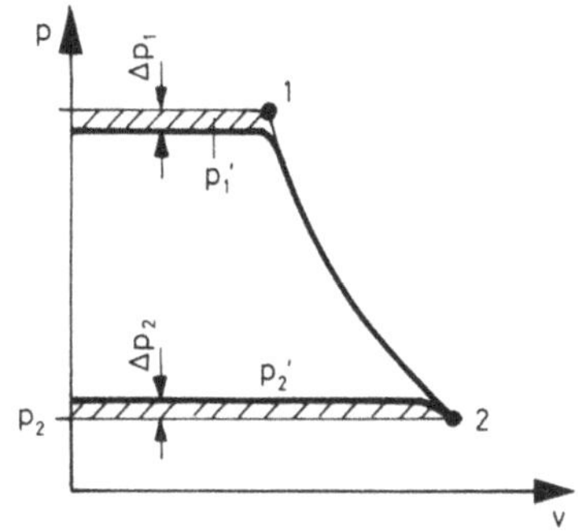

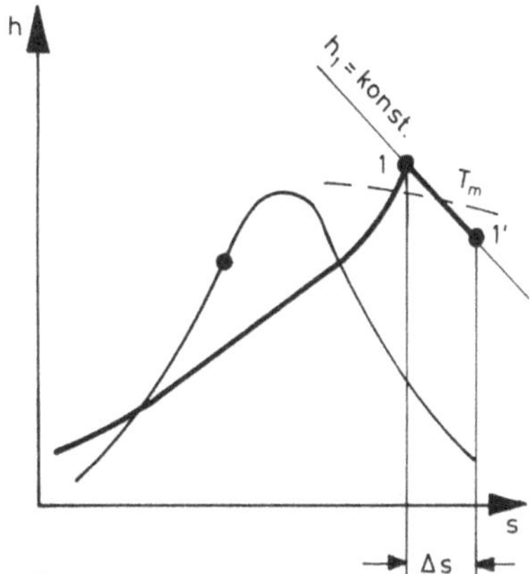

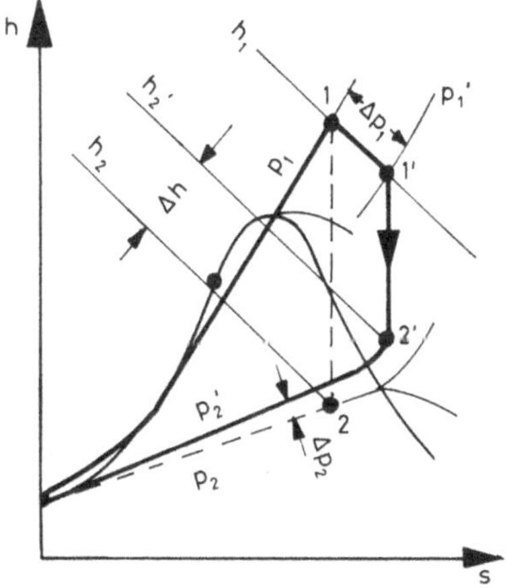

Verluste am Zylinder

Das p-v-Diagramm des Arbeitszylinders zeigt die Druckausnützung von p_1 bis p_2. Tatsächlich wird der ein- und ausströmende Dampf an den Ventilen (und den Leitungen) gedrosselt, so daß der Anfangsdruck um Δp_1 erniedrigt, der Enddruck um Δp_2 erhöht ist. Die *Minderleistung* Δh zeigt das h-s-Diagramm.

Statt von 1 nach 2 verläuft die Expansion von 1′ nach 2′. Die Einzelverluste können auch über

$$\Delta q = T_m \, \Delta s \qquad (2.7)$$

ermittelt werden.

unvollständige Expansion

Je mehr sich der Dampfdruck während der Expansion dem Druck p_2 genähert hat, desto weniger Kraft drückt den Kolben. Es lohnt sich nicht, den Dampf bis v_2' auszunützen, zumal Kolben, Kurbelwelle usw. reibungsbelastet sind und sehr lange Wege zurücklegen müssen. Die Expansion erfolgt zuletzt also isochor. Dieser *Clausius-Rankine-Prozeß* ohne vollständige Expansion heißt auch *„DIN-Prozeß"*. Der Verlust durch unvollständige Expansion ist im p-v-Diagramm schraffiert, im h-s-Diagramm ist der Verlust in der Strecke $1'2'$ als Enthalpie abzulesen.

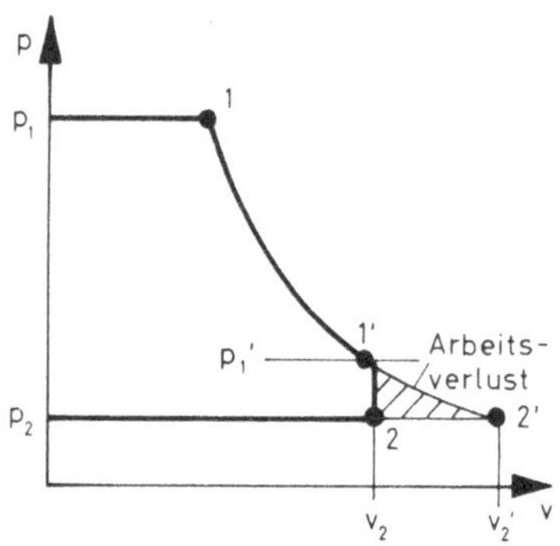

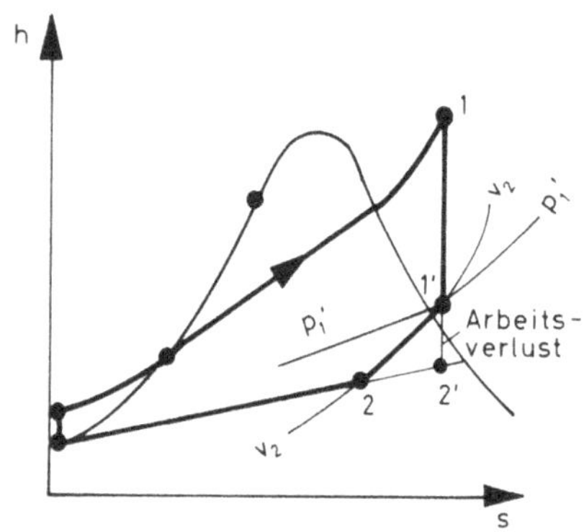

schädlicher Raum

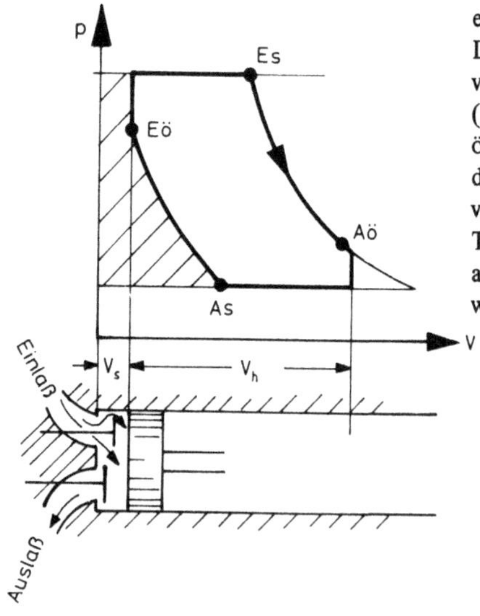

Wegen der Ventile usw. kann der Kolben nicht bis vor den Zylinderdeckel gehen (oberer Totpunkt); es bleibt ein sogenannter *schädlicher Raum* V_s übrig. Das Auslaßventil muß besonders bei Schnelläufern vor dem Erreichen des oberen Totpunktes schließen (As), damit es geschlossen ist, wenn das Einlaßventil öffnet (Eö), da sonst der Dampf im Kurzschluß durch den Auslaß verschwindet. Während das Auslaßventil geschlossen ist und der Kolben in den oberen Totpunkt geht, gibt es einen adiabatischen Druckanstieg. Um die schraffierte Fläche kann pro Hub weniger Arbeit verrichtet werden.

Wandverluste

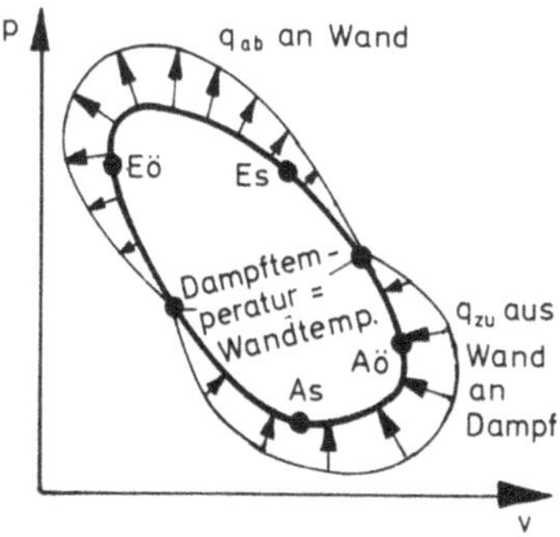

Zylinderwand und *Kolben* nehmen vom einströmenden Dampf Wärme auf. Ist der Dampf überhitzt, dann kann eine *Eintrittskondensation* meistens vermieden werden, was besonders wichtig ist, weil die Wärmeübertragung durch kondensierenden Dampf bedeutend intensiver ist (≈ 100fach, vgl. Abschnitt 7.2) als bei trockenem Dampf bzw. Gas.

Bei der nachfolgenden Expansion kühlt der Dampf ab, so daß gegen Ende der Expansion der Dampf seinerseits Wärme aus der Wand aufnimmt. Besonders bei Eintrittskondensation ist der Wärmeverlust bedeutend größer als der Rückgewinn während des niedrigen Druckes.

Indikator-Diagramm

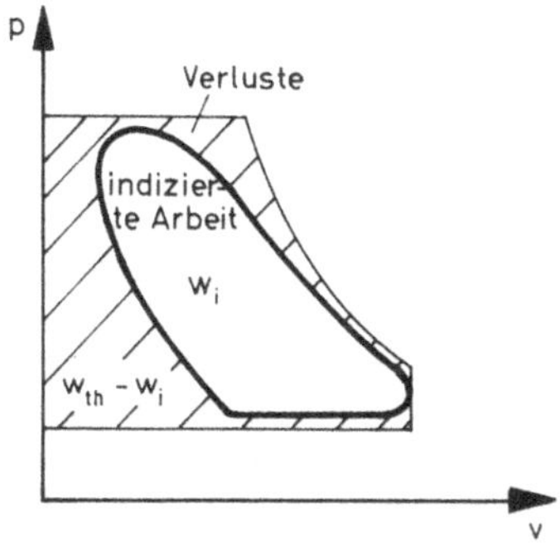

Zeichnet man laufend den Druck im Zylinder über der Kolbenstellung (also dem Volumen) auf, so erhält man das sogenannte *Indikator-Diagramm*. Dieses zeigt gegenüber dem theoretischen Wert der Arbeit (w_{th}) alle die oben besprochenen Verluste. Die Fläche des indizierten Diagrammes entspricht der indizierten Arbeit $w_i < w_{th}$.

indizierter Wirkungsgrad η_i

Der *indizierte Wirkungsgrad* ist definiert als

$$\eta_i = \frac{w_i}{w_{th}} \tag{2.8}$$

mit w_{th} = theoretische Arbeit des Prozesses.

mechanischer Wirkungsgrad η_m

Die indizierte Arbeit wird über Pleuel usw. an die Kurbelwelle weitergegeben (Reibung). Die Leistung an der Welle läßt sich im Bremsversuch bestimmen (effektive Arbeit w_e). Der mechanische Wirkungsgrad ergibt sich zu

$$\eta_m = \frac{w_e}{w_i} \tag{2.9}$$

Gesamtwirkungsgrad η_{ges}

Es ist üblich, den Gesamtwirkungsgrad η_{ges} auf den Umsatz der dem Prozeß zugeführten Wärme in effektive Wellenarbeit zu beziehen:

$$\eta_{ges} = \eta_{th} \cdot \eta_i \cdot \eta_m = \frac{w_{th}}{q_{zu}} \cdot \frac{w_i}{w_{th}} \cdot \frac{w_e}{w_i} = \frac{w_e}{q_{zu}} \quad (2.10)$$

Man kann jedoch auch den Wirkungsgrad auf die Feuerung und den Kondensator erstrecken, dessen Nichtumkehrbarkeiten noch erhebliche Verluste hervorrufen; über diese Zusammenhänge folgendes:

Kesselverluste

Die besten Dampfkessel stellen heute höchstens 40 % der Brennstoffenergie als nutzbare Dampfenergie *(Exergie)* zur Verfügung. Diese Verschwendung von rund 2/3 der chemischen Energie hat zwei Gründe, die jeder etwa die Hälfte des Verlustes verschulden.

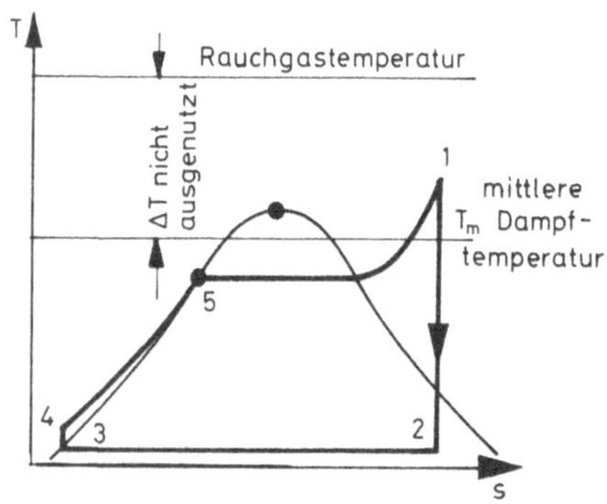

1. Die Rauchgastemperaturen liegen zwischen 1000 und 2000 °C, die höchsten Dampftemperaturen (im Überhitzer) unter 700 °C. Das hohe Temperaturniveau der Rauchgase wird unausgenutzt auf die niedrigen Siede- und Überhitzungstemperaturen gebracht (großer Entropiezuwachs!).
   Abhilfe: durch Verbrennung bei gedrosselten Temperaturen und Erhöhung der Speisewassertemperatur samt Siede- und Überhitzertemperaturen. Da diese Maßnahme zu zu großen Drücken führt (Abdichtung), können *Zweistoffkessel* benutzt werden. In einem Kessel wird ein bei hoher Temperatur siedender Stoff (z. B. Quecksilber) verdampft. Dieser Dampf treibt eine Turbine, der Kondensator heizt seinerseits einen Wasserdampfkessel, dessen Dampf eine zweite Turbine betreibt (sogenannter Quecksilberkessel). In Abschnitt 6.6 finden sich weitere Möglichkeiten, das große Temperaturgefälle auszunutzen.

Zweistoffkessel

2. Der andere Grund ist der irreversible *Verbrennungsvorgang* (Oxydation) selbst. Zwar kann die Oxydation bei sehr hohen Temperaturen umkehrbar verlaufen, jedoch sind ihnen unsere Werkstoffe nicht gewachsen. Aussichtsreicher ist heute die Vermeidung der Irreversibilität durch sogenannte *kalte Verbrennung* als direkte Umsetzung von Kohlenstoff in elektrische Energie (Brennstoffzellen und dgl., siehe Abschnitt 6.6); allerdings ist bisher die technische Anwendung noch schwierig.

Brennstoffzellen

Verluste am Kondensator

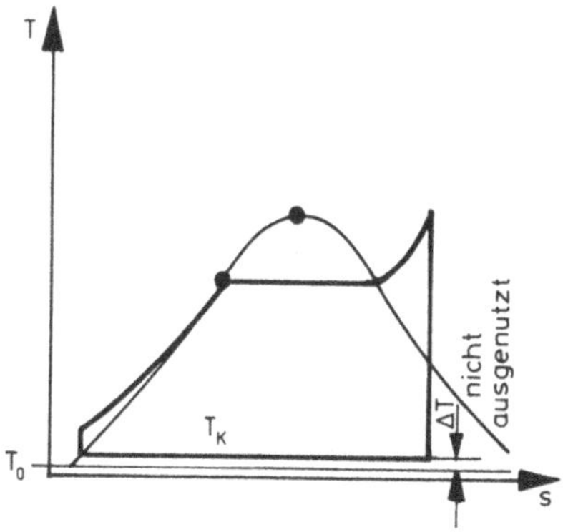

Weitere Verluste verschuldet der *Kondensator*. Der Dampf bzw. das Kondensat wird nicht bis auf die Kühlwassertemperatur T_0 abgekühlt, sondern nur auf $T_K > T_0$ (es wären zu große, also unwirtschaftliche, Kühlschlangenoberflächen erforderlich). Auch hier kann also das Temperaturgefälle nicht ausgenutzt werden (Entropiezuwachs, Nichtumkehrbarkeit des Wärmeübergangs).

2.4. Exergie e, Reversibilitätsgrad φ, Mischungsvorgänge

Der thermische Wirkungsgrad η_{th} berücksichtigt nicht, was man mit einem Temperaturgefälle bestenfalls erzielen kann, η_{th} beinhaltet nicht, daß eine bei höherer Temperatur vorliegende Wärmemenge wertvoller ist als dieselbe bei niedrigerer. Der Wirkungsgrad berücksichtigt die Aussage des Ersten Hauptsatzes (Umwandlung von Energieformen), nicht jedoch des Zweiten. Hierfür hat man den Begriff des *Reversibilitätsgrades* φ geprägt.

$$\varphi = \frac{w}{e} = \frac{\text{gewonnene Arbeit}}{\text{Exergie}} \tag{2.11}$$

mit der maximalen Arbeitsfähigkeit e (Exergie).

Exergie e

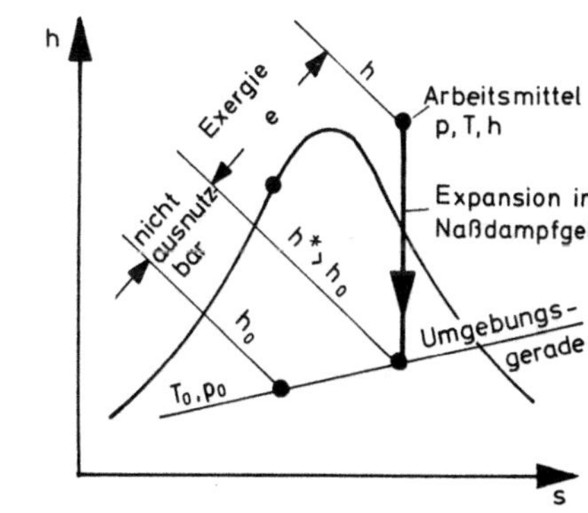

Die Frage lautet: Eine wie große mechanische Energie e kann mit vorhandenem Arbeitsmittel (p, T, h ...) bei gegebenem Kühlkörper (Umgebungszustand) bestenfalls gewonnen werden? Die Exergie findet man im h-s-Diagramm, indem man umkehrbar (bei s = konst) auf die sogenannte *Umgebungsgerade* geht (T_0), vgl. Erklärungen zu „Umgebungsgerade" in Abschnitt 6.

Im allgemeinen werden Umgebungstemperatur T_0 und der zugehörige Druck nicht wie bei den Dämpfen im Naßdampfgebiet durch eine Linie darstellbar sein. (Bei Naßdampf ist also wegen des Zusammenfalls der Linien für p_0 und t_0 kein Gewinn q_0 aus der Umgebung zu erwarten, $s_0 - s = 0$, wie in dem folgenden allgemeinen Fall gezeigt wird.)

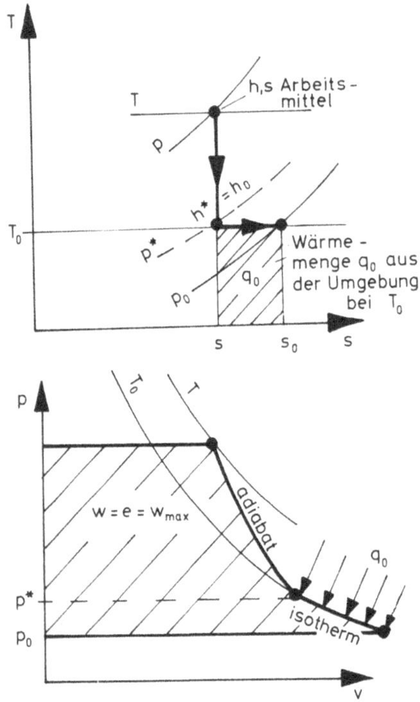

Exergie in T-s- und p-v-Diagramm (kein Naßdampf, so daß $h^* = h_0 = t_0 \cdot c_p$)

Hier geht die Expansion isentrop bis zur Erreichung der Umgebungstemperatur T_0, von dort durch die Umgebung beheizt (q_0) isothermisch bis p_0. Die Beheizung ist umkehrbar, da das Arbeitsmedium sich nicht unter T_0 abkühlen soll. Letzteres setzt sehr langsame Expansion voraus (unwirtschaftlich).

$$e = h - h_0 + T_0 (s_0 - s) = w_{max} \tag{2.12}$$

Gegenüber dieser Arbeitsfähigkeit leistet der technische Prozeß weniger, weil er mit Nichtumkehrbarkeiten belastet ist.

Nebenstehend der oben geschilderte Vorgang im p-v-Diagramm. Vom Zustand p, T erfolgt adiabatische Expansion bis das Gas die Temperatur T_0 hat. Wenn die Ausdehnung adiabatisch bis zum Druck p_0 weiterginge, würde die Gastemperatur $< T_0$ werden. Läßt man der Expansion genügend Zeit, so bleibt im Gas die Temperatur T_0 erhalten, wobei q_0 aus der Umgebung aufgenommen wird.

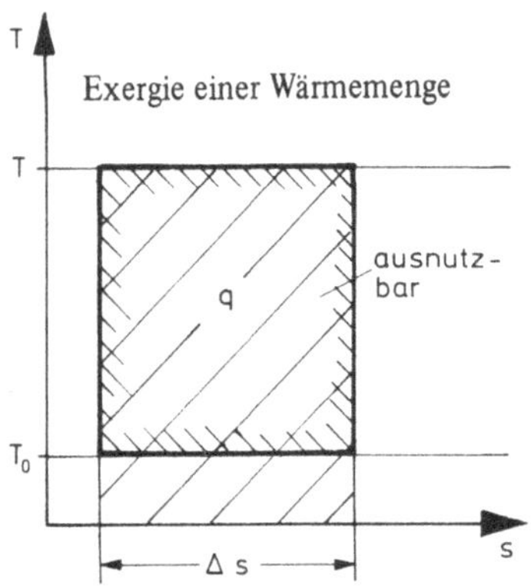

Für Heizungen ist die Exergie einer Wärmemenge q, die bei der Temperatur T vorliegt, wichtig:

$$e = (T - T_0)\,\Delta s = \frac{T - T_0}{T}\,\Delta q \tag{2.13}$$

Liegt eine Wärmemenge q bei Umgebungstemperatur T_0 vor, so ist sie nicht nutzbar (Schiff auf dem Meer, vgl. 2. Hauptsatz S. 26 oben.

Irreversibilitätsgrad ν

Die Exergie setzt völlige Umkehrbarkeit voraus, der tatsächliche Prozeß ist meistens nur zum Teil umkehrbar; φ läßt also erkennen, wie groß die Reversibilität des Prozesses ist, φ heißt daher auch *Reversibilitätsgrad.* Der *Irreversibilitätsgrad* ν ist dann

$$\nu = 1 - \varphi \tag{2.14}$$

Für einen Carnot-Prozeß zwischen den Temperaturen T und T_0 ist der Reversibilitätsgrad $\varphi = 1$ (alle Vorgänge reversibel). Der Wirkungsgrad $\eta_c < 1$!

Der Wirkungsgrad stellt fest, wieviel der Wärmeenergie zweckentsprechend umgewandelt wurde (1. Hauptsatz).

Der Reversibilitätsgrad stellt fest, wie gut man ein Temperaturgefälle ausnutzt (2. Hauptsatz).

$\varphi = 1$ heißt: Eine bessere Ausnützung gibt es nicht (wenn η_{th} auch < 1).

Mischvorgänge

An dieser Stelle soll noch die Ermittlung des Reversibilitätsgrades φ für *Mischungen* zweier Mengen desselben Stoffes verschiedener Zustände 1 und 2 erörtert werden, was für die Mischung des kalten Speisewassers mit dem heißen Kesselwasser interessant ist (Beispiel 3). Die Betrachtung erfolgt im h-s-Diagramm.

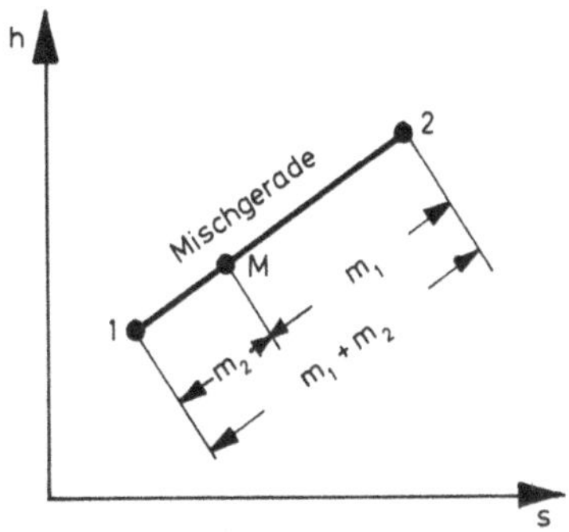

Wie man aus Zweistoffdiagrammen gewöhnt ist, werden beide Zustandspunkte durch ein Mischgrade verbunden, auf der man den Zustand der Mischung M findet (abgewandte Hebelarme). Für den Punkt M ist jedoch

$$+ m_1 \, \Delta s_1 - m_2 \, \Delta s_2 = 0 = S_1 - S_2$$

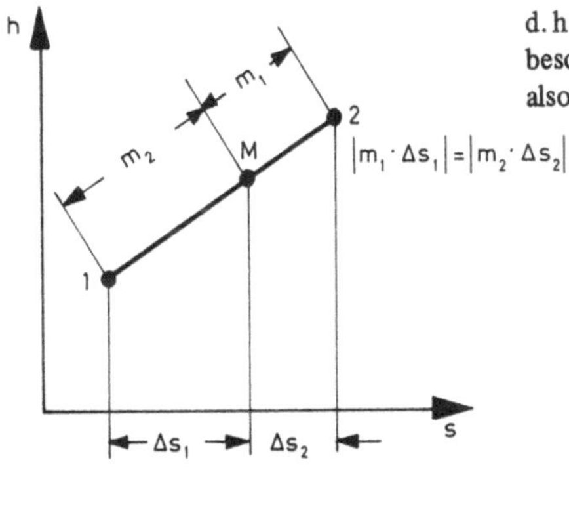

d. h. der Mischungsvorgang ist reversibel (das ist besonders leicht für M in der Mitte der Mischgeraden, also für $m_1 = m_2$, einzusehen).

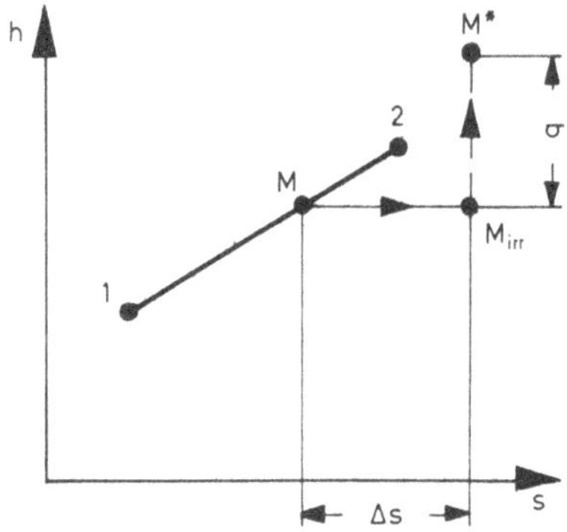

Gewöhnlich sind Mischvorgänge irreversibel. Gleichgültig ob reversibel oder nicht, hat die Mischung gleiche Enthalpie, wenn sie nur adiabatisch, also ohne Wärmeaustausch mit der Umgebung verläuft. Die Mischungszustände M_{irr} bei nichtumkehrbarer Mischung weisen einen Entropiezuwachs auf, sie liegen also rechts von M bei gleicher Enthalpie h. Wird der Mischung noch die Wärme q zugeführt, so kommt man zum Zustandspunkt M*. Dabei kann man bequem die Entropievermehrungen Δs_1 und Δs_2 konstruieren. Man erhält M_{irr}, wenn man z. B. die Entropie der Phase 1 um Δs_1 vergrößert und dann reversibel mit 2 mischt.

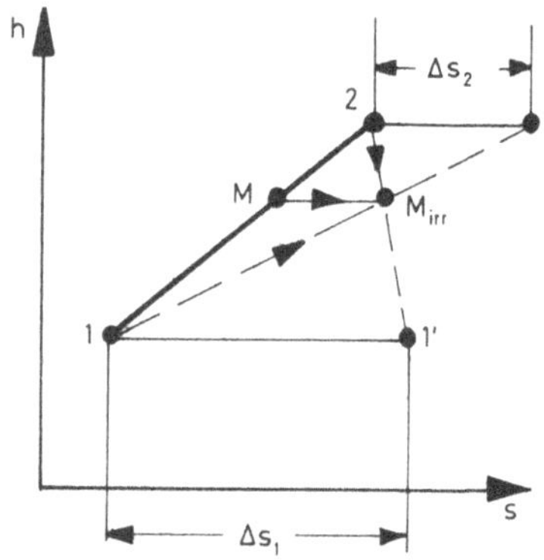

Arbeitsverlust

Die Nichtumkehrbarkeit der Mischung hat einen Arbeitsverlust zur Folge. Er kann leicht als Exergiedifferenz berechnet werden. Die Exergie e des Zustandes M ist größer als die Exergie e_{irr} des Zustandes M_{irr}.

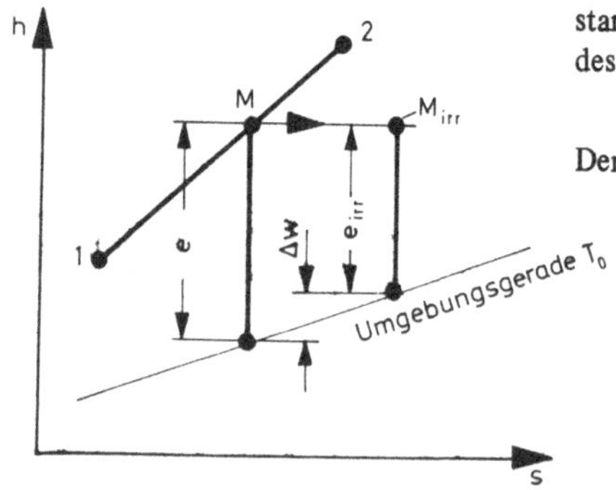

Der Arbeitsverlust beträgt

$$\Delta w = e - e_{irr} \tag{2.15}$$

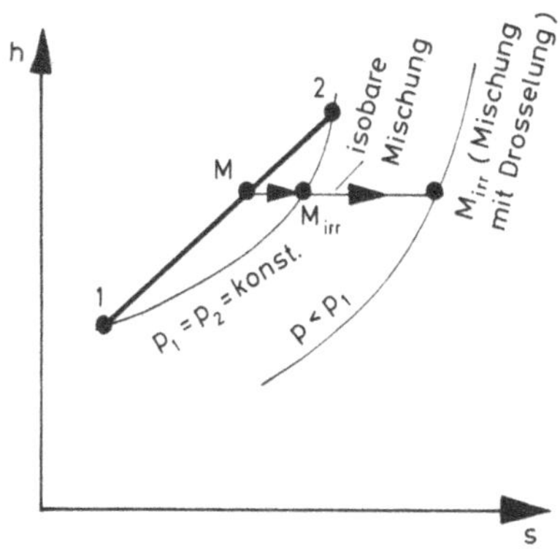

Wie weit liegt M_{irr} rechts von M? Die Lage von M_{irr} ist abhängig vom Zustand der Mischung; recht häufig ist eine isobare Vermischung, M_{irr} liegt dann auf der Linie $p_1 = p_2$. Manchmal findet eine starke Drosselung des Gemischdruckes statt.

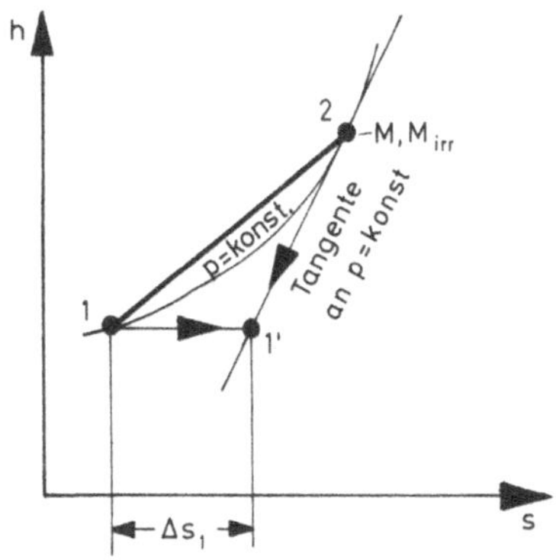

Bei der Einspeisung von wenig Speisewasser in den großen Kessel bei $p_1 = p_2$ fällt (wegen $m_1 \ll m_2$) M_{irr} etwa mit Punkt 2 zusammen.

Die Entropie s_2 ändert sich praktisch nicht, s_1 erfährt einen merklichen Zuwachs um Δs_1. Da M_{irr} in 2 liegt, wird aus der angegebenen Konstruktion für Δs_1 und Δs_2 eine Tangente.

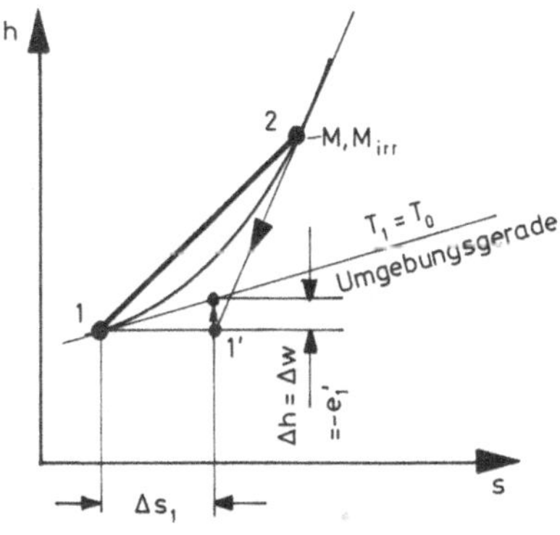

Der Arbeitsverlust beträgt $\Delta w = - e_1'$ (Mischung Zustand 1' mit 2, vgl. Bild 71/2). Um diesen Verlust e' wird die Exergie e des Dampfes verringert.

$$\varphi = \frac{e - e'}{e} = \frac{e - \Delta w}{e} \tag{2.16}$$

Die Exergie des Zustandes 1' ergibt sich wieder als Isentrope bis zur Umgebungsgerade, hier $e = h_1'$ – Enthalpie des Schnittpunktes mit der Umgebungsgrade. e wird dabei negativ, bedeutet also einen Arbeitsverlust. Zum Begriff der Umgebungsgerade vgl. Abschnitt 6 unter diesem Randstichwort.

Abhilfe: regenerative Vorwärmung des Speisewassers.

Beispiele

Beispiel 1

Ein Dampfkessel gibt Dampf mit 6 % Feuchtigkeit ($x = 0{,}94$) bei einem Druck von 9 ata ab. Wie groß sind Temperatur t, Enthalpie H, innere Energie U, die Exergie E für m = 1 to Dampf und Umgebungstemperatur $t_0 = 20\ °C$ bei Verwendung eines Kondensators?

Aus Dampftafel:

Siedetemperatur für 9 ata $t_s = 174{,}53\ °C$

Verdampfungswärme $r = 485{,}6\ \frac{kcal}{kg}$

Enthalpie $h' = 176{,}4\ \frac{kcal}{kg}$

Spezifisches Volumen der Flüssigkeit $v' = 0{,}0011203\ \frac{m^3}{kg}$

Spezifisches Volumen des Dampfes $v'' = 0{,}2189\ \frac{m^3}{kg}$

Entropien $s' = 0{,}4980\ \frac{kcal}{kg\ grd}$, $s'' = 1{,}5827\ \frac{kcal}{kg\ grd}$

Zeile	Bezeichnung	Gleichung	Zahlenrechnung	Ergebnis	Bemerkung
1	Enthalpie H	$H = (xr + h')\,m$	$= (0{,}94 \cdot 485{,}6 + 176{,}4) \cdot 10^3$	$632{,}4 \cdot 10^3$ kcal	(2.2)
2	Spezifisches Volumen v_x	$v_x = v' + x\,(v'' - v')$	$= 0{,}0011203 + 0{,}94\,(0{,}2189 - 0{,}0011203)$	$0{,}20612\ \frac{m^3}{kg}$	(2.4) $\approx xv''$
3	Innere Energie U	$U = H - pV$	$= 632{,}4 \cdot 10^3 - \frac{9 \cdot 10^4 \cdot 0{,}20612 \cdot 10^3}{427}$	$589 \cdot 10^3$ kcal	(1.72) (1.8)
4	Volumen des Naßdampfes V	$V = m\,v_x$	$= 10^3 \cdot 0{,}20612$	$206{,}12\ m^3$	

5	Exergie E	$E = H - H_0 + T_0\,(S_0 - S)$	$= 632{,}4 \cdot 10^3 - 4{,}48 \cdot 10^5 + 293 \cdot 0$	$1{,}84 \cdot 10^5$ kcal	(2.12) $T_0 = 273 + 20 = 293\ °K$; $S_0 - S = 0$ vgl. Abschnitt 2.4 oben (Naßdampfgebiet)
6	**Enthalpie des Naßdampfes H_0**	$H_0 = m\,(x_0 r_0 + h_0')$	$= 10^3 \cdot (0{,}73 \cdot 586 + 20)$	$4{,}48 \cdot 10^5$ kcal	(2.2) $r_0 = 586\ \frac{kcal}{kg}$ (Dampftafel); $h_0' \approx c_p \cdot t_0 = 1 \cdot 20\ \frac{kcal}{kg}$
7	Dampfgehalt x_0	$x_0 = \frac{s_0 - s_0'}{s_0'' - s_0'}$	$= \frac{1{,}518 - 0{,}01729}{2{,}0697 - 0{,}01729}$	0,73	(2.3) 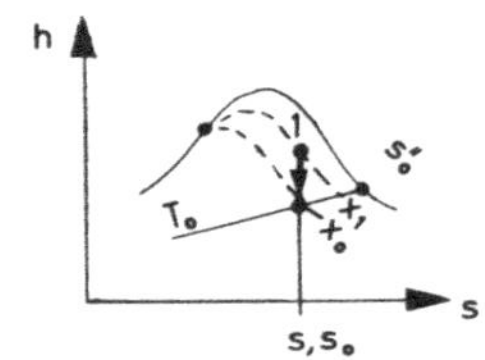 $s_0' = 0{,}01729$, $s_0'' = 2{,}0697\ \frac{kcal}{kg\ grd}$ aus Dampftafel
8	Entropie s_0	$s_0 = s_1 = x\,(s'' - s') + s'$	$= 0{,}94\,(1{,}5827 - 0{,}4980) + 0{,}4980$	$1{,}518\ \frac{kcal}{kg\ grd}$	(2.3) Rechnung geht von 1 aus

Weitere Aufgabenstellungen

Überhitzter Dampf (h_1, p_1) wird bei konstantem Druck abgekühlt. Welche Wärmemenge $\Delta q_ü$ muß bis zur beginnenden Kondensation abgeführt werden? Wenn man darüber hinaus noch die Wärmemenge Δq_n abführt, erhält man Naßdampf; der Dampfgehalt x und die Entropie sind zu berechnen und im h-s-Diagramm zu prüfen. Welcher Dampfgehalt und welche Exergie stellt sich bei adiabatischer Abkühlung dieses Naßdampfes auf 50 °C ein? Skizzieren Sie den Vorgang im h-s-Diagramm mit Angabe der einzelnen Wärmemengen.

Enthalpie h_1 $\frac{\text{kcal}}{\text{kg}}$	700 730 750 800
Druck p_1 at	5 10 20 40 80
Δq_n $\frac{\text{kcal}}{\text{kg}}$	50 100 150
sonstige Angaben	adiabatische Abkühlung erfolgt auf t_2 = 50 °C; Dampfwerte aus der Wasserdampftafel
Bemerkung	h_1, p_1, Δq_n beliebig kombinierbar

Beispiel 2

Eine Dampfkraftanlage wird mit trocken gesättigtem Dampf von 24 atü betrieben. Das Kühlwasser hat eine Eintrittstemperatur in den Kondensator von t_0 = 20 °C. Aus Wassermangel muß eine Erwärmung des Kühlwassers um 20 grd zugelassen werden, so daß es gelingt, die Kondensation bei 50 °C durchzuführen (20 grd mittlere Temperaturdifferenz an den Kühlrohren). Es soll eine Speisewasserpumpe verwendet werden.

Gesucht:

1. zu gewinnende Arbeit (pro kg Dampf), das ist gleichzeitig w_{th};
2. dem Kessel zugeführte Wärmemenge pro kg Dampf;
3. Kühlwasserverbrauch;
4. Wirkungsgrad, Reversibilitätsgrad;
5. benötigte Dampfmenge bei einer Leistung P = 80 kW;
6. Änderung von Wirkung- und Reversibilitätsgrad bei einer Überhitzung des Dampfes auf: a) 300 °C, b) 400 °C;
7. Arbeit a) der Speisepumpe, b) eines Kompressors (3' → 5).

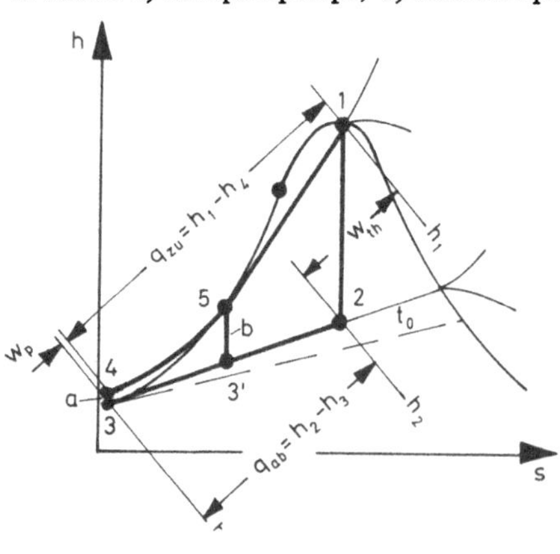

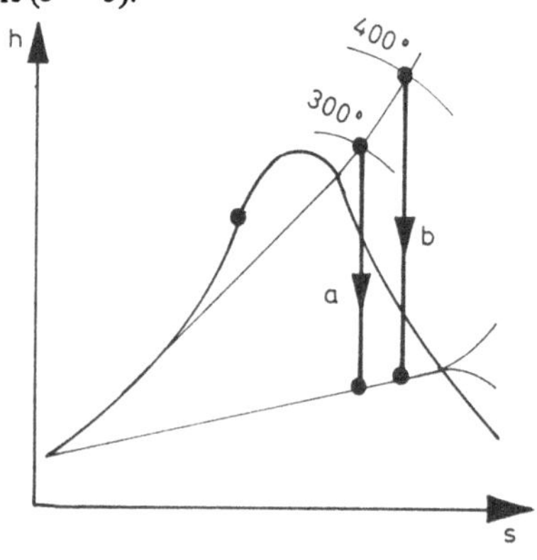

Weitere Aufgabenstellungen zu Beispiel 2

Bei gegebener Kondensatortemperatur t_K (abhängig von t_0 am Kühlmitteleintritt) sind Wirkungsgrad η_{th} und Irreversibilitätsgrad γ zu bestimmen. Dabei sei Betrieb einer Speisewasserpumpe vorausgesetzt. Pro kg Wasser steht zur Dampferzeugung die Wärmemenge q_{zu} zur Verfügung. Die Exergie e des Dampfes ist bekannt.

Vom Dampfkessel bis zum Eintritt in die Arbeitsmaschine verringert sich der Dampfdruck um Δp. Das h-s-Diagramm des Prozesses ist zu skizzieren und die Energiemengen einzutragen.

Welche Kühlmittelmenge wird stündlich für eine Leistung von P = 1000 kW benötigt?

Temperatur t_0 °C am Kühlmitteleintritt	0	15	30
Kühlmittel	Luft	CO	
q_{zu} $\frac{kJ}{kg}$	2000	2300	2700
Exergie e $\frac{kJ}{kg}$	800	900	1000
sonstige Angaben	Kondensationstemperatur $t_K = t_0 + 25$ °C Dampfdruckverlust $\Delta p = 3$ bar Die Expansion verläuft adiabatisch; Temperaturzunahme des Kühlmittels im Kondensator beträgt $\Delta t = 17$ °C		
Bemerkung	t_0, Kühlmittel, q_{zu}, e sind beliebig kombinierbar		

Zeile	Bezeichnung	Gleichung	Zahlenrechnung	Ergebnis	Bemerkung
1	Arbeit $w_t = w_{th}$	$w_t = w_{th} = h_1 - h_2 = h'' - h_2$	$= 670 - 476$	$194\ \frac{kcal}{kg}$	(2.5) h_1 h_2 aus h-s-Diagramm oder h″ aus Dampftafel
2	Wärmemenge q_{zu}	$q_{zu} = q_{ab} + w_t = h_1 - h_3$	$= 670 - 50$	$620\ \frac{kcal}{kg}$	$h_4 \approx h_3 = 50$ kcal/kg, dann ist die Pumpenarbeit enthalten
3	Wärmemenge q_{ab} bei Verwendung einer Pumpe	$q_{ab} = q_{zu} - w_t = h_2 - h_3$	$= 476 - 50$	$426\ \frac{kcal}{kg}$	$h_3 = 50\ \frac{kcal}{kg} \mathrel{\hat{=}} t_K = 50\ °C$ bei Verwendung des Kompressors wird q_{ab} kleiner
4	Kühlwasserverbrauch m_W	$m_W = \frac{q_{ab}}{c_p\ \Delta t}$	$= \frac{426}{1 \cdot 20}$	21,3 $\frac{\text{kg Wasser}}{\text{kg Dampf}}$	(1.32) $\Delta t = 20$ grd (Aufgabenstellung)
5	thermischer Wirkungsgrad η_{th}	$\eta_{th} = \frac{w_{th}}{q_{zu}}$	$= \frac{194}{620}$	0,313 ≙ 31,3 %	(2.10) ca. ein Drittel des Wärmeflusses wird in mechanische Arbeit umgewandelt
6	Reversibilitätsgrad φ	$\varphi = \frac{\text{gewonnene Arbeit } w_t}{\text{Exergie } e}$	$= \frac{194}{234}$	0,83 ≙ 83 %	(2.11) φ berücksichtigt in diesem Beispiel nur die Irreversibilität am Kondensator
7	Irreversibilitätsgrad ν	$\nu = 1 - \varphi$	$= 1 - 0{,}83$	0,17 ≙ 17 %	(2.14) 17 % der überhaupt gewinnbaren Arbeit geht durch die Kondensationstemperatur von 50 °C (statt 20 °C) verloren

Zeile	Bezeichnung	Gleichung	Zahlenrechnung	Ergebnis	Bemerkung
8	Exergie e	$e = h_1 - h_0 + T_0\,(s_0 - s_1)$	$= 670 - 436 + 0$	$234\ \frac{kcal}{kg}$	(2.12) $s_0 - s_1 = 0;\ h_0 = 436\ \frac{kcal}{kg}$ aus h-s-Diagramm 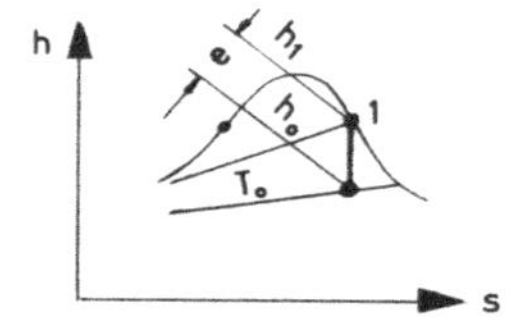
9	stündlicher Dampfverbrauch für 80 kW m_D	$m_D = \frac{P}{w_t}$	$= \frac{6{,}9 \cdot 10^4}{194}$	$356\ \frac{kg}{h}$	$80\ kW = 80 \cdot 860 = 6{,}9 \cdot 10^4\ \frac{kcal}{h}$ (1.8)
10	Wirkungsgrad bei 300 °C $\eta_{th\,300}$	$\eta_{th\,300} = \frac{w_{t\,300}}{q_{zu\,300}}$	$= \frac{212}{719 - 50}$	0,317	(2.10)
11	Wirkungsgrad bei 400 °C $\eta_{th\,400}$	$\eta_{th\,400} = \frac{w_{t\,400}}{q_{zu\,400}}$	$= \frac{236}{724}$	0,326	Rechengang wie oben: $q_{zu} = h_1 - h_3$
12	Reversibilitätsgrad φ_{300} bei Überhitzung auf 300 °C	$\varphi_{300} = \frac{w_{t\,300}}{e_{300}}$	$= \frac{212}{255}$	0,83	(2.11) Eine Verkleinerung des Temperaturgefälles am Kondensator, also Vergrößerung der Kondensatorfläche ist wünschenswert
13	φ_{400}	$\varphi_{400} = \frac{w_{t\,400}}{e_{400}}$	$= \frac{236}{285}$	0,83	
14	Pumparbeit w_p	$w_p = h_4 - h_3$	$= 52 - 50$	$2\ \frac{kcal}{kg}$	h_3; h_3'; h_4; h_5 aus h-s-Diagramm
15	Kompressorarbeit w_K	$w_K = h_5 - h_3'$	$= 235 - 197$	$38\ \frac{kcal}{kg}$	

Beispiel 3

Ein Dampfkraftprozeß soll „carnotisiert" werden.

Gegeben:

Dampfkessel: 300 to Dampf/h mit t_1 = 480 °C, p_1 = 60 at
Arbeitsmaschine: Kolbenmaschine
Kondensator: Kühlung durch Wasser mit Eintrittstemperatur t_0 = 30 °C,
Kondensationstemperatur t_2 = 47 °C.

Verdichtung des Kondensats durch eine Speisewasserpumpe.

Der Reversibilitätsgrad und der thermische Wirkungsgrad vor und nach der Carnotisierung sind zu ermitteln. Wie groß ist die Wärmeersparnis, wenn die Maschine eine Leistung von P = 1000 kW aufweisen soll?

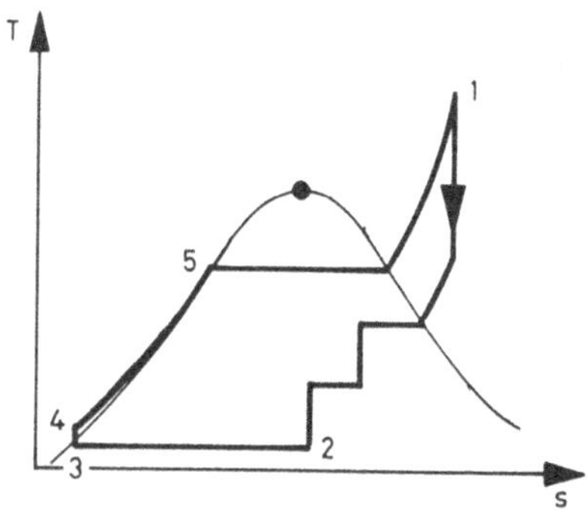

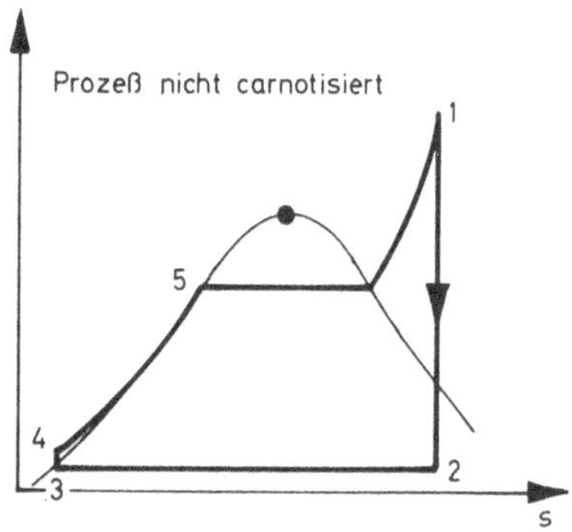

Lösung

Die Lösung erfolgt zweckmäßig im T-s-Diagramm für Wasserdampf. Dieses wird mit Hilfe der Dampftafel oder des h-s-Diagrammes entworfen (mit den Linien t = 47 °C, t = 480 °C, p = 60 at).

Das h-s-Diagramm zeigt ebenfalls die Carnotisierung.

Die Wahl der Stufen erfolgte nach gleich großen Temperatursprüngen zwischen t_4 und t_5. Auf den beiden folgenden Seiten finden sich die Speisewasservorwärmung in T-s- und h-s-Diagramm auf den Seiten 81 und 82 die Ermittlung der Arbeitsverluste mit und ohne Speisewasservorwärmung entsprechend der auf Seite 71 angegebenen Konstruktion. Seite 83 zeigt die Rechnung.

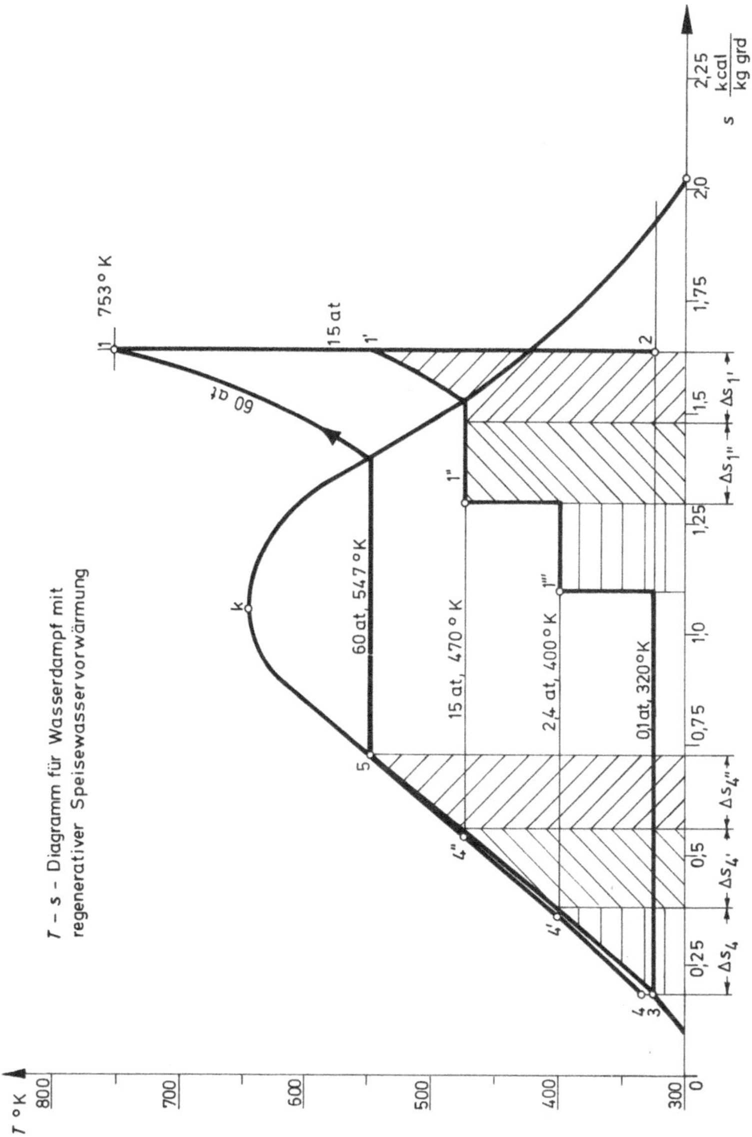
T – s – Diagramm für Wasserdampf mit
regenerativer Speisewasservorwärmung
T °K
800
700
600
500
400
300
0
0,25
0,5
0,75
1,0
1,25
1,5
1,75
2,0
2,25
s kcal/kg grd
753° K
15 at
60 at
60 at, 547 °K
15 at, 470 °K
2,4 at, 400 °K
0,1 at, 320 °K
k
1
1'
1''
1'''
2
3
4
4'
4''
5
Δs4
Δs4'
Δs4''
Δs1''
Δs1'

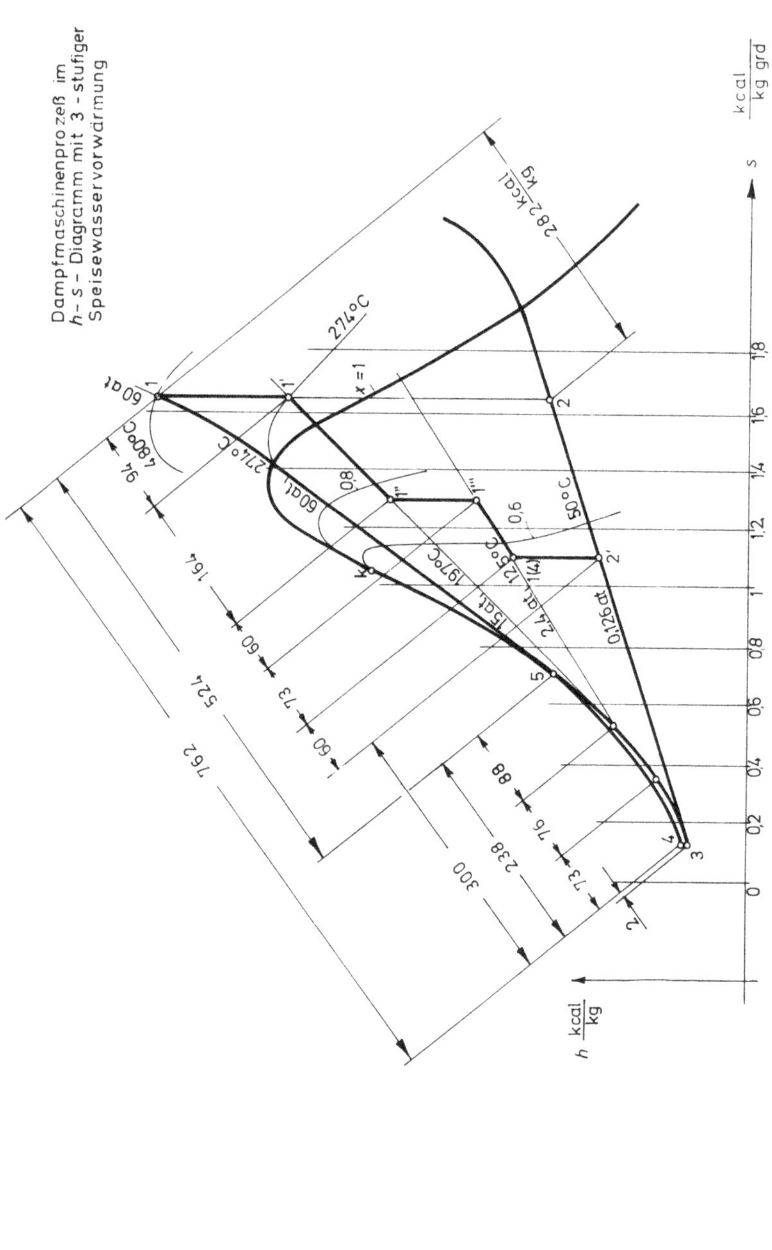
Dampfmaschinenprozeß im
h-s-Diagramm mit 3-stufiger
Speisewasservorwärmung
h kcal/kg
s kcal/kg grd
60 at
480°C
274°C
x = 1
50°C
0,126 at
15 at
197°C
2,4 at
125°C

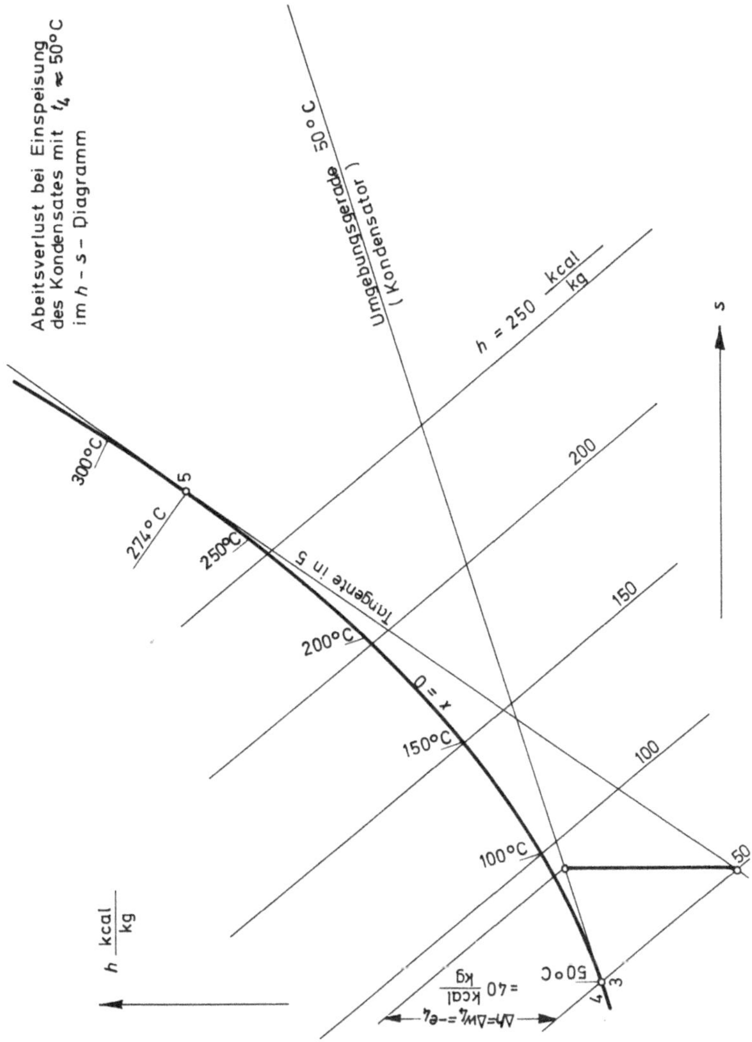
Abeitsverlust bei Einspeisung
des Kondensates mit $t_4 \approx 50°C$
im h - s - Diagramm
Umgebungsgerade 50 °C
(Kondensator)
h = 250 kcal/kg
200
150
100
50
300°C
5
274°C
250°C
Tangente in 5
200°C
x = 0
150°C
100°C
50°C
= 40 kcal/kg
Δh=ΔW_v=-e_4
3
4
h kcal/kg
s

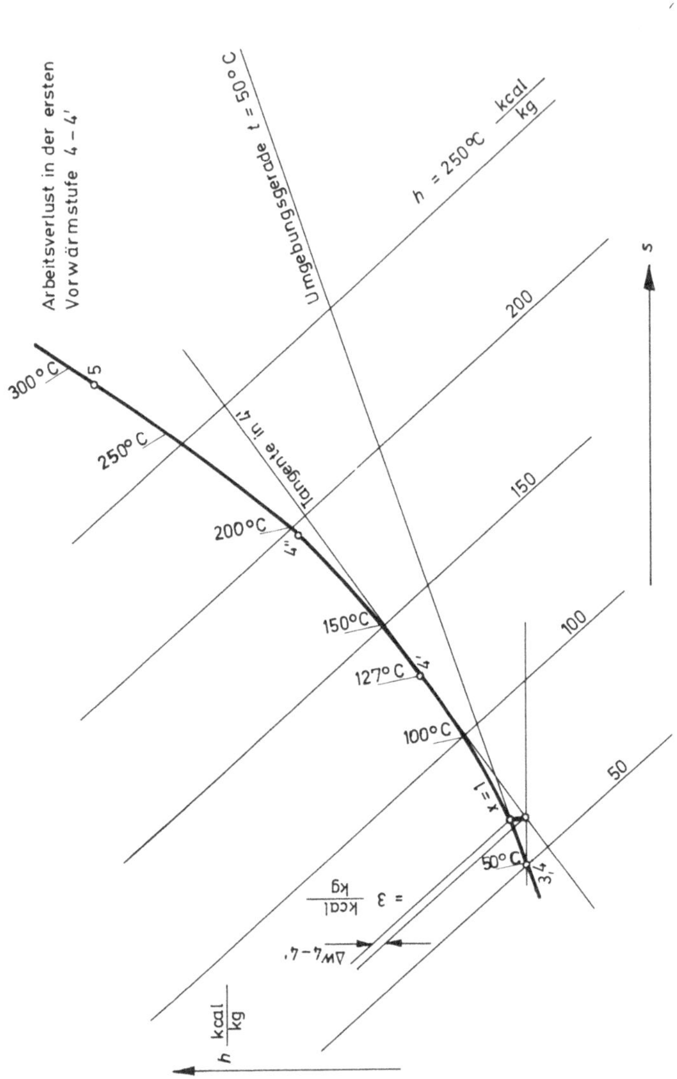

Arbeitsverlust in der ersten
Vorwärmstufe 4 − 4'
Umgebungsgerade t = 50 °C
h = 250 °C kcal/kg
s
200
150
100
50
300 °C
5
250° C
Tangente in 4''
200 °C
4''
150 °C
127 °C
4'
100 °C
x = 1
50 °C
3, 4
= 3 kcal/kg
Δw4−4'
h kcal/kg

Zeile	Bezeichnung	Gleichung	Zahlenrechnung	Ergebnis	Bemerkung
1	Reversibilitätsgrad φ vor der Carnotisierung	$\varphi = \frac{e - \Delta w}{e}$	$= \frac{282 - 40}{282}$	0,86	(2.16) $e = h_1 - h_2 \cdot \Delta w$ aus h-s-Diagramm
2	Reversibilitätsgrad φ_c nach Carnotisierung	$\varphi_c = \frac{e - \Delta w_c}{e}$	$= \frac{282 - 9}{282}$	0,97	(2.16) $\Delta w_c \approx 3 \cdot 3 = 9$ kcal (vgl. h-s-Diagramm für Vorwärmung 4 – 4′)
3	thermischer Wirkungsgrad η_{th} vor Carnotisierung	$\eta_{th} = \frac{w_{th}}{q_{zu}} = \frac{h_1 - h_2}{h_1 - h_3}$	$= \frac{282}{764}$	0,37	(2.10) Enthalpien aus h-s-Diagramm
4	thermischer Wirkungsgrad η_{thc} nach der Carnotisierung	$\eta_{thc} = \frac{w_{thc}}{q_{zuc}}$ $= \frac{h_1 - h_1' + h_1'' - h_1''' + h_1^{(4)} - h_2'}{h_1 - h_5 + h_4 - h_3}$	$= \frac{94 + 60 + 60}{524 + 2}$	0,41	(2.10)
5	Energieersparnis bei Carnotisierung	$= Q - Q_c$	$= 10^5 \cdot (23{,}3 - 21{,}2)$	$2{,}1 \cdot 10^5 \frac{kcal}{h}$ $\hat{=}$ 244 kW	
6	erforderliche Heizleistung Q ohne Carnotisierung	$Q = \frac{P}{w_{th}} \cdot (h_1 - h_3)$	$= \frac{1000 \cdot 860}{282}$ 764	$23{,}3 \cdot 10^5 \frac{kcal}{h}$	(1.8) P = 1000 kW
7	Heizleistung Q_c	$Q_c = \frac{P}{w_{thc}} (h_1 - h_5 + h_4 - h_3)$	$= \frac{1000 \cdot 860}{214}$ (524 + 2)	$21{,}2 \cdot 10^5 \frac{kcal}{h}$	$\hat{=} P \cdot 860 \frac{kcal}{kWh}$

Der Zustand 2′ am Ende der Expansion liegt bei $x \approx 0{,}53$.
Um diesen großen Wassergehalt zu vermeiden, kann zwischenüberhitzt werden (siehe folgende Skizze im T-s-Diagramm).

Vermeidung des großen Wassergehaltes durch Zwischenüberhitzung

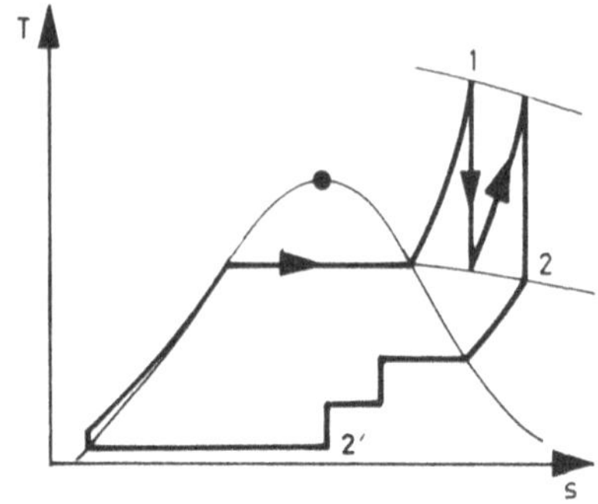

Weitere Aufgabenstellungen zu Beispiel 3

Im T-s- und h-s-Diagramm ist der Dampfarbeitsprozeß darzustellen, sowie das Arbeitsschema mit Temperaturen, Drücken, Enthalpien und Entropien zu entwerfen. Eine regenerative mehrstufige Speisewasservorwärmung ist vorzusehen. Wirkungsgrade η_{th} und Irreversibilitätsgrad ν für Betrieb mit und ohne Speisewasservorwärmung sind zu ermitteln.

Höchstdruck p_1 at	31,5	40	50	63
Höchsttemperatur t_1 °C	300	400	500	
Anzahl der Arbeitsstufen	1	2		
Maschine	Kolbenmaschine	Turbine		
sonstige Angaben	Kondensationstemperatur $t_2 = t_K = 40$ °C			
Bemerkung	Alle Angaben sind beliebig miteinander zu kombinieren			

Beispiel 4

Wasser vom $t_2 = 20$ °C soll durch Einblasen von Naßdampf ($p_1 = 2$ at, $x_1 = 0{,}9$) auf $t_3 = 80$ °C erwärmt werden. Das Wasser befindet sich in einem offenen Behälter ($p_2 = p_3 = 1$ at).

Wieviel Dampf wird zur Aufheizung von Wasser benötigt, wenn stündlich 1000 kg Heißwasser (Gemisch) anfallen sollen. Wie groß ist der Arbeitsverlust durch die Nichtumkehrbarkeit dieses Mischvorganges, wie groß ist der Reversibilitätsgrad?

Weitere Aufgabenstellungen

Wie groß ist der Arbeitsverlust, wenn kaltes Wasser der Temperatur t_1 mit kochendem Wasser bei konstantem Druck p = 1 at vermischt wird? Welche Mischungstemperatur stellt sich ein, wie groß ist der Irreversibilitätsgrad? Der Vorgang ist im h-s-Diagramm darzustellen.

Temperatur t_1 °C	5	10	15		
Kaltwassermenge kg/h m_1	100	160	250	400	630
Heißwassermenge kg/h m_2	500	800	1250	2000	
sonstige Angaben	Druck der beiden Ströme und des Gemisches p = 1 at				
Bemerkung	t_1, m_1, m_2 beliebig kombinierbar				

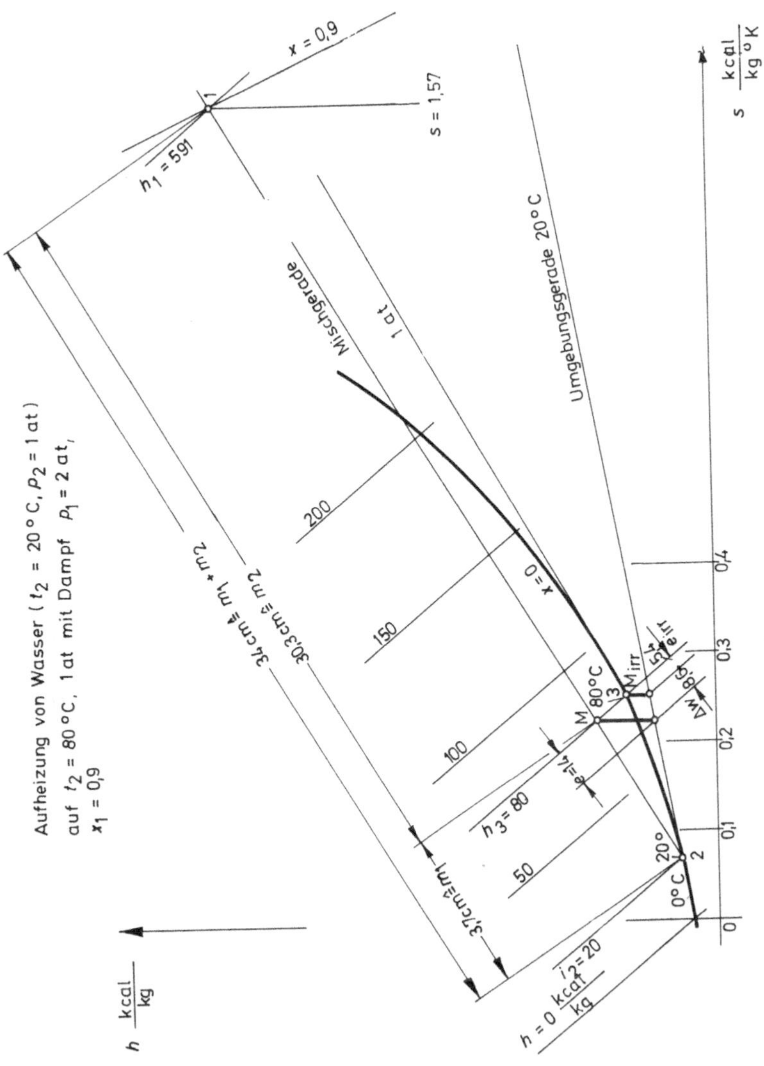
Aufheizung von Wasser (t_2 = 20 °C, P_2 = 1 at)
auf t_2 = 80 °C, 1 at mit Dampf p_1 = 2 at,
x_1 = 0,9
h_1 = 591
1
x = 0,9
s = 1,57
Mischgerade
1 at
Umgebungsgerade 20 °C
200
150
100
50
x = 0
34 cm ≙ m_1 + m_2
30,3 cm ≙ m_2
3,7 cm ≙ m_1
h_3 = 80
M
80 °C
3
M_{irr}
20°
2
0°C
i_2 = 20
h = 0 kcal/kg
h kcal/kg
s kcal/kg °K
0
0,1
0,2
0,3
0,4

Zeile	Bezeichnung	Gleichung	Zahlenrechnung	Ergebnis	Bemerkung
1	Dampfverbrauch m_1 für 1000 kg Gemisch	$m_1 = \frac{1000}{\frac{m_2}{m_1} + 1}$	$= \frac{1000}{8{,}2 + 1}$	109 kg Dampf	Entfernung der Zustände 1 und 2 = 34 cm. Teilung so daß M_{irr} auf 80 °C und 1 at fällt.
2	Verhältnis $\frac{m_2}{m_1}$ aus Diagramm	$\frac{m_2}{m_1} = \frac{30{,}3\ \text{cm}}{3{,}7\ \text{cm}}$	$= \frac{\frac{1}{0{,}106}\ (80 - 20)}{591 - 80}$	8,2	Längen in h-s-Diagramm nicht maßstäblich, weil Punkt 1 weiter rechts liegt.
3	Reversibilitätsgrad φ	$\varphi = \frac{e - \Delta w}{e}$	$= \frac{14 - 8{,}6}{14}$	0,386	(2.16) e, Δw aus h-s-Diagramm
4	Irreversibilitätsgrad ν	$\nu = 1 - \varphi = \frac{e - e_{irr}}{e}$	$= 1 - 0{,}386 = \frac{14 - 5{,}4}{14}$	0,614	(2.13) $e_{irr} = 5{,}4$ abgelesen
5	Arbeitsverlust (rechnerisch) Δw	$\Delta w = \Delta s\ T_m$	$= 0{,}025\ (75 + 273)$	$8{,}7\ \frac{\text{kcal}}{\text{kg}}$ Gemisch	(1.58) t_m zwischen M und M_{irr} $\Delta s = 0{,}025\ \frac{\text{kcal}}{\text{kg}\ °\text{K}}$
6	Verlust bei 1000 kg/h ΔW	$\Delta W = (m_1 + m_2)\ \Delta w$	$= 1000 \cdot 8{,}7$	$8700\ \frac{\text{kcal}}{\text{h}} \triangleq 10{,}1$ kWh	

Wirtschaftlich besser ist die Arbeitsgewinnung durch adiabatische Expansion von 1 auf 80 °C (≈ 0,5 at) und Aufheizung des Wassers mit dem 80-gradigen Naßdampf. Dabei kann man den Dampf jedoch nicht mehr in das Wasser einblasen. Deswegen ist eine Expansion bis 1 at (100 °C) vorzuschlagen und anschließendes Einleiten des Dampfes in das Wasser.

3. Kreisprozesse der Verbrennungskraftmaschinen

Formelzeichen

(Hier nicht auffindbare Zeichen unter „Allgemeine Formelzeichen“ suchen)

Aö	–	Auslaß öffnet	in den Diagrammen	$L\ \frac{nm^3}{kg}$	Luftbedarf
As	–	Auslaß schließt	in den Diagrammen	S kp	Schub
b	$\frac{m}{s^2}$	Beschleunigung		t s	Zeit
Eö	–	Einlaß öffnet	in den Diagrammen	$v\ \frac{m}{s}$	Fluggeschwindigkeit
Es	–	Einlaß schließt	in den Diagrammen	Z	Zündpunkt (im Diagramm)
I	$\frac{kgm}{s}$	Impuls			

ϵ – Verdichtungsgrad
φ – Einspritzverhältnis
ψ – Druckverhältnis
λ – Luftüberschußzahl

Indizes

a Ansaug-
a äußerer (bei Raketen)
i indiziert
l Ladung
z Zündung

3.1. Allgemeines

Wärmezufuhr

In Abschnitt 1.6.4 wurden Kreisprozesse beschrieben, die zwischen einem Heiz- und einem Kühlkörper lagen. Als Arbeitsapparat dient ein geschlossener Zylinder mit Kolben. Die Wärmeenergie wird, ohne das arbeitende Gas zu wechseln (kein Stoffaustausch), z.B. durch Kontakt zwischen Arbeitsmittel Gas und Heiz- bzw. Kühlkörper ausgetauscht.

Die in Abschnitt 2 besprochenen Dampfkraftmaschinen füllen einen Zylinder oder die Schaufelkanäle einer Turbine mit Dampf. Nach der Arbeitsabgabe während der Expansion wird das Arbeitsmittel (Dampf) entlassen. Die Beheizung findet außerhalb des Zylinders im Kessel statt, der Dampf ist *zugleich Arbeitsmedium* und *Wärmetransportmittel.*

Bei den *Verbrennungskraftmaschinen* verlegt man die Beheizung (Verbrennung) in den Arbeitszylinder (die Verbrennungsturbinen sind in Abschnitt 3.5 gesondert behandelt). Die Verbrennungsluft wird nach der Verbrennung (Rauchgas) als Arbeitsmedium benutzt. Nach der Expansion stößt der Kolben die Rauchgase ins Freie und saugt neues Gas in den Zylinder (das ist der Ersatz für den Kontakt mit dem Kühlkörper).

Einteilung

Je nach Arbeitsweise, Zündung und Druckverlauf unterscheidet man bei den Kolbenmaschinen verschiedene Ausführungsformen. Ohne näher auf einzelne Konstruktionsarten einzugehen, zeigt die folgende Tafel die Einteilung der Kolbenverbrennungsmotoren nach verschiedenen *Merkmalen*. Die Kreuze zeigen die Eigenschaften der Motoren.

Merkmal		Otto-motor	Diesel-(Seiliger) Motor	Bemerkung
Gemischbildung	äußere	x		z. B. im Vergaser, Einspritzen in Ansaugrohr
	innere		x	Einspritzen in verdichtete Verbrennungsluft
Zündung	Fremdzündung	x		durch Funken (Zündkerze)
	Selbstzündung		x	Verbrennungsluft durch Kompression heißer als Zündtemperatur
Taktzahl	Viertaktmotor	x	x	1. Komprimieren, 2. Verbrennen + Expandieren, 3. Ausschieben des Rauchgases, 4. Ansaugen von frischem Gemisch
	Zweitaktmotor	x	x	3. und 4. Hub wird durch Spülvorgang nach der Expansion und vor der Kompression ersetzt
Verdichtungsverhältnis $\epsilon = \frac{V_h + V_k}{V_k}$	Niederdruckmotoren	x		$\epsilon = 5 \ldots 8$ Normalbenzin $\epsilon = 6 \ldots 9$ für Gasmotoren
	Mitteldruckmotoren	x		$\epsilon = 8 \ldots 12$ Superbenzin
	Hochdruckmotoren	x	x	$\epsilon = 11 \ldots 24$ Diesel oder Ottomotor mit *hochklopffestem* Benzin
Kraftstoff	fest		x	Kohlenstaub
	flüssig	x	x	unterschieden nach Verdampfungs- und Zündtemperaturen
	gasförmig	x		unterschieden nach Zündtemperatur
Ladungszufuhr	selbstansaugend	x		durch Rückgang des Kolbens im Zylinder
	fremd zugeführt	x	x	durch Lader (Gebläse, Kompressor) oder Pumpe

theoretischer Prozeß

Im Interesse der Thermodynamik liegt zunächst der theoretische Prozeß einer Kraftmaschine. *Die theoretischen Betrachtungen lassen den Stoffwechsel des Motors außer acht,* man denkt sich also den Motor durch einen geschlossenen Zylinder ersetzt (wie in Abschnitt 1.6.4). Diese Abstraktion fällt heute dem Leser oft schwer, weil die technische Arbeitsweise der Verbrennungsmotoren weitgehend bekannt ist.

Indikatordiagramm

Dem Diagramm (p-v- oder T-s-Diagramm) der theoretischen Prozesse steht das Indikatordiagramm des wirklich arbeitenden Motors gegenüber. Es zeigt als p-v-Diagramm den wirklichen Druckverlauf über dem Kolbenweg bzw. Volumen, es beinhaltet also auch den Stoffaustausch (Ausschiebe- und Ansaugarbeit).

Wirkungsgrade

Die hier zu besprechenden Wirkungsgrade beruhen auf dem Vergleich der indizierten und effektiven Arbeit (an der Welle) mit dem theoretischen Prozeß.

Entwicklung

3.2. Ottoprozeß

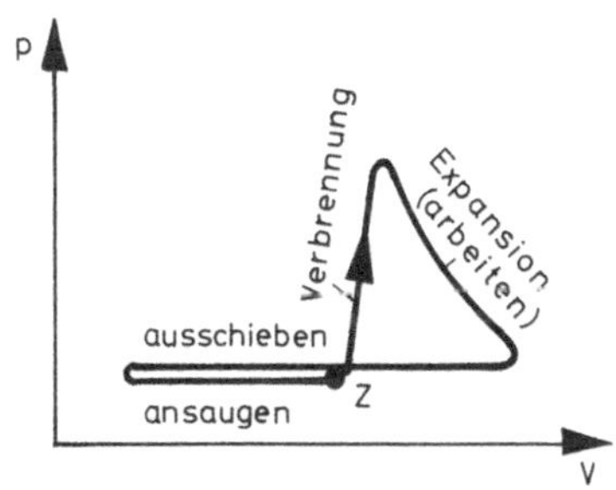

1860 *Gasmotor von Lenoir,* bei Kolbenrückgang wird Brenngas angesaugt, bei halber Füllung gezündet (Z). Wirkungsgrad 3–4 %.

1867 *Flugkolbenmotor von Otto.* Wirkungsgrad über 10 %.

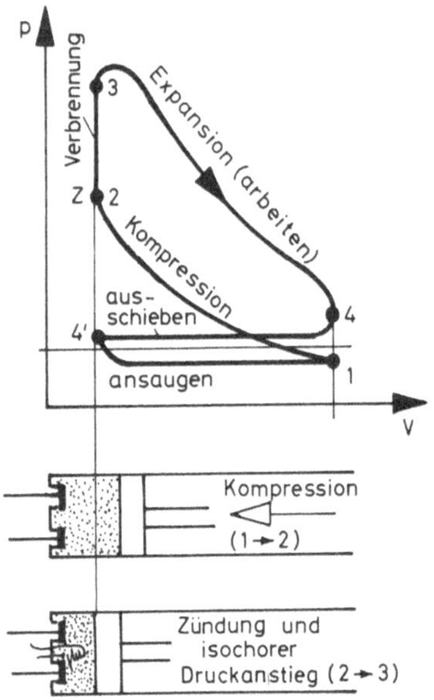

1873 – 1883 erste Gasmotoren als *„Otto"-Motoren,* anschließend nach der Entwicklung des Vergasers durch Daimler und Maybach, *Ottomotoren mit Benzinbetrieb.* Die Abbildung zeigt die Vorgänge im Otto-Motor mit 4 Takten: Kompression, Expansion mit Arbeitsabgabe, Ausschieben des Rauchgases und Ansaugen des neuen Brenngemisches.

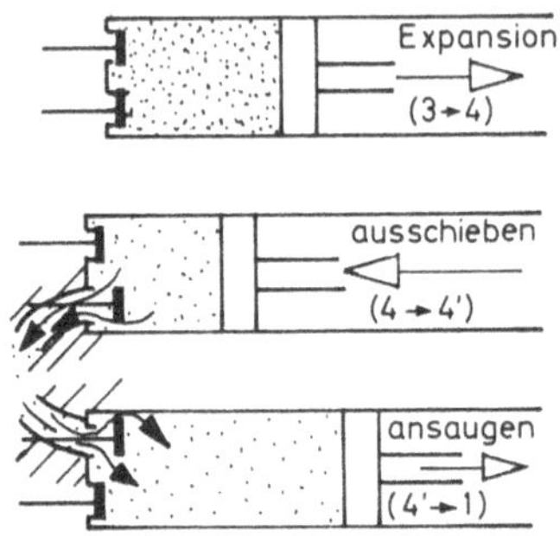

theoretischer Ottoprozeß

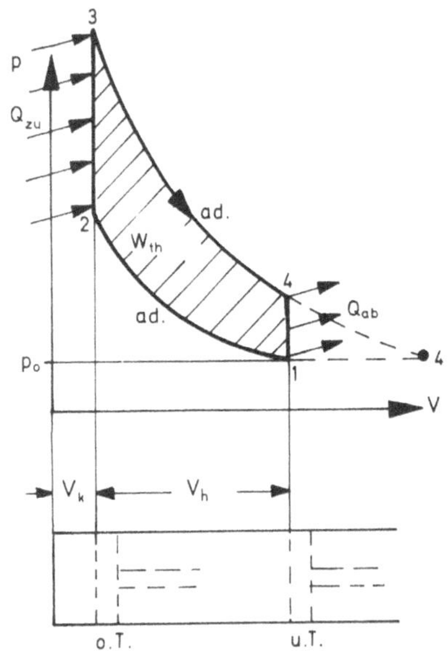

Um das Hubvolumen V_h bzw. den Kolbenweg einigermaßen klein zu halten, erfolgt die adiabatische Expansion nicht bis 4′ (Umgebungsdruck p_0), sondern nur bis 4. Es folgt eine isochore Druckminderung bis zum Umgebungsdruck p_0. Das Gas wird anschließend adiabatisch auf den Druck p_2 komprimiert. Das Volumen V_k ist so bemessen, daß der Druck p_2 nicht zu Gastemperaturen führt, die in der Nähe der Verbrennungstemperaturen liegen (Selbstzündung, Klopfen). In der oberen Totpunktlage des Kolbens (o. T.) führt man Wärme zu, so daß sich isochor der Druck p_3 einstellt.

Verdichtungsverhältnis ϵ

Die Lage des Punktes 2 hängt wesentlich vom Verdichtungsverhältnis ϵ ab, definiert als

$$\epsilon = \frac{V_h + V_k}{V_k} \tag{3.1}$$

vgl. Tafel in Abschnitt 3.1.

Wirkungsgrad η_{th}

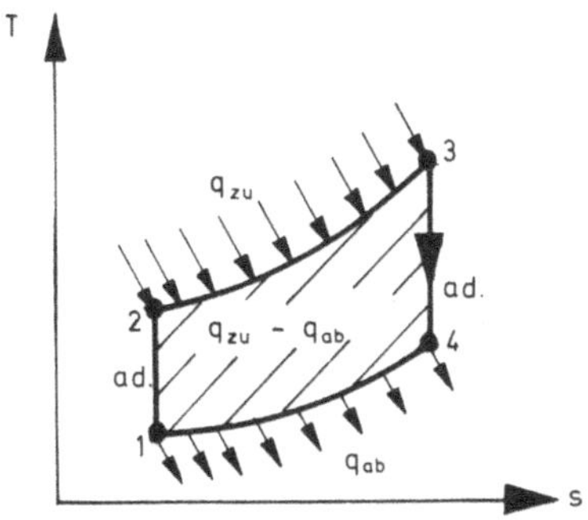

Der thermische Wirkungsgrad (also die Umsetzung von Wärmeenergie in Arbeit) beträgt

$$\eta_{th} = \frac{w_{th}}{q_{zu}} = \frac{q_{zu} - q_{ab}}{q_{zu}}$$

mit $w_{th} = c_v\,[T_3 - T_4 - (T_2 - T_1)]$
und $q_{zu} = c_v\,(T_3 - T_2)$

wird

$$\eta_{th} = \frac{T_3 - T_4 - (T_2 - T_1)}{T_3 - T_2} = 1 - \frac{T_4 - T_1}{T_3 - T_2}$$

mit $\frac{T_3}{T_4} = \frac{T_2}{T_1}$ erhält man

$$\eta_{th} = 1 - \frac{T_4 - T_1}{T_3 - T_2} = 1 - \frac{T_1}{T_2} = 1 - \frac{T_4}{T_3} \tag{3.2}$$

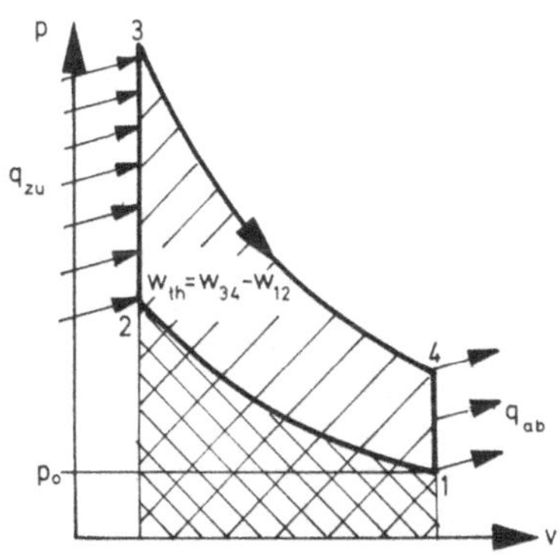

Der Wirkungsgrad läßt sich auch aus den Arbeiten unter den Adiabaten und q_{zu} (Gl. (1.48), (1.41)) sowie mit ϵ nach Gl. (3.1) berechnen:

$$\eta_{th} = 1 - \frac{1}{\epsilon^{\kappa - 1}} = 1 - \left(\frac{p_1}{p_2}\right)^{\frac{\kappa - 1}{\kappa}} \tag{3.3}$$

Je größer also p_2 bzw. ϵ, desto besser der Wirkungsgrad, *Hochdruckmotoren arbeiten also wirtschaftlicher.*

ϵ für verschiedene Motorarten aus Tafel in Abschnitt 3.1.

mittlerer Druck p_m

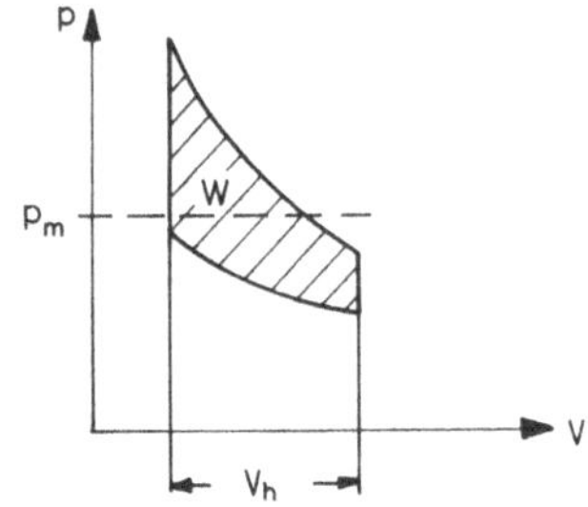

Der mittlere Druck p_m der Kreisprozesse wird gerne zu deren Beurteilung benutzt. Er kennzeichnet die Arbeitsausbeute (vgl. Gl. (3.3) je größer p_m, desto besser η_{th}), ohne von der Motorgröße abhängig zu sein.

$$p_m = \frac{W}{V_h} \tag{3.4}$$

Man unterscheidet je nach der zugrundegelegten Arbeit:

p_{mth} = mittlerer Druck des theoretischen (vollkommenen) Prozesses, $W = W_{th}$ (oft auch mit p_v des vollkommenen Prozesses bezeichnet),

p_{mi} = mittlerer Druck des indizierten Prozesses, $W = W_i$,

p_{me} = mittlerer Druck entsprechend der effektiven Arbeit W_e an der Welle.

Aus der Verbrennung der im Zylinder angesaugten Ladung ergibt sich der mittlere Druck

$$p_{mth} = \frac{W_{th}}{V_h} = \frac{H_u\,(V_h + V_k)\,\eta_{th}\,\rho_l}{\lambda\,L_{min}}\,\frac{1}{V_h} \tag{3.5}$$

mit dem unteren Heizwert des Brennstoffes H_u, der zur Verbrennung erforderlichen Mindestluftmenge L_{min}, der Luftüberschußzahl λ (vgl. Abschnitt 6), ρ_l ist die Dichte des Gemisches (Ladung) bei Beginn der Verdichtung (Diagrammpunkt 1) vgl. Gl. (3.9).

Indikatordiagramm des Ottomotors

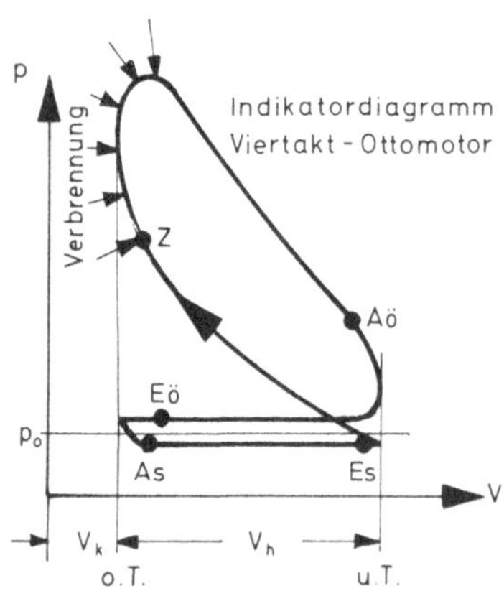

Zunächst wird das Indikatordiagramm des Viertakt-Ottomotors dargestellt und mit dem theoretischen verglichen; anschließend folgt die Besprechung des Zweitaktmotors.

Am Ende des Ansaugehubes schließt das Einlaßventil (Es), der Kolben geht nach vorn. Um Zeit für die Verbrennung zu gewinnen (Verbrennungsgeschwindigkeit = 15 . . . 30 m/s), legt man den Zündpunkt Z vor den oberen Totpunkt (o.T.). Während der Verbrennung rückt der Kolben in den Totpunkt und beginnt den Rückweg. Das Auslaßventil öffnet (Aö) vor Erreichen des unteren Totpunktes (u.T.), um Zeit für das Ausschieben des expandierten Rauchgases zu gewinnen. Die nächste Vorwärtsbewegung des Kolbens schiebt das Rauchgas aus. Der Einlaß öffnet wieder recht früh, so daß seine volle Öffnung beim Rückgang des Kolbens erreicht ist. Die Drosselwirkung der Leitungen, Düsen und Ventile bedingt, daß der Ausschiebedruck größer als der Umgebungsdruck p_0, der Ansaugedruck jedoch kleiner ist.

Drehkolbenmotor

Der Drehkolbenmotor (Wankel) arbeitet im Grunde genau wie ein 4-Takt-Ottomotor. Die nebenstehende Skizze zeigt die Takte 1 Ansaugen, 2 Komprimieren, 3 Expandieren, 4 Ausschieben.

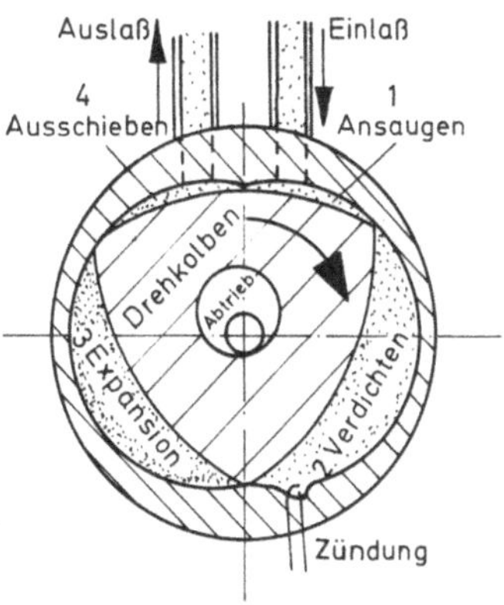

Verluste

Der Vergleich des Indikatordiagramms mit dem theoretischen zeigt die verschiedenen Arbeitsverluste (schraffierte Flächen 1 . . . 4). Die einzelnen Arbeitsverluste und ihre Ursachen sind (numerierte Verlustflächen):

1. Durch vorzeitige Zündung Druckanstieg, gegen den der Kolben zum oberen Totpunkt gedrückt wird.
2. Der theoretische Höchstdruck wird besonders bei Schnelläufern nicht erreicht, weil während der Verbrennungszeit der Verbrennungsraum schon wieder größer wird (10 . . . 25° Kurbelwinkel). Ferner tritt bei Verbrennungstemperaturen über 1500 °C (Dissoziation auf, diese ist endotherm, so daß der Druck weniger wächst als ohne Dissoziation (vgl. Abschnitt 6.5).
3. Durch vorzeitiges Öffnen des Auslaßventils (Aö) expandiert das Rauchgas (zum Teil ohne Arbeitsabgabe an den Kolben) in die Umgebung (nichtumkehrbar).

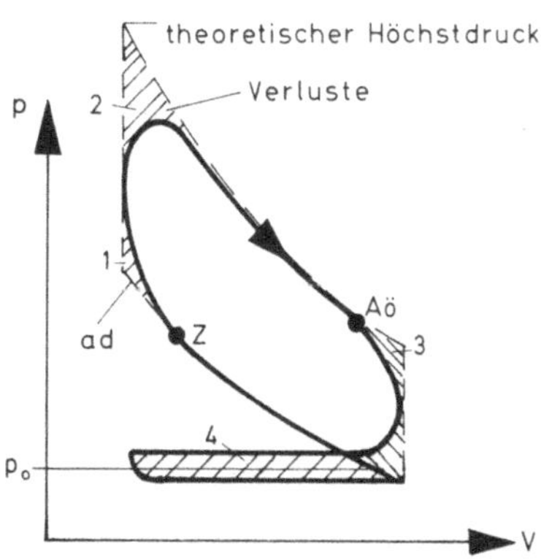

4. Durch Überwindung der Drosselwiderstände beim Ausschieben des Rauchgases und beim Ansaugen der frischen Ladung entsteht ein Arbeitsverlust.

Kompressions- und Expansionslinien verlaufen wegen der Wandverluste im Indikator-Diagramm anders als beim theoretischen (vgl. Abschnitt 2.3); ihr Verlauf ist im allgemeinen polytrop mit veränderlichem Exponenten n.

Zweitaktmotor

Zweitaktmotor

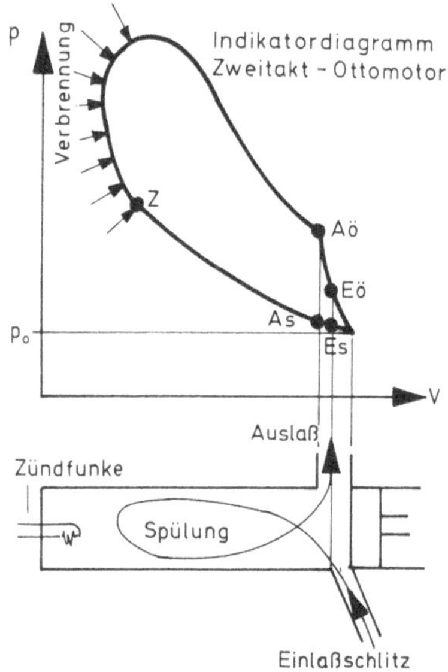

Vor dem Ende der Expansion gibt der Kolben beim Rückgang den Auslaßschlitz frei (Aö), der Überdruck (gegenüber p_0) läßt einen Teil des Rauchgases entweichen, der Rest wird durch die frische Ladung (geringer Überdruck) aus dem Zylinder ausgespült (strömungstechnisch günstige Anordnung von Ein- und Auslaß, Kolben usw. zeigt untenstehende Abbildung).

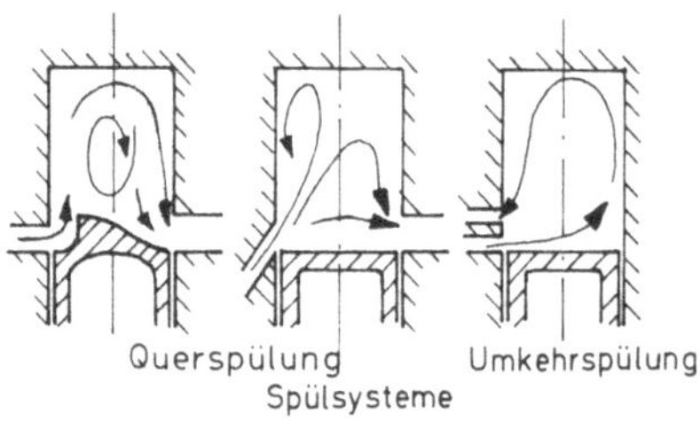

Wirkungsgrade

Der indizierte Wirkungsgrad beträgt (vgl. Gl. (2.7))

$$\eta_i = \frac{w_i}{w_{th}} = \frac{W_i}{W_{th}} \tag{3.6}$$

Der mechanische Wirkungsgrad η_m berücksichtigt die Reibungsverluste der Kraftübertragung auf die Welle,

$$\eta_m = \frac{w_e}{w_i} \tag{3.7}$$

Der effektive Wirkungsgrad vergleicht die Wellenarbeit mit der theoretischen,

$$\eta_e = \frac{w_e}{w_{th}} = \eta_i\, \eta_m \tag{3.8}$$

Liefergrad η_l

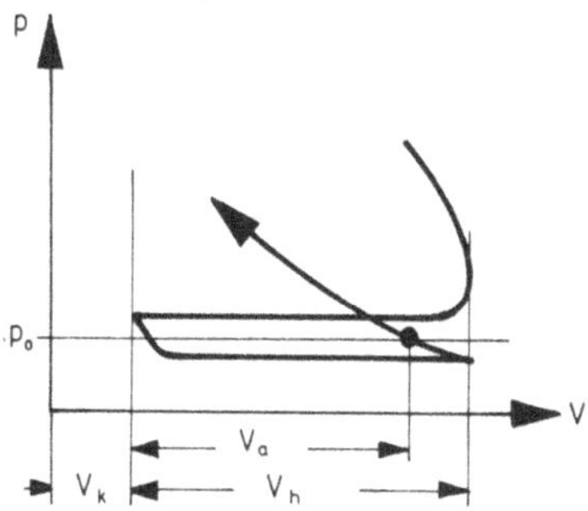

mittlerer Druck p_m

Die Ladung des Zylinders mit frischem Gemisch ist stets unvollkommen, den Grad der Neufüllung bezeichnet man mit dem Liefergrad

$$\eta_l = \frac{m_z}{m_{th}} = \frac{\rho_a V_a}{\rho_l V_h} \qquad (3.9)$$

mit m_z = Masse der Ladung vor der Zündung und m_{th} = Masse der theoretischen Ladung (entsprechend Volumen $V_h \times \rho_l$). Die tatsächliche Ladung entspricht nicht dem Hubvolumen V_h, sondern nur V_a.

Der mittlere effektive Druck ist

$$p_{me} = \frac{W_e}{V_h} = p_{mth}\, \eta_i\, \eta_m\, \eta_l = p_{mi}\, \eta_m\, \eta_l \qquad (3.10)$$

3.3. Dieselprozeß

theoretischer Prozeß

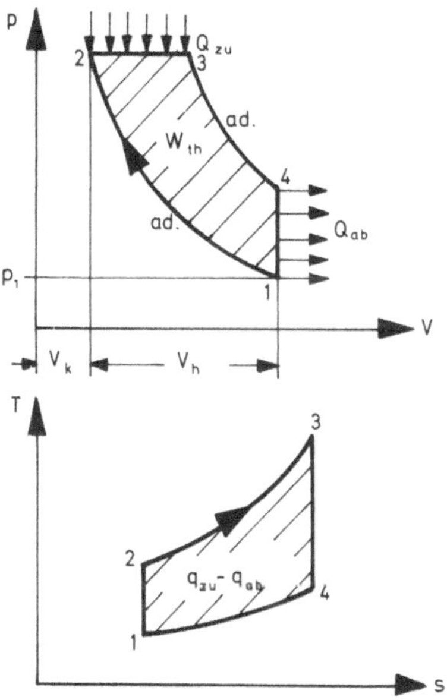

Beim *Dieselprozeß* wird vom Druck p_1 adiabatisch verdichtet. Die Wärmezufuhr zwischen 2 und 3 erfolgt isobar, die Expansion verläuft wie beim Ottomotor.

In der apparativen Ausführung wird Luft verdichtet und bei Erreichen von p_2 im oberen Totpunkt o.T. Öl eingespritzt. Während der Verbrennung bewegt sich der Kolben in die Stellung 3. Die Brennstoffzufuhr wird so dosiert, daß die Expansion 2–3 isobar ist. Die Temperatur der Verbrennungsluft t_2 liegt über der Zündtemperatur des Öles, so daß Selbstzündung eintritt. Dadurch kann der Verdichtungsgrad ϵ groß gehalten werden, was einen merklich besseren Wirkungsgrad ergibt als beim Ottomotor. Der Verdichtungsgrad ist nur durch die Werkstoffe begrenzt. Dieselmotoren werden als Zwei- und Viertaktmotoren verwendet.

Der thermische *Wirkungsgrad* ist

$$\eta_{th} = \frac{w_{th}}{q_{zu}} = 1 - \frac{1}{\epsilon^{\kappa-1}}\, \frac{\varphi^\kappa - 1}{\kappa(\varphi - 1)} \qquad (3.11)$$

$$\eta_{th} = 1 - \left(\frac{p_1}{p_2}\right)^{\frac{\kappa-1}{\kappa}} \frac{\varphi^\kappa - 1}{\kappa(\varphi - 1)} = 1 - \frac{T_4}{T_3}\, \frac{\varphi^\kappa - 1}{\kappa\, \varphi^{\kappa-1}\, (\varphi - 1)} \qquad (3.12)$$

Einspritzverhältnis ρ

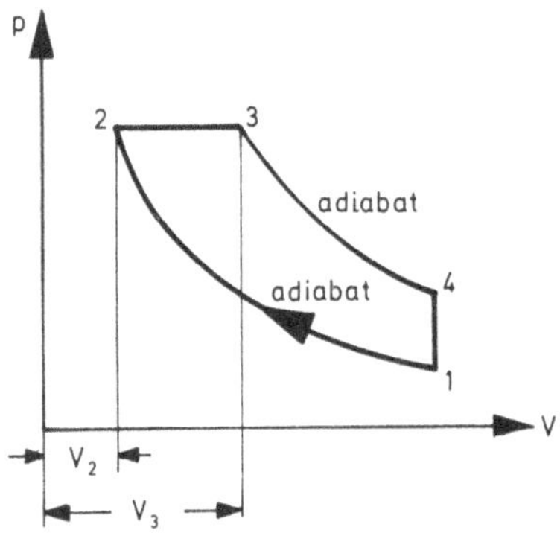

mit dem *Einspritzverhältnis*

$$\varphi = \frac{v_3}{v_2} = \frac{V_3}{V_2} \qquad (3.13)$$

Kurze Einspritzung ist günstig, führt jedoch zu hartem Lauf (20° ÷ 40° Kurbelwinkel anstreben). Der *mittlere Druck* und die übrigen Wirkungsgrade lassen sich wie beim Ottomotor berechnen.

3.4. Seiligerprozeß

Überlagert man Otto- und Dieselprozeß, so entsteht der *Seiligerprozeß*. Er besitzt gegenüber dem Dieselprozeß den Vorteil, daß zwischen 2 und 3 recht viel Brennstoff in kurzer Zeit verbrannt werden kann, was der tatsächlichen Verbrennung (vgl. Einspritzverhältnis) näherkommt als der reine Dieselprozeß. Der thermische *Wirkungsgrad* ist

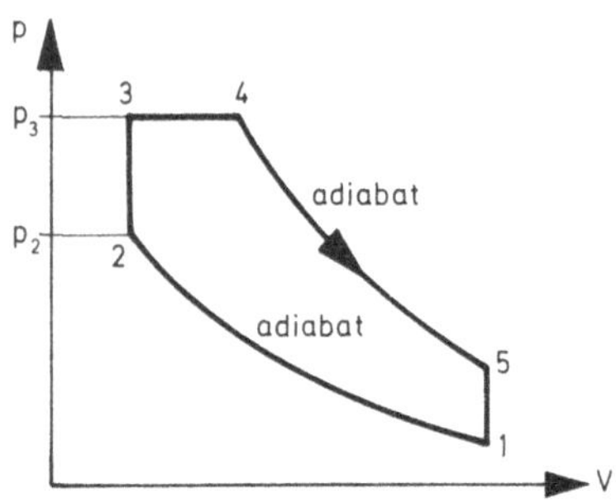

$$\eta_{th} = 1 - \frac{1}{\epsilon^{\kappa - 1}} \, \frac{\psi \, \varphi^{\kappa} - 1}{\psi - 1 + \kappa \, \psi \, (\varphi - 1)} \qquad (3.14)$$

mit dem *Druckverhältnis*

$$\psi = \frac{p_3}{p_2} \qquad (3.15)$$

3.5. Verbrennungsturbinen (Gasturbinen)

Die Arbeitsweise der Kolbenkraftmaschinen (Verdichten, Heizen, Expandieren, Kühlen) machen sich die Verbrennungsturbinen mit dem Vorteil zu eigen, alle Einzelvorgänge kontinuierlich vornehmen zu können. Der apparative Aufwand ist dabei jedoch größer als bei der Kolbenmaschine.

Arbeitsweise

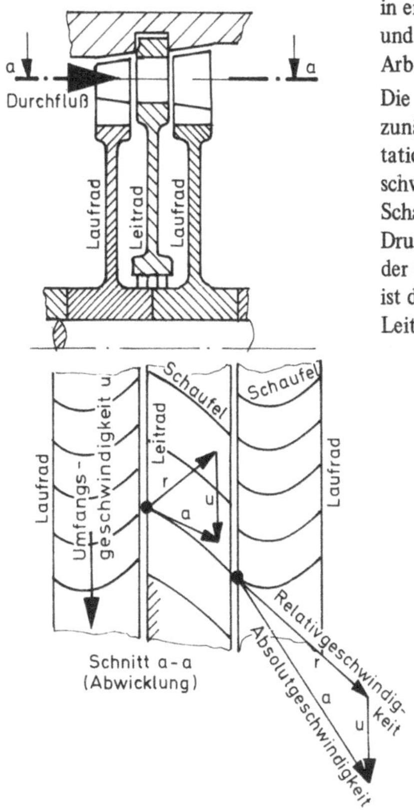

Turbinen sind Strömungsmaschinen, in denen kinetische Energie von Flüssigkeiten oder Gasen in einem System von feststehenden Leitschaufeln und beweglichen Laufschaufeln in mechanische Arbeit umgesetzt wird.

Die axial der Turbine zuströmenden Gase werden zunächst durch ein Leitschaufel-System zur Rotation gebracht. Druck wird zugunsten der Geschwindigkeit abgebaut. Im Laufrad nehmen die Schaufeln Energie aus der Gasströmung ab. Der Druck baut sich im Leitrad, die Geschwindigkeit der Gase im Laufrad ab. Beim *Turbokompressor* ist das umgekehrt, die Geschwindigkeit wird in Leitschaufeln zugunsten höheren Druckes abgebaut.

Verpuffungsturbine

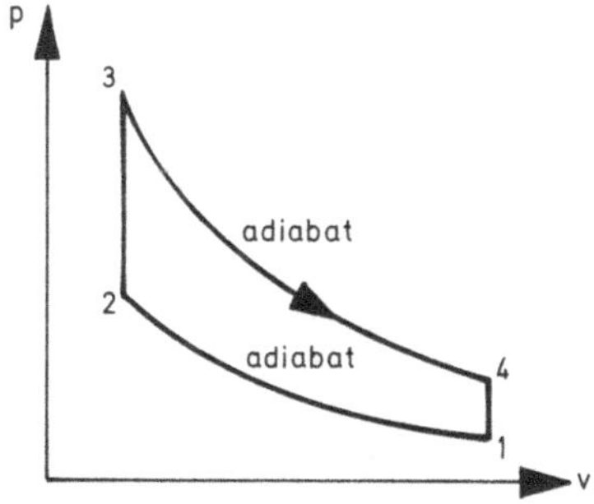

Den Gasen muß, bevor sie der Turbine zuströmen, durch Aufheizung Energie erteilt werden. Diese Aufheizung erfolgt entweder bei *gleichem Volumen* (vgl. Otto-Motor) oder bei *gleichem Druck.* Bei Beheizung des gleichbleibenden Gasvolumens spricht man von *Verpuffungsturbinen,* das Luft-Gas-Gemisch wird in geschlossenem Raum ähnlich wie beim Otto-Motor verbrannt. Nach dem Druckanstieg durch die Verbrennungswärme öffnet sich ein Auslaßventil und die Gase strömen der Turbine zu. Danach schließt sich der Verbrennungsraum wieder, und es folgt eine neue Verpuffung (stoßweiser Betrieb).

Gleichdruckturbine

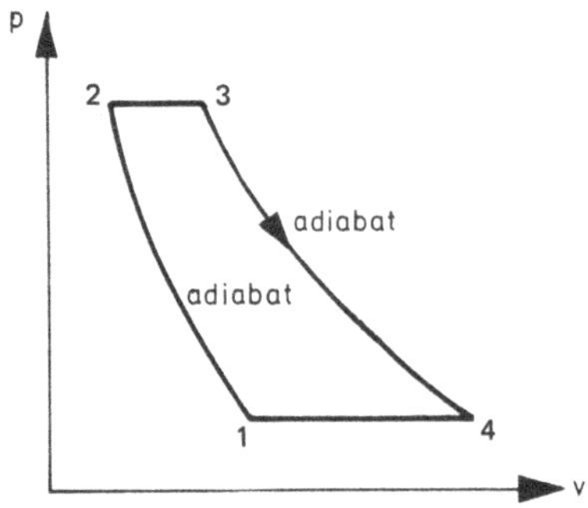

Wesentlich wichtiger als die Verpuffungsturbine ist die *Gleichdruckturbine,* bei der kontinuerlich (bei gleichbleibendem Druck) das der Turbine zuströmende Gas beheizt wird. Für diese Betriebsart unterscheidet man Turbinen mit *offenem Kreislauf* und mit *geschlossenem Kreislauf,* ferner *mit und ohne Wärmeaustauscher.*

Gleichdruckturbine mit offenem Kreislauf

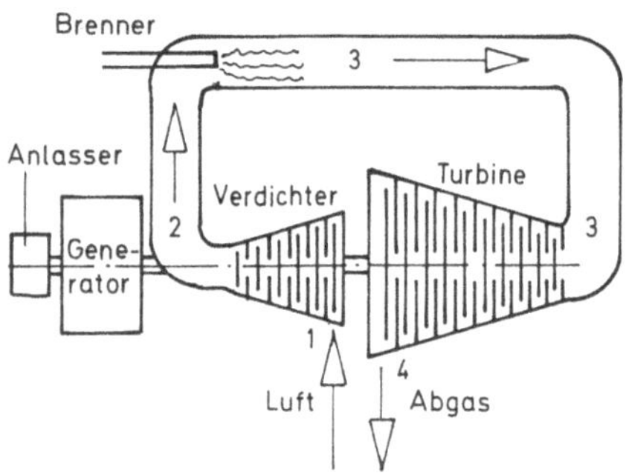

Gleichdruckturbine mit offenem Kreislauf

Luft (1) wird in einem axial durchströmten Verdichter auf den Druck, der bei der Verbrennung herrschen soll, komprimiert (2). In dieser Luft wird eine Verbrennung vorgenommen, die für eine Volumenvergrößerung bzw. bei gleichbleibenden Strömungsquerschnitten für eine Vergrößerung der Gasgeschwindigkeit sorgt. Das beheizte Gas wird mit seiner großen Geschwindigkeit (3) der Turbine zugeführt, in der es entspannt wird. Auf gleicher Welle sitzen somit Turbine, Kompressor, die Arbeitsmaschine (z. B. Generator) und der *Anwurf-Motor,* der bei Inbetriebnahme für das erste Heranschaffen von Verbrennungsluft durch den Kompressor sorgt. Die in der Turbine ausgenutzten Verbrennungsgase strömen ins Freie.

Diese Turbine ist einfach und billig. Der *Nachteil* – der Turbinen mit offenem Kreislauf – ist die direkte Verwendung der Rauchgase (Staub, Korrosion).

Turbine mit geschlossenem Kreislauf

Bei Verwendung eines *geschlossenen Kreislaufes* wird das der Turbine zuzuführende Gas (z. B. Luft) im *Kreislauf* immer wieder verwendet. Die Zuführung der Heizenergie geschieht durch einen Wärmetauscher, so daß die Turbine nicht mit den Rauchgasen in Berührung kommt. Besonders diese Art Turbinen werden *mit Wärmeaustauschern* ausgerüstet, die die Wirtschaftlichkeit vergrößern.

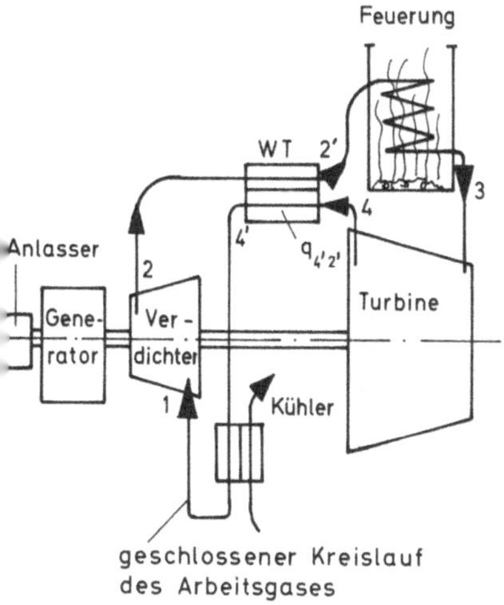

Das Abgas aus der Turbine (4) heizt in einem Wärmetauscher (WT) das vom Verdichter kommende Gas (2) auf die Temperatur t_2' vor. Während der eigentlichen Beheizung braucht die Temperatur also nur noch von t_2' auf t_3 erhöht zu werden. Dazu ist freilich erforderlich, daß $t_4 > t_2$. Es ist noch zu bedenken, daß man, um den Wärmetauscher wirtschaftlich klein zu halten, t_2' nicht gleich t_4 erhält. Im Falle $t_2' = t_4$ spricht man von *vollkommenem Wärmeaustausch.* Die untenstehenden Skizzen zeigen den Einsatz des Wärmetauschers (gestrichelte Isothermen für $t_4 = t_2'$ und für t_2 im p-v- und T-s-Diagramm).

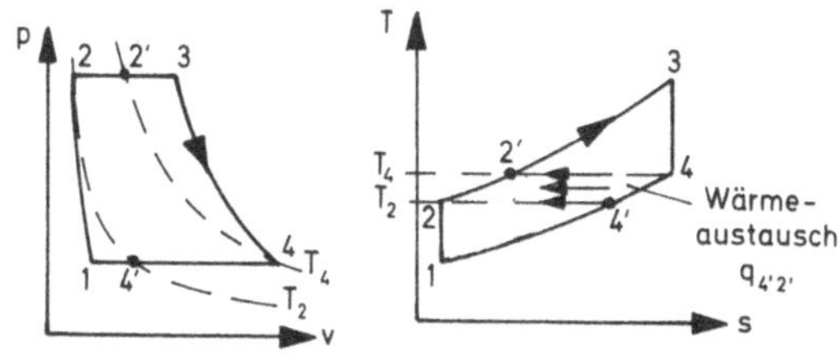

Der Wärmetauscher verringert gleichzeitig die erforderliche Kühlung zwischen 4 und 1.

Wirkungsgrade

Die Wirkungsgrade ergeben sich für den offenen Kreislauf

$$\eta_{th} = 1 - \frac{T_1}{T_2} = 1 - \frac{T_4}{T_3} = 1 - \left(\frac{p_1}{p_2}\right)^{\frac{\kappa-1}{\kappa}} \quad ^{1)} \qquad (3.16)$$

Der Wirkungsgrad ist dabei allein abhängig vom Druckverhältnis p_1/p_2 des Kompressors.

1) $\eta_{th} = \frac{q_{zu} - q_{ab}}{q_{zu}}$; $q_{zu} = c_p (T_3 - T_2)$ und $q_{ab} = c_p (T_4 - T_2)$ führt zu $\eta_{th} = \frac{c_p (T_3 - T_2 - T_4 + T_1)}{c_p (T_3 - T_2)}$

$= 1 - \frac{T_4 - T_1}{T_3 - T_2}$; ferner ist für die beiden Adiabaten nach Gl. (1.49) $\frac{T_1}{T_2} = \left(\frac{p_1}{p_2}\right)^{\frac{\kappa-1}{\kappa}}$ und $\frac{T_4}{T_3} = \left(\frac{p_4}{p_3}\right)^{\frac{\kappa-1}{\kappa}}$ mit

$p_1 = p_4$ und $p_2 = p_3$ wird $\frac{T_1}{T_2} = \frac{T_4}{T_3}$ oder $\frac{T_1}{T_4} = \frac{T_2}{T_3}$; $\eta_{th} = 1 - \frac{T_4 - T_1}{T_3 - T_2} = 1 - \frac{T_4 \left(1 - \frac{T_1}{T_4}\right)}{T_3 \left(1 - \frac{T_2}{T_3}\right)} = 1 - \frac{T_4}{T_3} = 1 - \frac{T_1}{T_2}$.

Die Verbesserung des Wirkungsgrades durch Wärmeaustauscher beruht darauf, daß das Gas ohne Zuführung neuer Brennstoffenergie auf die Temperatur T_2' gebracht werden kann. T_4 ist größer als T_2. Bei vollkommenem Wärmeaustausch kann also durch Abtauschen der Temperatur T_4 die Temperatur des Gases vor der Verbrennung auf T_2' gebracht werden.

Der thermische Wirkungsgrad ist dann für Turbinen mit Gleichdruckverbrennung und Wärmeaustauscher mit vollkommenem Austausch ($T_2' = T_4$; $T_4' = T_2$)

$$\eta_{th} = 1 - \frac{T_2'}{T_3} = 1 - \frac{T_1}{T_4'} = 1 - \left(\frac{p_2}{p_1}\right)^{\frac{\kappa-1}{\kappa}} \frac{T_1}{T_3} \quad (3.17)$$

Doppel-Isothermen-Prozeß

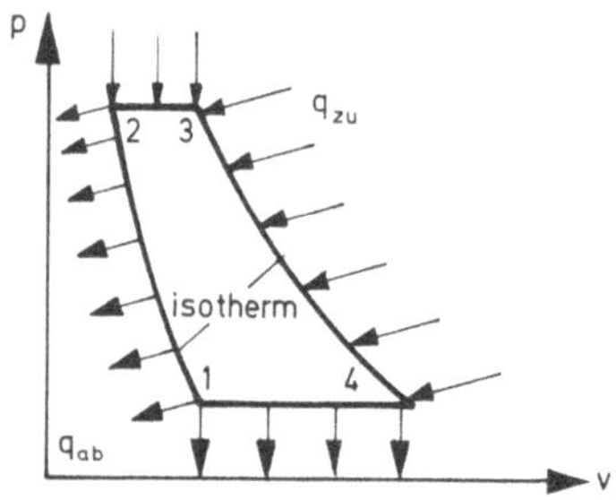

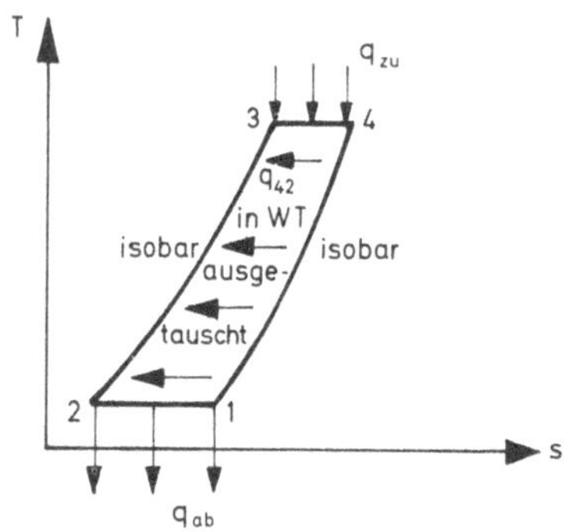

Wesentlich bessere Möglichkeiten für einen Wärmeaustausch ergäben sich, wenn der Zustandspunkt 4 und somit der Zustand 2′ bei höheren Temperaturen lägen. Das kann dadurch erreicht werden, daß die Expansion in der Turbine und die Kompression isothermisch verlaufen. Das bedingt, daß das Gas in der Turbine zusätzlich beheizt wird. Die Endtemperatur T_4 nach Verlassen der Turbine liegt dabei noch so hoch, daß das Gas vor der Beheizung durch die Verbrennung mittels Wärmeaustauscher wesentlich aufgeheizt werden kann.

Der thermische Wirkungsgrad als Verhältnis der Nutzwärme zur aufgewendeten Wärme beträgt für den *Doppelisothermenprozeß*

$$\eta_{th} = \frac{q_{3,4} - q_{1,2}}{q_{3,4}} = 1 - \frac{T_1}{T_3} \quad (3.18)$$

Dieser Prozeß heißt auch *AK-Prozeß* nach Ackeret und Keller. Annäherung dieses Prozesses durch Zwischenkühlung im Kompressor und Zwischenbeheizung in der Turbine.

Höchste Eintrittstemperaturen in Turbinen liegen heute bei etwa 700 °C, wodurch die Wirkungsgrade beschränkt bleiben.

Raketen, Luftstrahl-Triebwerke

Zu den Verbrennungsturbinen gehören im weiteren Sinne auch *Raketen und Luftstrahltriebwerke*. Ihr Zweck ist die Erzeugung von Schub durch Verbrennung. Die *Schuberzeugung* wird durch Impulsänderung erreicht.

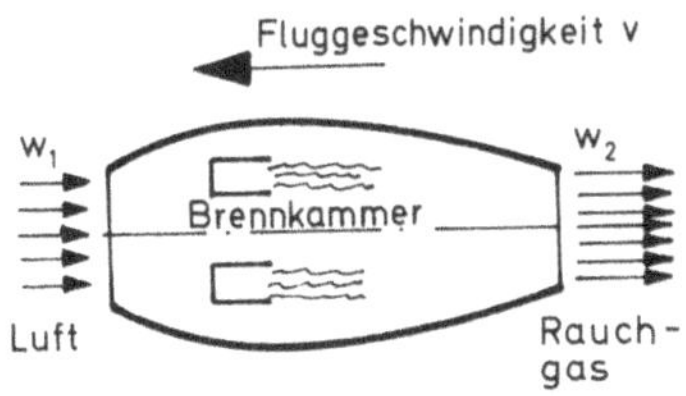

Der Schub S beträgt

$$\boxed{S = m\,(w_2 - w_1)} \quad [1] \tag{3.19}$$

mit der pro Zeiteinheit ausgestoßenen Gasmasse m und dem Geschwindigkeitsunterschied $w_2 - w_1$ der eintretenden Verbrennungsluft (w_1) und der austretenden Rauchgase (w_2).

Rakete

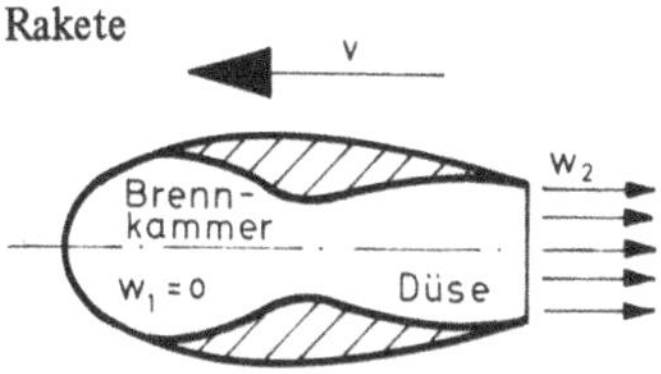

Bei Raketen, die den Verbrennungssauerstoff mitführen, ist $w_1 = 0$.

Es kommt also darauf an, ein möglichst großes w_2 (geeignete Formgebung der Düse) zu erzielen. $w_1 = 0$ setzt jedoch voraus, daß zur Verbrennung keine Umgebungsluft benötigt wird, sondern daß die Rakete den Verbrennungssauerstoff mitführt. Damit ist gleichzeitig ihr Betrieb im *luftleeren Raum* gesichert.

Luftstrahltriebwerk

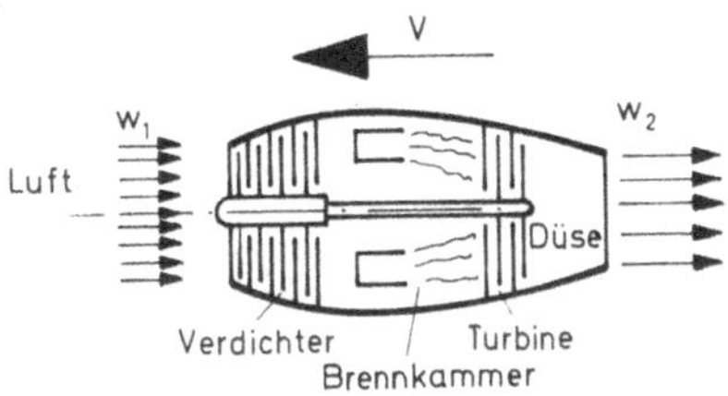

Im Gegensatz zu den Raketen brauchen die *Luftstrahltriebwerke* Umgebungsluft, die (z.B. durch die Fluggeschwindigkeit) mit der Geschwindigkeit w_1 der Verbrennung zugeführt wird. Die Verbrennungsgase verlassen den Verbrennungsraum mit der Geschwindigkeit w_2. Um der Verbrennung genügend Luft unter geeignetem Druck zuzuführen, wird durch die ausströmenden Verbrennungsgase eine *kleine Turbine* betrieben, die einen *Axialkompressor* antreibt. Auf derselben Welle kann vorne noch ein Propeller befestigt sein; man spricht dann vom *Turbinen-Propeller-Triebwerk (Turboprop)*. Diese Turboprop-Maschinen werden für mittlere Fluggeschwindigkeiten verwendet, da das reine Luftstrahltriebwerk nur bei großen Geschwindigkeiten einigermaßen wirtschaftlich arbeitet.

Wirkungsgrade

Man unterscheidet zwei Wirkungsgrade:

1. den *inneren Wirkungsgrad* η_i, der die Umsetzung der Brennstoffenergie in die kinetische Energie des Gasstrahles kennzeichnet;

---

[1] Kraft = Masse X Beschleunigung, $F = mb$; $b = \frac{dw}{dt}$;

$F = \frac{d\,(mw)}{dt}$; mw = Impuls I, der Schub ist das Zeitintegral des Impulses $S = \int I\,dt = \int \frac{d\,(mw)}{dt}\,dt = \int m\,dw$;

$S = m\,(w_2 - w_1)$.

2. *den äußeren Wirkungsgrad* η_a. Er charakterisiert die Ausnutzung der kinetischen Energie des Gasstrahles für die Fluggeschwindigkeit

$$\boxed{\eta_a = \frac{2v\,(w_2 - w_1)}{w_2^2 + v^2}} \;^{1)} \qquad (3.20)$$

für Raketen (mit $w_1 = 0$) wird

$$\boxed{\eta_a = \frac{2\,\frac{v}{w_2}}{1 + \left(\frac{v}{w_2}\right)^2}} \qquad (3.21)$$

für $\frac{v}{w_2} = 1$ wird $\eta_a = 1$. Man sorgt also entweder dafür, daß eine Rakete große Geschwindigkeit erreicht (große Flughöhen), oder daß w_2 relativ klein bleibt. Bei Triebstrahlwerken ($w_1 > 0$) gelten gleiche Betrachtungen: Verwendung für große Flughöhen; oder bei nur mittleren Höhen Verringerung von w_2 durch Vergrößerung der Turbine, mit der man einen Propeller (Turboprop) betreibt. Die Verringerung von w_2 erzwingt mittels Propeller eine Vergrößerung von v, so daß das Verhältnis $\frac{v}{w_2}$ möglichst 1 wird.

Beispiele

Beispiel 1

Der Preis für Normalbenzin beträgt $K_1 = 0{,}60$ DM/*l*; wie hoch darf der Preis K_2 für Superkraftstoff sein, damit die Betriebskosten gleich sind. Wieviel kleiner darf das Hubvolumen eines Dieselmotors sein, wenn dieselbe theoretische Leistung erzielt werden soll wie beim Ottomotor mit Normalbenzin?

Gegeben:

Drehzahlen aller Motoren gleich
Hubvolumen des Ottomotors (Benzinmotor B) $V_{hB} = 100\ \text{cm}^3$
Verdichtungsverhältnis $\epsilon_B = 7$ des Benzinmotors (Normalbenzin)
Superbenzinmotor (s) $\epsilon_s = 11$
Dieselmotor $\epsilon = 24$
Heizwert für alle Kraftstoffe $H_u = 10\,000\ \frac{\text{kcal}}{\text{kg}}$ (T. 2.3)

---

1)
$$\eta_a = \frac{S\,v}{\frac{m}{2}\,(w_2^2 + v^2)} = \frac{\text{Schubkraft S} \times \text{Geschwindigkeit v}}{\text{halbe Ausströmmasse} \times \text{Absolutgeschwindigkeit}^2}\ ; \quad \text{mit Gl. (3.19) ist}$$

$$\eta_a = \frac{2\,mv\,(w_2 - w_1)}{m\,(w_2^2 - v^2)} = \frac{2\,v\,(w_2 - w_1)}{w_2^2 + v^2}$$

Zeile	Bezeichnung	Gleichung	Zahlenrechnung	Ergebnis	Bemerkung
1	Preis für Superbenzin K_2	$K_2 = K_1 \frac{\eta_{ths}}{\eta_{thB}}$	$= 0{,}60 \frac{0{,}617}{0{,}54}$	0,685 DM	Voraussetzung η_i, η_e, η_m für beide Motoren gleich
2	thermischer Wirkungsgrad η_{thB}	$\eta_{thB} = 1 - \frac{1}{\epsilon_B^{\kappa - 1}}$	$= 1 - \frac{1}{7^{1,4-1}}$	0,54	(3.3) κ = konst = 1,4 angenommen
3	Wirkungsgrad η_{ths}	$\eta_{ths} = 1 - \frac{1}{\epsilon_s^{\kappa - 1}}$	$= 1 - \frac{1}{11^{1,4-1}}$	0,617	

Hubraum des Dieselmotors

4	**Zylinderraum** $V_h + V_k$	$V_h + V_k = \frac{\eta_{th\,B}}{\eta_{th\,D}} (V_h + V_k)_B$	$= \frac{0{,}54}{0{,}66}(1000 + 166)$	955 cm³	(3.5) Werte für gleiche $\rho\, l, \lambda, L_{min}, W_{th}$
5	Wirkungsgrad $\eta_{th\,D}$	$\eta_{thD} = 1 - \frac{1}{\epsilon^{\kappa-1}} \cdot \frac{\varphi^\kappa - 1}{\kappa(\varphi - 1)}$	$= 1 - \frac{1}{24^{1,4-1}} \cdot \frac{2^{1,4} - 1}{1{,}4\,(2-1)}$	0,66	(3.11) $\varphi = 2$ gewählt
6	Kompressions-volumen V_{kB}	$V_{kB} = \frac{V_h}{\epsilon - 1}$	$= \frac{1000}{7 - 1}$	166 cm³	(3.1)
7	Hubvolumen des Dieselmotors $V_{h\,D}$	$V_{h\,D} = (V_h + V_k)_D - V_{kD}$	$= 955 - 40$	915 cm³	
8	Kompressions-volumen V_{kD}	$V_{kD} = \frac{(V_h + V_k)_D}{\epsilon_D}$	$= \frac{955}{24}$	40 cm³	(3.1)

Weitere Aufgabenstellungen

Für verschiedene Kompressionstemperaturen t_2 ist festzustellen, um welchen Motor es sich handeln kann, wie groß der thermische Wirkungsgrad ist; skizzieren Sie etwa maßstäblich das p-V-Diagramm des Prozesses mit Angabe der Ecktemperaturen.

Temperatur t_2 °C	500	630	800	1000	1250
Hubvolumen V_h cm^3	500	630	800	1000	1250
Adiabatenexponent κ	1,32	1,36	1,4		
sonstige Angaben	Kompression adiabatisch, Druck am Ende der Expansion p_4 = 3 at, p_0 = 1 at, Temperatur am Anfang der Kompression t_1 = 50 °C				
Bemerkung	t_2, V_h und κ beliebig kombinierbar				

Beispiel 2

Um nicht zu lange Kolben- und Kurbelwege zu erhalten, läßt man die Rauchgase im Zylinder von Verbrennungsmaschinen nur unvollständig expandieren, unter Druck $p_4 > p_0$ entweichen die Gase, ohne Arbeit zu verrichten, ins Freie.

Eine weitere Irreversibilität liegt im Wärmeübergang an die Zylinderwand. Das bewirkt, daß das Gas vor der Kompression wärmer ist als die Umgebung. Wie groß ist der Arbeitsverlust durch die beiden genannten Irreversibilitäten?

Wie groß ist der Reversibilitätsgrad für die Expansion 3 bis 1'?

Gegeben:

Temperaturen t_3 = 1400 °C
t_1 = 100 °C
t_0 = 20 °C
Verdichtungsverhältnis $\epsilon = 9$
Hubvolumen V_h = 1000 cm^3
Adiabatenexponent $\kappa = 1{,}4$

Lösung

Gegenüber dem gegebenen Prozeß mit den Eckpunkten 1, 2, 3, 4 ergibt sich unter Ausnutzung des Druckes p_0 und der Temperatur t_0 das gestrichelte Diagramm 1', 2', 3', 4'. Die schraffierten Flächen stellen den Arbeitsgewinn dar. Da $t_4' > t_0$, kann durch Wärmeabgabe q_0 an die Umgebung der Außendruck p_0 den Kolben bis 1' zurückschieben. Dadurch gelingt es, ein erheblich großes Verdichtungsverhältnis

$\epsilon' = \frac{V_4'}{V_2'}$ zu verwirklichen.

Um die Verhältnisse übersichtlich zu halten, wird für beide Prozesse V_k gleich gehalten, was z.B. aus konstruktiven Gründen nötig sein kann.

Im T-s-Diagramm erhält man leicht einen Überblick über die Exergie. Es sei der Einfachheit halber mit idealem Gas (κ = konst) gerechnet.

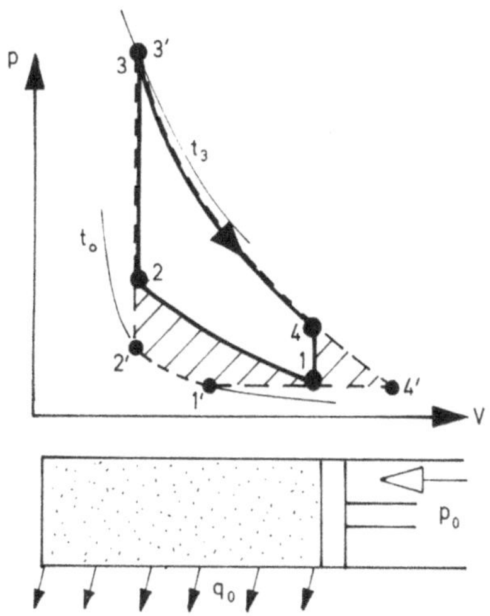

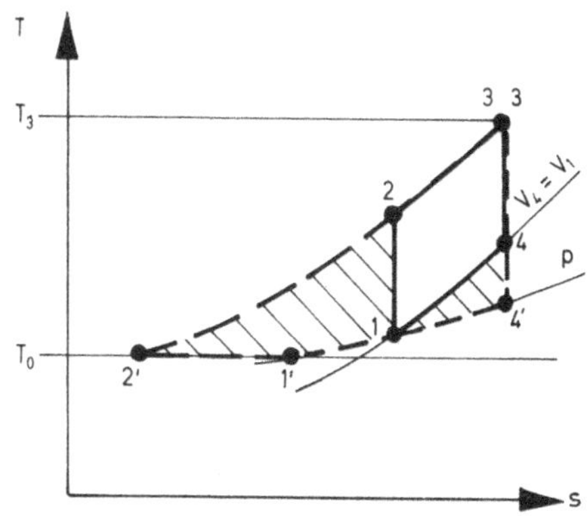

Zeile	Bezeichnung	Gleichung	Zahlenrechnung	Ergebnis	Bemerkung
1	Arbeitsverlust Δw	$\Delta w = w' - w_{th}$	$= 127 - 77{,}5$	$49{,}5\ \frac{\text{kcal}}{\text{kg}}$	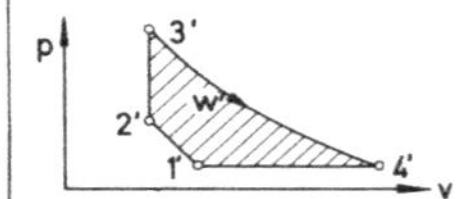
2	Arbeit w'	$w' = c_v\,[t_3' - t_4' - (t_2' - t_1')]$	$= 0{,}172\,(1400 - 311 - 367 + 20)$	$127\ \frac{\text{kcal}}{\text{kg}}$	analog (1.11) Gasarbeit der **Adiabaten**, $t_1' = t_0$
3	Temperatur T_4'	$T_4' = T_3\left(\frac{p_4'}{p_3}\right)^{\frac{\kappa-1}{\kappa}}$	$= 1673\left(\frac{1}{40}\right)^{\frac{1{,}4-1}{1{,}4}}$	584 °K $t_4' = 311$ °C	(1.49) $p_4' = p_0 = 1$ at
4	Druck p_3	$p_3 = \frac{mRT_3}{V_3}$	$= \frac{0{,}00103 \cdot 29{,}27 \cdot 1673 \cdot 100}{125}$	40 at	(1.21) mit R von Luft; $V_3 = V_k$
5	Masse pro Hub m	$m = \frac{p_1\,V_1}{RT_1}$	$= \frac{1 \cdot 1125}{29{,}27 \cdot 100 \cdot 373}$	0,00103 kg	(1.21) $V_1 = V_h + V_k$
6	Kompressions-volumen V_k	$V_k = \frac{V_h}{\epsilon - 1}$	$= \frac{1000}{9 - 1}$	125 cm³	(3.1)
7	**Temperatur T_2'**	$T_2' = T_1'\left(\frac{V_1'}{V_2'}\right)^{\kappa-1}$	$= 293\left(\frac{885}{125}\right)^{1{,}4-1}$	**640 °K** **$t_2' = 367$ °C**	**(1.49)** **$V_2' = V_k$**
8	Volumen V_1'	$V_1' = \frac{mRT_1'}{p_1'}$	$= \frac{0{,}00103 \cdot 29{,}27 \cdot 100 \cdot 293}{1}$	885 cm³	(1.21)

9	Arbeit w_{th}	$w_{th} = c_v\,[t_3 - t_4 - (t_2 - t_1)]$	$= 0{,}172\,(1400-423-627+100)$	$77{,}5\,\frac{\text{kcal}}{\text{kg}}$	(1.11) 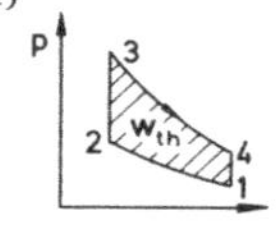
10	Temperatur T_4	$T_4 = T_3\left(\frac{V_3}{V_4}\right)^{\kappa-1}$	$= 1673\,\frac{125}{1125}^{1,4-1}$	$696\,^\circ\text{K}$ $t_4 = 423\,^\circ\text{C}$	(1.49)
11	Temperatur T_2	$T_2 = T_1\left(\frac{V_1}{V_2}\right)^{\kappa-1}$	$= 373\left(\frac{1125}{125}\right)^{1,4-1}$	$900\,^\circ\text{K}$ $t_2 = 627\,^\circ\text{C}$	(1.49) Adiabate 1–2

Reversibilitätsgrad

12	**Reversibilitätsgrad φ der Prozesse 1, 2, 3, 4**	$\varphi = \frac{w_{th}}{e}$	$= \frac{77{,}5}{298}$	0,26	(2.11)
13	Exergie e	$e = h_3 - h_0 + T_0\,(s_1' - s_0)$ $= c_p\,(t_3 - t_0) + T_0\,(s_1' - s_0)$	$=0{,}24\,(1400-20) + 293\,(-0{,}1116)$	$298\,\frac{\text{kcal}}{\text{kg}}$	(2.12) 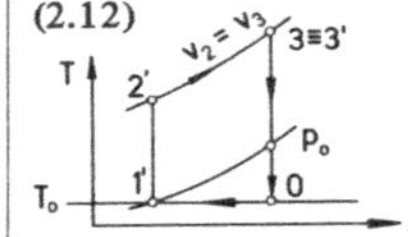
14	Entropiedifferenz $s_1' - s_0$	$s_1' - s_0 = R\,\ln\frac{v_1'}{v_0}$	$= \frac{29{,}27}{427}\,\ln\left(\frac{885}{1740}\right)$	$-0{,}1116\,\frac{\text{kcal}}{\text{kg grd}}$	(1.65) $\frac{v_1}{v_0} = \frac{V_1}{V_0}$
15	Volumen V_0	$V_0 = V_3\left(\frac{T_3}{T_0}\right)^{\frac{1}{\kappa-1}}$	$= 1125\left(\frac{1673}{293}\right)^{\frac{1}{1,4-1}}$	$1740\,\text{cm}^3$	(1.50)
16	**Reversibilitätsgrad φ' der Prozesse 1', 2', 3', 4'**	$\varphi' = \frac{w'}{e}$	$= \frac{127}{298}$	0,426	(2.11)

Die Exergie könnte allerdings nur gewonnen werden, wenn der Außendruck auf den Kolben unter p_0 abgesenkt würde (etwa Druck des Punktes 0 in Zeile 13). Da dieses wirtschaftlich nur bei Dampfkraftprozessen möglich ist (Kondensator), darf man sich über den schlechten Reversibilitätsgrad nicht wundern. Dieser wird ja noch kleiner, wenn man die Nichtumkehrbarkeiten der isochoren Wärmezuführung einbezieht.

Weitere Aufgabenstellungen

Ein Dieselprozeß ist gegeben. Wie groß ist der Arbeitsgewinn, wenn die Temperatur vor der Kompression $t_1 = t_0$ wird? Zeichnen Sie beide Prozesse in ein p-v-Diagramm mit der Isothermen t_0.

Hubvolumen V_h m^3	800	1000	1250	1600	2000
Verdichtungsverhältnis ϵ	16	20	25		
Ansaugetemperatur t_1 °C	60	80	100	125	
sonstige Angaben	Einspritzverhältnis $\varphi = 2$ Adiabatenexponent $\kappa = 1{,}4$ Rauchgas wird wie Luft angesehen Umgebungstemperatur $t_0 = 17$ °C				
Bemerkung	V_h, ϵ, t_1 sind beliebig kombinierbar				

4. Linksumlaufende Prozesse

Formelzeichen

(Hier nicht auffindbare Zeichen unter allgemeine Formelzeichen suchen.)

λ_0 Füllungsgrad

Indizes

g Gas
Heiz Heizung (Absorptions-Kälteanlage)
is isothermisch
k Kühlraum
0 Umgebung

4.1. Verdichter

Aufgabe

Die Aufgabe der Verdichter *(Kompressoren)* ist die Verdichtung von Gasen und Dämpfen. Verwendung für ***Druckgaserzeugung,*** für ***Kälteanlagen, Wärmepumpen, Vakuumerzeugung.***

einstufige Kolbenverdichter

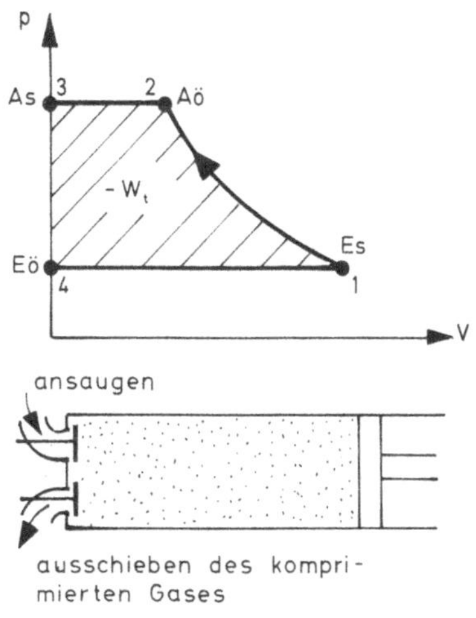

Der Verdichtungsvorgang durch einen linksumlaufenden Kreisprozeß ist bei dem ***einstufigen Kolbenverdichter*** am anschaulichsten. Dabei sei vorausgesetzt, daß der Kolben bis zum Zylinderdeckel vorgeht, d. h. der Kompressor ohne ***„schädlichen Raum"*** arbeitet. Das von 1 nach 2 komprimierte Gas wird isobar durch den Kolben aus dem Zylinder in die Druckleitung gebracht (2–3). Beim Zurückgehen des Kolbens (4–1) wird neues Gas bei dem Druck p_1 angesaugt.

Verdichtungsarbeit

Die schraffierte Fläche zwischen den Punkten 4, 1, 2, 3 ist die für die Verdichtung aufzuwendende Arbeit W_t. Diese Arbeit ist am kleinsten, wenn die Verdichtung isotherm verläuft. Die polytrope oder adiabate Verdichtung von 1 nach 2 ist steiler. Das bedeutet, daß W_t größer wird. Die isothermische Verdichtung setzt intensive Kühlung während der Verdichtung voraus. Technisch wird sich eine Polytrope ($n > 1$) einstellen.

Druck-, Verdichtungsverhältnis

Eine Gegenüberstellung isothermischer und adiabatischer Verdichtung zeigt die *Mehrarbeit* der adiabatischen Kompression bei gleichem Druckverhältnis (a) und bei gleichem Verdichtungsverhältnis V_1/V_2 (b).

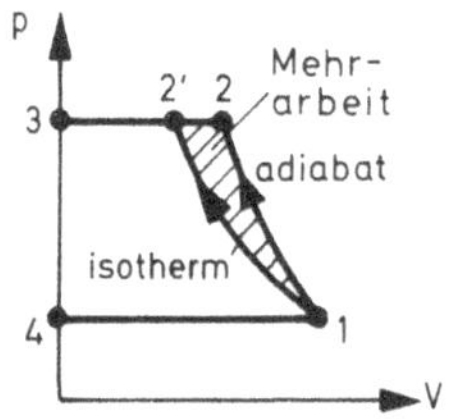

a)

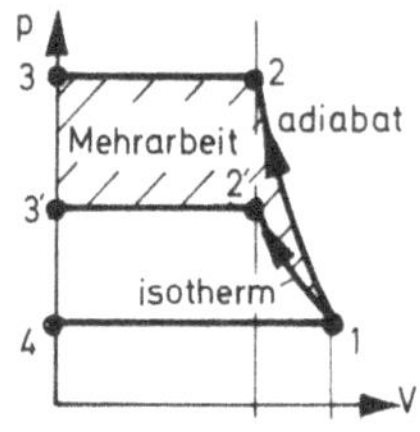

b)

technische Arbeit W_t

Die technische Arbeit der in praxi interessierenden polytropen Verdichtung ist

$$W_t = \frac{n}{n-1}\, p_1\, V_1 \left[1 - \left(\frac{p_2}{p_1}\right)^{\frac{n-1}{n}}\right] \tag{4.1}$$

schädlicher Raum V_s

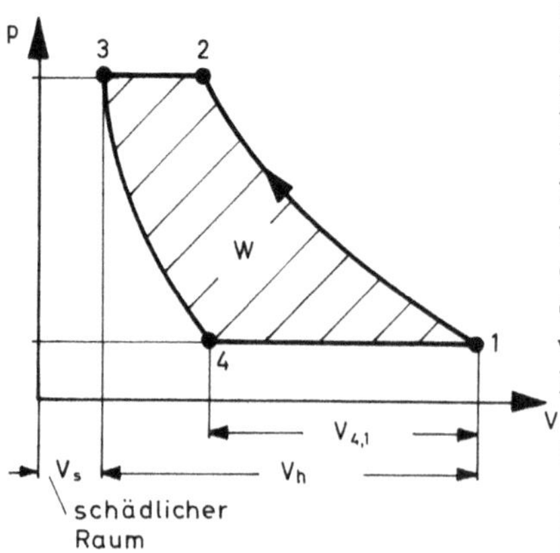

Es ist in Wirklichkeit jedoch nicht möglich, einen Kompressor zu bauen, dessen Kolben bis zum Zylinderdeckel vorgeht. Zwischen oberem Totpunkt und Zylinderdeckel wird immer ein Raum übrigbleiben (*schädlicher Raum* V_s), in dem beim Vorgehen des Kolbens komprimiertes Gas zurückbleibt. Bevor neues Gas in den Zylinder angesaugt wird, expandiert dieser Rest. Man saugt also nicht das gesamte Hubvolumen voll Gas, sondern nur das Restvolumen $V_{4,1}$, das übrigbleibt, wenn das vorher komprimierte Gas aus dem schädlichen Raum sich auf den Ansaugdruck entspannt hat.

Man definiert einen „*Füllungsgrad*" zu

$$\lambda_0 = \frac{V_{4,1}}{V_h} \doteq \frac{V_h + V_s - V_4}{V_h} \tag{4.2}$$

daraus wird mit Gl. (1.55)

$$\lambda_0 = 1 - \frac{V_s}{V_h}\left[\left(\frac{p_2}{p_1}\right)^{\frac{1}{n}} - 1\right] \tag{4.3}$$

Wie man am p-v-Diagramm des Kompressors mit schädlichem Raum sieht, wird die aufzuwendende Arbeit (Kompressionsarbeit) um die Expansionsarbeit des im schädlichen Raum eingeschlossenen Gases verringert. Es wird damit bei polytroper Zustandsänderung

$$W_t = \frac{n}{n-1}\, p_1\, V_{4,1}\left[1 - \left(\frac{p_2}{p_1}\right)^{\frac{n-1}{n}}\right] \tag{4.4}$$

Füllungsgrad, Druckverhältnis

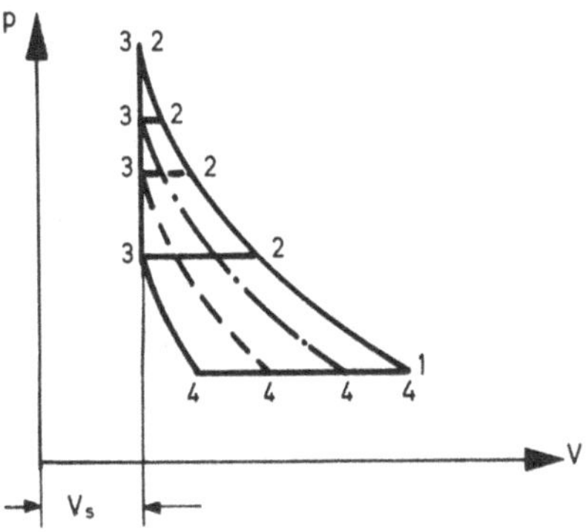

Die Lage des Punktes 4 nach der Ausdehnung des im schädlichen Raum komprimierten Gases hängt von dem Druck p_3 ab. Je größer der Druck p_3, desto näher liegt Punkt 4 an 1.

Für den Betrieb mit schädlichem Raum gibt es den Grenzfall $V_4 = V_1$. Dafür ist $\lambda_0 = 0$. Das Druckverhältnis mit Liefergrad Null beträgt nach Gl. (4.3)

$$\frac{p_2}{p_1} = \left(\frac{V_h}{V_s} + 1\right)^n \tag{4.5}$$

Indikator-Diagramm

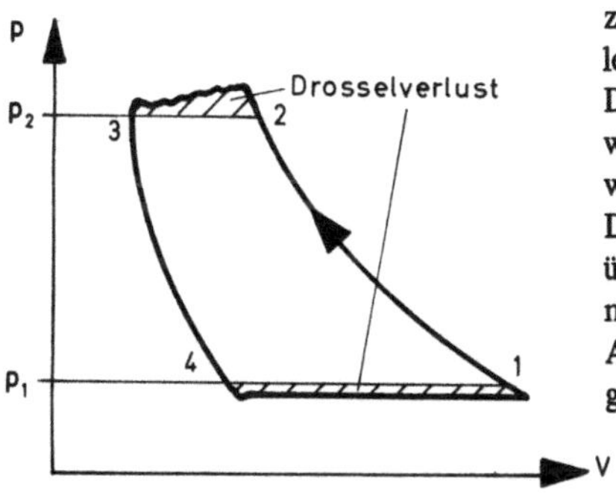

Gegenüber dem besprochenen theoretischen Diagramm treten im *Indikator-Diagramm* die *Drosselverluste* zu Tage: Beim Ausschieben des Gases in die Druckleitung von 2 nach 3 muß der Widerstand der Druckleitung und des Auslaßventils überwunden werden. Der Ausschubdruck ist größer als der gewünschte Druck p_2. Beim Ansaugen muß der Drosselverlust im Ansaugrohr und am Ansaugventil überwunden werden, der Ansaugdruck im Zylinder muß also unter dem Druck p_1 liegen. Die indizierte Arbeit $W_i > W_{th}$ (um die schraffierten Flächen größer).

mehrstufige Verdichter

Die *Nachteile des einstufigen Verdichters* sind

1. Der Füllungsgrad wird bei großem Druckverhältnis zu klein,
2. Die Temperaturen werden während der Verdichtung zu hoch (Verdichtungsarbeit, Werkstoffestigkeit).

Diese Nachteile können vermieden werden, wenn *mehrstufig komprimiert* wird. Bei der mehrstufigen Kompression wird der Füllungsgrad besser, weil das Druckverhältnis der einzelnen Stufen kleiner wird. Durch Zwischenkühlung kann die Kompression 1–2 der Isothermen angeglichen werden. Diese Zwischenkühlung findet zwischen dem Austritt aus dem Zylinder der Stufe 1 und dem Eintritt in den Zylinder der Stufe 2 statt.

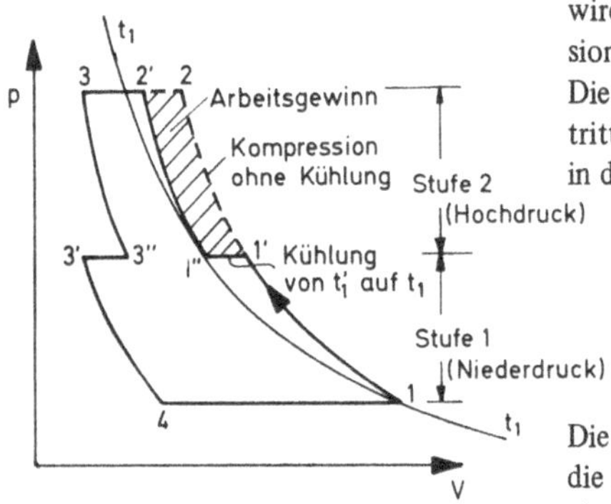

Die beste Angleichung der Kompressionslinien an die Isotherme entsteht, wenn die Druckverhältnisse in den einzelnen Zylindern gleich groß sind. Untenstehende Skizzen zeigen die Arbeitsweise eines zweistufigen Kompressors mit gleich großem schädlichen Raum in beiden Zylindern; zunächst das p-V-Diagramm jeder Stufe. Wegen der besseren Übersicht setzt man gerne die Diagramme zusammen.

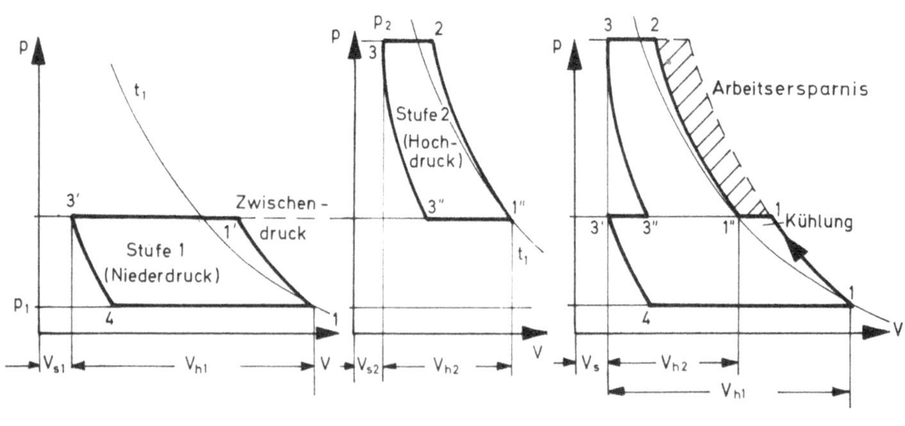

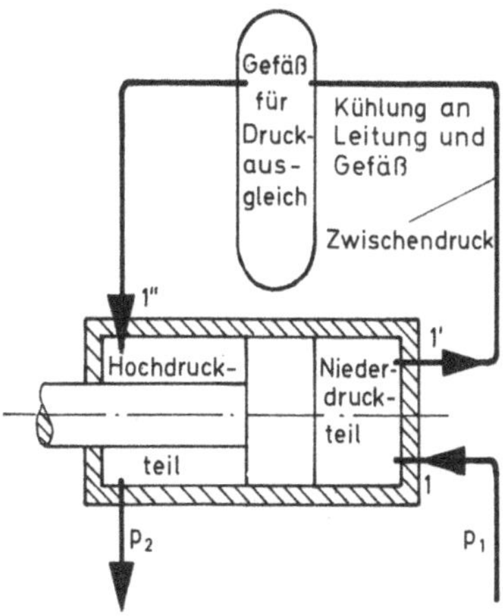

Die technische Ausführung sieht meistens doppelt wirkende Kolben vor: Niederdruckteil 1 ist über eine Leitung mit dem Einlaßventil der 2. Stufe verbunden. Auf dem Weg durch diese Leitung findet die Kühlung statt.

Wirkungsgrade η_i; η_m

Für die isothermische Verdichtung benötigt man die Leistung P_{is}. Man benutzt diese geringstmögliche Leistung als Vergleichswert. Es ist der *indizierte Wirkungsgrad*

$$\eta_i = \frac{P_{is}}{P_i} = \frac{W_{is}}{W_i} = \frac{w_{is}}{w_i} \tag{4.6}$$

mit der indizierten Leistung P_i. Der mechanische Wirkungsgrad beträgt

$$\eta_m = \frac{P_i}{P_e} = \frac{W_i}{W_e} = \frac{w_i}{w_e} \tag{4.7}$$

mit der effektiv an der Welle aufgebrachten Leistung P_e, bzw. der Arbeit W_e oder w_e.

4.2. Kältemaschinen

Aufgabe

Die Aufgabe der Kältemaschine ist es, Wärmemengen aus einem Kühlraum abzuführen. Dabei entsteht die Schwierigkeit, die Wärmemenge durch irgendein Transportmedium bei Kühlraumtemperaturen aufzunehmen und zu entfernen, die niedriger liegen als die Umgebungstemperatur.

Arbeitsschema

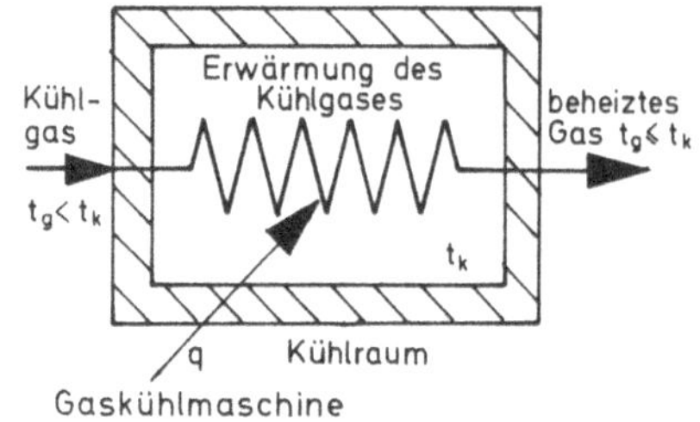

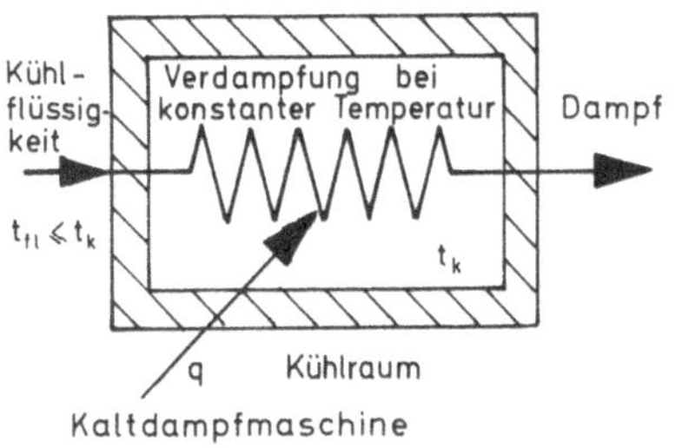

Um diesen Wärmetransport vorzunehmen, muß das Medium für den Wärmetransport *(Kühlmittel)* auf Temperaturen gebracht werden, die gleich der Kühlraumtemperatur t_k oder niedriger sind.

Benutzt man ein Gas (z. B. Luft) als Kühlmedium, so muß diese Luft sich bei der Wärmeaufnahme aus dem Kühlraum erwärmen können, also die Temperatur erhöhen. Das setzt voraus, daß beim Eintritt des Kühlgases die Gastemperatur t_g niedriger ist als die gewünschte Kühlraumtemperatur, $t_g < t_k$. Benutzt man als Kühlmedium Flüssigkeiten, die durch die Wärmeaufnahme im Kühlraum verdampfen *(Kaltdampfmaschinen)*, so darf die Kühlflüssigkeit beim Eintritt in den Kühlraum die dort gewünschte Temperatur haben, $t_{fl} \leqslant t_k$. Durch die Wärmeaufnahme im Kühlraum wird die Temperatur des verdampfenden Kühlmittels nicht geändert.

Kühlung des Kühlmittels

Nach der Wärmeaufnahme aus dem Kühlraum muß das zweckmäßig im Kreislauf verwendete Kühlmittel bei höheren Temperaturen (z. B. durch Umgebungsluft mit Temperatur t_0) wieder gekühlt werden. Dieser Wärmeentzug findet nach einer Kompression des Dampfes oder des Kühlgases statt: Ein Kompressor erhöht die Temperatur des Dampfes oder Gases über die Umgebungstemperatur t_0.

Das komprimierte Gas wird durch die kältere Umgebung (im Grenzfall auf t_0) abgekühlt und vor dem Eintritt in den Kühlraum entspannt, so daß durch die adiabatische Entspannung sich im Kühlmittel die gewünschte niedrige Temperatur einstellt.

Die technische Durchführung erfolgt entweder in der *Kompressorkältemaschine* oder in der *Absorptionsmaschine.*

Kompressorkältemaschine

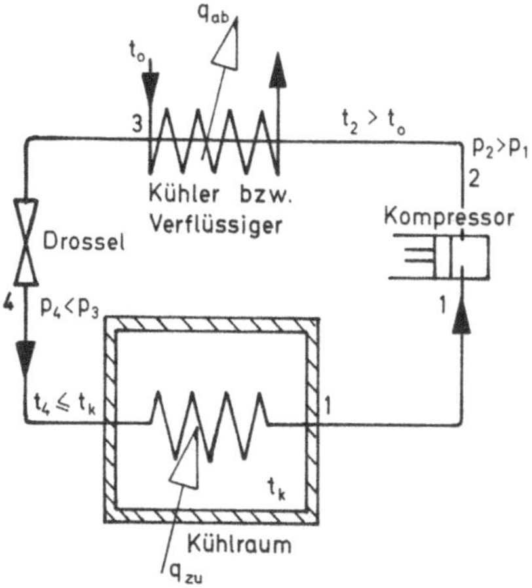

Nebenstehende Abbildung zeigt die Arbeitsweise der *Kompressorkältemaschine:* Gas oder Dampf aus dem Kühlraum kommt mit Zustand 1 zum Kompressor, verläßt diesen mit erhöhtem Druck und erhöhter Temperatur mit dem Zustand 2 und wird in dem Kühler entweder nur gekühlt (bei Gasmaschinen) oder verflüssigt (bei Kaltdampfmaschinen). Nach der Kühlung herrscht der Druck $p_3 = p_2$ und die Temperatur $t_3 < t_2$. Anschließend passiert das Kältemittel das Drosselventil und es stellt sich bei $p_4 < p_3$ die niedrige Temperatur ein. Im Kälteraum nimmt das Kühlmittel die Wärmemenge q_{zu} auf.

p-v- und T-s-Diagramm der Kompressormaschine

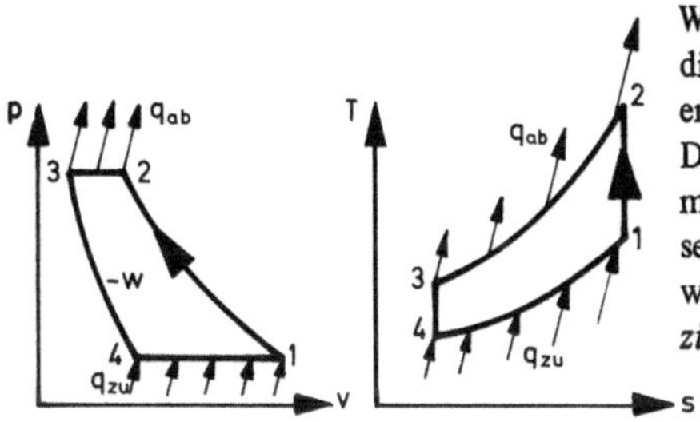

Das theoretische p-v-Diagramm der *Kompressorkältemaschine* zeigt zwischen zwei Adiabaten für Kompression und Drosselung zwei Isobaren für die Wärmeaufnahme, bzw. Wärmeabgabe. Die durch die Zustandsänderungen eingeschlossene Fläche enthält die aufzuwendende mechanische Arbeit – w. Die zwischen 4 und 1 aufgenommene Wärmemenge q_{zu} ist die *Kälteleistung.* Diese Kälteleistung setzt man üblicherweise ins Verhältnis zur aufgewendeten Arbeit W und definiert so die *Leistungsziffer* ϵ:

$$\epsilon = \frac{Q_{41}}{W} = \frac{q_{zu}}{w} \tag{4.8}$$

Carnot-Prozeß

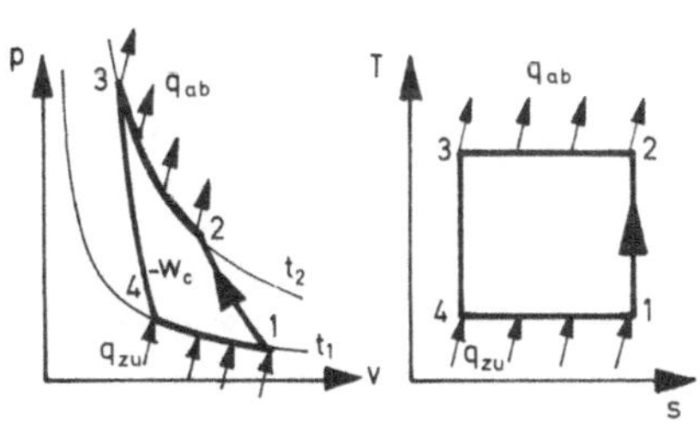

Läßt man die Wärmeaufnahme im Kühlraum (4–1) und die Wärmeabgabe (zwischen 1 und 3) isotherm verlaufen, so erhält man einen *Carnot-Prozeß,* der besonders wirtschaftlich ist.

Wie die nebenstehenden Diagramme zeigen, wird dabei die Kompressionsarbeit so klein, wie überhaupt nur möglich (W_c).

Die Leistungsziffer ist bei Verwendung des Carnot-Prozesses (vgl. Gl. (1.68))

$$\epsilon = \frac{T_4}{T_3 - T_4} = \frac{T_1}{T_2 - T_1} = \frac{1}{\left(\frac{p_2}{p_1}\right)^{\frac{n-1}{n}}} \tag{4.9}$$

Die Kühlleistung bei Gaskompressormaschinen ist mit Gl. (1.42) und (4.8)

$$Q_{zu} = c_p\, m\, (t_1 - t_4) = \epsilon\, W \tag{4.10}$$

Kaltdampfmaschine

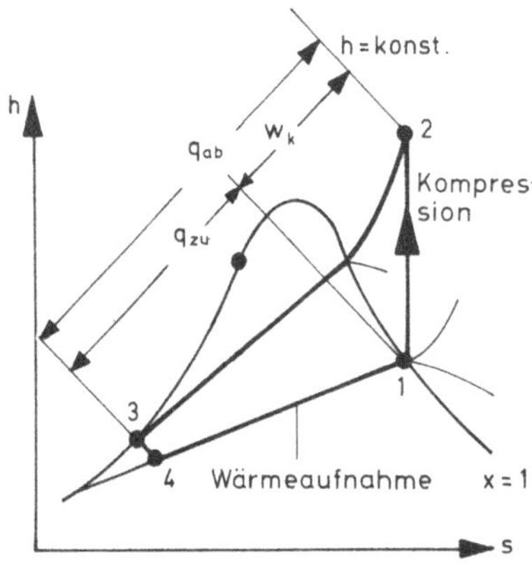

Die Kompressorarbeit, Kühlleistung und die im Kühler abgegebene Wärmemenge werden bei Verwendung von *Verdampfer-Kälteanlagen* einfach und schnell im h-s-Diagramm abgelesen. Es handelt sich um den linkslaufenden Prozeß zwischen den Punkten 1, 2, 3 und 4. Mit der Temperatur t_3 tritt das Kühlmittel in die Drossel und wird dort auf den Druck p_4 entspannt. Bei dieser Entspannung entsteht schon etwas Dampf. Das Flüssigkeitsdampfgemisch tritt in den Verdampfer des Kühlraumes und wird durch die Wärmeaufnahme zwischen 4 und 1 (q_{zu}) völlig verdampft (x = 1). Dadurch stellt sich der Zustand 1 ein, mit dem der Sattdampf in den Kompressor kommt. $h_2 - h_1$ ist die Kompressorarbeit w_k. Nach der Kompression erfolgt die Kühlung bzw. Kondensation des überhitzten Dampfes auf den Zustand 3. Dabei wird die Wärmemenge $h_2 - h_3 = q_{ab}$ abgeführt.

Absorptions-Kältemaschine

Absorptions-Kältemaschinen werden verwendet, wenn billige Heizenergie für eine Kühlmaschine zur Verfügung steht. Diese Anlagen arbeiten praktisch ohne mechanische Teile, wenn man von einer kleinen Flüssigkeitspumpe absieht. Der Vorteil ist demnach ein äußerst geringer mechanischer Verschleiß. Ihr Nachteil ist der gegenüber den Kompressormaschinen erhöhte Wärmebedarf.

Arbeitsweise

Die *Arbeitsweise* der kontinuierlich arbeitenden Anlage ist folgende: Die Kocherheizung treibt aus einer Flüssigkeitsmischung (z. B. Wasser-Ammoniak-Gemisch) ammoniakreichen Dampf aus. Dieser wird bei gleichem Druck unter Wärmeentzug verflüssigt; die Flüssigkeit gelangt weiter in die Drossel und erhält danach den Zustand 3. Genau wie bei der

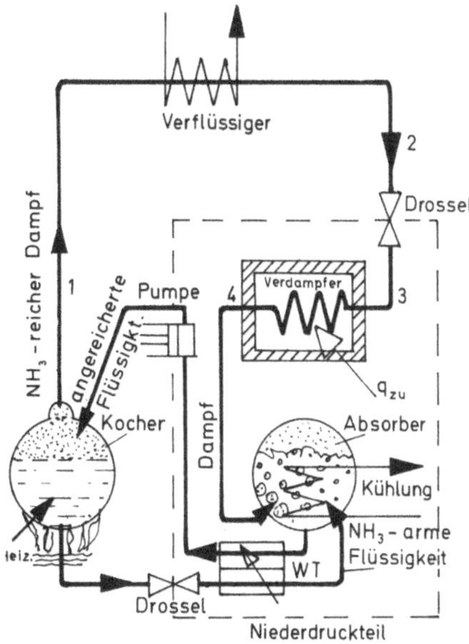

Kaltdampfmaschine nimmt dieses kalte Flüssigkeits-Dampf-Gemisch aus der Kühlkammer die Verdampfungswärme q_{zu} auf. Der kalte Dampf gelangt dann in den *Absorber* und trifft dort mit der verarmten Restflüssigkeit aus dem *Kocher* wieder zusammen. Im Absorber stellt sich die Ausgangskonzentration der Flüssigkeit ein, die über die Pumpe bei höherem Druck wieder dem Kocher zugeführt wird. Die Absorption des Dampfes durch die verarmte Flüssigkeit kommt jedoch nur dann zustande, wenn die Flüssigkeit entsprechend gekühlt wird. Diese Kühlung findet im Absorber oder in der Leitung vom Kocher zum Absorber statt.

Durch die Kühlung wird einmal die Temperatur der Kocherflüssigkeit verringert, zum anderen wird durch sie die Kondensationswärme des absorbierten Dampfes entfernt.

Die im Absorber wieder angereicherte Flüssigkeit verläßt den Absorber über einen Wärmeaustauscher zur Pumpe, die den Druck auf Kocherdruck erhöht.

In diesem Wärmetauscher wird

1. die angereicherte gekühlte Flüssigkeit durch den Flüssigkeitsstrom vom Kocher erwärmt und gleichzeitig
2. dieser Flüssigkeitsstrom für die Absorption vorgekühlt.

Die Leistungsziffer beträgt:

$$\epsilon = \frac{q_{zu}}{q_{Heiz}} \tag{4.11}$$

Neben diesen kontinuierlich arbeitenden Anlagen gibt es *periodisch betriebene Maschinen* (Haushaltskühlschränke), deren Kocher periodisch als Absorber benutzt wird; Vorteil: keine bewegten Teile (keine Pumpe), einfacherer Aufbau.

4.3. Wärmepumpen

Aufgabe

Wärmepumpen haben die Aufgabe, Wärmemengen von einem Niveau niedriger Temperatur zu einem Niveau höherer Temperatur zu fördern.

Wirkungsweise

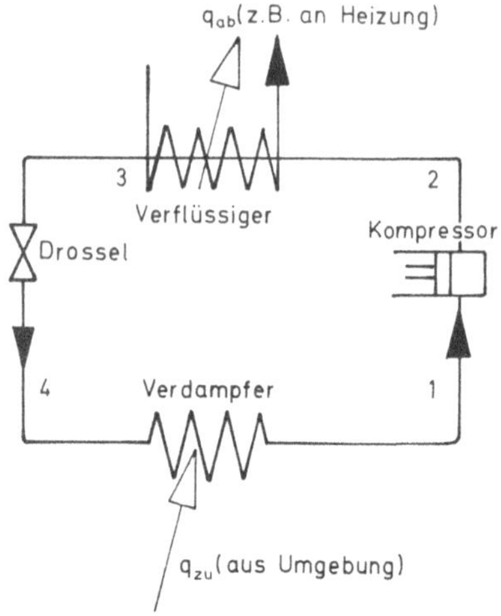

Wärmepumpen arbeiten genau wie Kompressor-Kältemaschinen. Der einzige Unterschied besteht darin, daß die Wärmepumpe die Wärme nicht unbedingt aus einem Kühlraum aufnimmt, sondern aus der Umgebung, z. B. aus Flußwasser oder Luft. Diese dort aufgenommene Wärmemenge wird nach der Kompression wieder abgegeben. Dabei ist darauf zu achten, daß das Temperaturniveau t_3 hoch genug liegt, so daß es für Heizzwecke verwendbar ist.

Nebenstehende Skizze zeigt das Arbeitsschema einer Anlage, deren Arbeitsmedium jeweils bei der Wärmeaufnahme verdampft und bei der Wärmeabgabe verflüssigt wird. Mit der Wärme q_{ab} kann etwa die Warmwasserheizung für ein Gebäude betrieben werden. Bekannt ist die Wärmepumpenheizung des Züricher Rathauses (1932). Der Züricher See liefert die Wärme Q_{zu}.

Wirkungsgrad, Leistungsziffer

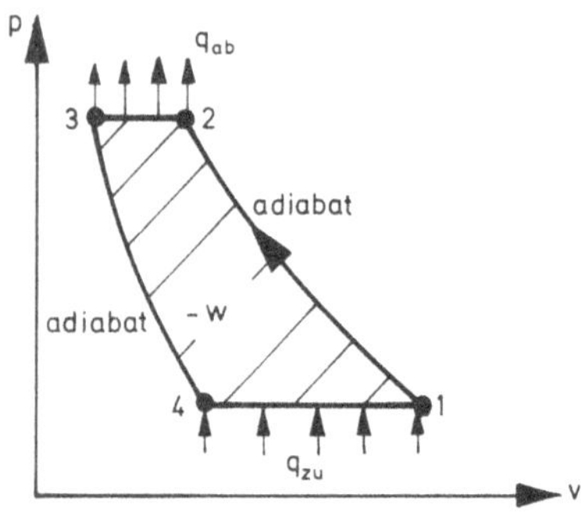

Die Wärmepumpe, also der Kompressor und die Flüssigkeitspumpen für das Heranbringen von Flußwasser oder von Umgebungsluft an den Verdampfer werden allgemein elektrisch betrieben. Die Kosten der elektrischen Arbeit werden dadurch kompensiert, daß q_{ab} ein Vielfaches dieser Arbeit ausmacht.

Die *Leistungsziffer* kennzeichnet dieses Verhältnis.

$$\epsilon = \frac{q_{ab}}{w} = \frac{Q_{ab}}{W} \tag{4.12}$$

Carnot-Prozeß

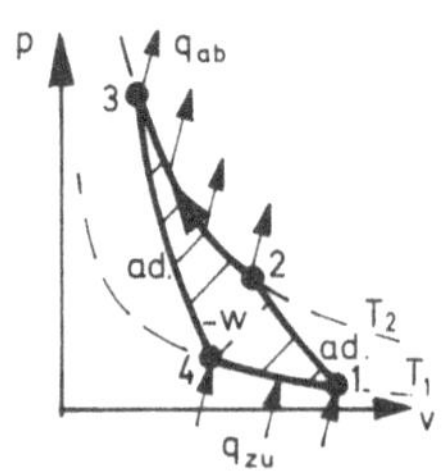

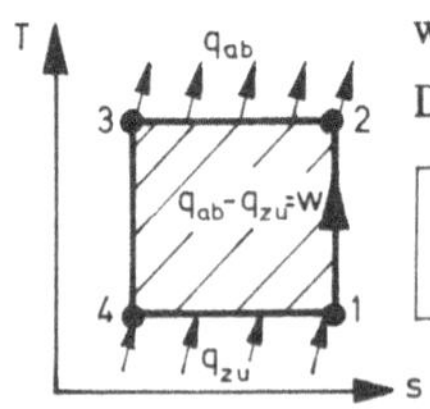

Besser als in der oben beschriebenen Anlage werden der Wirkungsgrad und die Leistungsziffer bei Verwendung eines *Carnot-Prozesses*.

Dort ist die Leistungsziffer

$$\epsilon = \frac{q_{ab}}{w} = \frac{T_2}{T_2 - T_1} \tag{4.13}$$

Nehmen wir an, im Winter steht kaltes Flußwasser von 275 °K zur Verfügung. Die Zimmertemperatur soll $T = T_2 = 293$ °K sein. Es wird dann die Leistungsziffer des Carnot-Prozesses

$$\epsilon = \frac{293}{293-275} = 16{,}3$$

Man bekommt dabei für den elektrischen Antrieb mit 1 kW stündlich 16,3 · 860 = 14000 kcal/h.

Die tatsächlichen erreichbaren Leistungsziffern liegen weit unterhalb von diesem Wert, weil der Carnot-Prozeß nicht wirtschaftlich realisierbar ist und weil man mit sonstigen Verlusten und Arbeiten (Ventilatoren usw.) rechnen muß.

Kühlung mit Wärmepumpe

Bei entsprechender Führung der Flüssigkeitsströme zum Verdampfer bzw. Verflüssiger kann man im Sommer die Räume kühlen statt sie zu heizen. Dazu wird nur umgeschaltet, und zwar wird der Verflüssiger mit dem Flußwasser gekühlt und das Heizungswasser liefert die Verdampferwärme, d.h. das „Wasser in den Heizradiatoren" wird unter die Flußtemperatur gekühlt.

Entwicklungsaussichten

Auf dem Gebiete der Raumheizung hat seit einiger Zeit eine beachtliche Entwicklung von der Öl- zu Gas- und Elektroheizung stattgefunden. Wärmepumpen sind bis heute meistens zu teuer. In jüngster Zeit arbeitet man jedoch intensiv an der Entwicklung der Wärmepumpe für die Wohnheizung, die die Wärme der Außenluft ausnutzt.

Beispiele

Beispiel 1

Der Vorschlag für einen Verdichter soll geprüft werden: einstufige Verdichtung von $V = 6\ m^3$ CO/h von $p_1 = 1$ at auf $p_2 = 25$ at; $t_1 = 20$ °C. Als Hubvolumen ist $V_h = 1{,}5\ l$ vorgesehen, der schädliche Raum $V_s = 0{,}1\ V_h$. Falls die Prüfung schlechte Resultate zeigt, wird ein neuer Vorschlag gemacht.

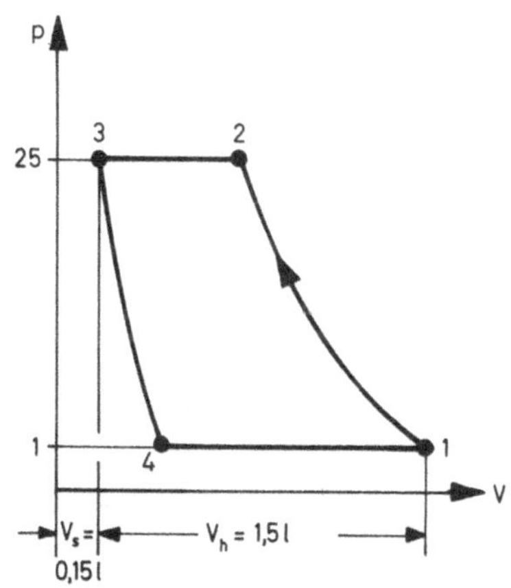

Prüfung des Vorschlages

Zeile	Bezeichnung	Gleichung	Zahlenrechnung	Ergebnis	Bemerkung
1	Füllungsgrad λ_0	$\lambda_0 = \frac{V_{4,1}}{V_{hn}} = \frac{V_1 - V_4}{V_{hn}}$	$= \frac{1,65 - 1,5}{1,5}$	0,1 viel zu gering	(4.2) $V_1 = V_h + V_s = 1,65\ l$
2	Volumen V_4	$V_4 = V_3\left(\frac{p_3}{p_4}\right)^{\frac{1}{\kappa}}$	$= 0,15\left(\frac{25}{1}\right)^{\frac{1}{1,4}}$	$1,5\ l$	(1.50) $V_3 = V_s = 0,15\ l$; $\kappa = 1,4$

Demnach ist ein neuer Vorschlag auszuarbeiten: Verdichtung zweistufig mit Zwischenkühlung auf t_1. Dieser Prozeß laufe zwischen den Zuständen 5 bis 12. Beide Stufen sollen gleich große Druckstufung erhalten:

$\frac{p_6}{p_5} = 5$ und $\frac{p_8}{p_7} = 5$ d.h. $\frac{p_8}{p_1} = 5 \cdot 5 = 25$. Hubvolumen $V_{hn} = 1,5\ l$ (Niederdruckstufe), schädlicher Raum V_s ebenfalls $0,1\ V_h$.

Es folgt die Prüfung dieses neuen Vorschlages.

(Index n = Niederdruckstufe, h = Hochdruckstufe). Auf Seite 122 links das p-V-Diagramm (nicht maßstablich).

3	Füllungsgrad der Niederdruckstufe λ_{0n}	$\lambda_{0n} = \frac{V_{12,5}}{V_{hn}} = \frac{V_5 - V_{12}}{V_{hn}}$	$= \frac{1,65 - 0,47}{1,5}$	0,785	(4.2) $V_5 = V_1 = 1,65\ l$
4	Volumen V_{12}	$V_{12} = V_{11}\left(\frac{p_{11}}{p_{12}}\right)^{\frac{1}{\kappa}}$	$= 0,15 \cdot \left(\frac{5}{1}\right)^{\frac{1}{1,4}}$	$0,47\ l$	(1.50) $V_{11} = V_{sn} = V_s = 0,15\ l$
5	Füllungsgrad der Hochdruckstufe λ_{0h}	$\lambda_{0h} = \frac{V_{10,7}}{V_{hh}} = \frac{V_7 - V_{10}}{V_7 - V_{sh}}$	$= \frac{0,333 - 0,92}{0,333 - 0,0301}$	0,795	(4.2) V_{sh} ebenfalls mit $0,1\ V_{hh}$ angenommen; $V_{sh} = \frac{V_7}{11} = 0,0301$
6	Volumen V_7	$V_7 = \frac{m R T_7}{p_7}$	$= \frac{1,86 \cdot 10^{-3} \cdot 30,28 \cdot 293}{5 \cdot 10^4}$	$3,33 \cdot 10^{-4}$ $= 0,333\ l$	(1.21) $R = 30,28\ \frac{mkp}{kg\ grd}$ n. T. 3.1; $T_7 = T_1 = 293\ °K$
7	Masse pro Hub m	$m = \frac{p_1 V_1}{R T_1}$	$= \frac{10^4 \cdot 1,65 \cdot 10^{-3}}{30,28 \cdot 293}$	$1,86 \cdot 10^{-3}$ kg	(1.21) Zustand 1 ist bekannt

8	Volumen V_{10}	$V_{10} = V_9 \left(\frac{p_9}{p_{10}}\right)^{\frac{1}{\kappa}}$	$= 0{,}0301 \left(\frac{25}{5}\right)^{\frac{1}{1{,}4}}$	0,92 l	(1.50) $V_9 = V_{sh}$ aus Bemerkung Zeile 5
9	Drehzahl n	$n = \frac{V}{60} \frac{1}{V_{12{,}5}}$	$= \frac{6 \cdot 10^3}{60 \cdot (1{,}65 - 0{,}47)}$	85 min^{-1}	$\frac{\text{Ansaugvol/h}}{\text{60 Saugvol/min}}$
10	Volumen V_6	$V_6 = V_1 \left(\frac{p_1}{p_6}\right)^{\frac{1}{\kappa}}$	$= 1{,}65 \left(\frac{1}{5}\right)^{\frac{1}{1{,}4}}$	0,52 l	(1.50) für Darstellung des p-V-Diagrammes
11	Volumen V_8	$V_8 = V_7 \left(\frac{p_7}{p_8}\right)^{\frac{1}{\kappa}}$	$= 0{,}333 \left(\frac{5}{25}\right)^{\frac{1}{1{,}4}}$	0,105 l	(1.50)

Füllungsgrad beider Stufen einigermaßen befriedigend. Aus dieser Sicht kann der neue Vorschlag angenommen werden. (Wegen gleicher Füllungsgrade erfolgte die Wahl gleicher Druckstufung.)
Auf folgender Seite rechts das maßstäbliche p-V-Diagramm.

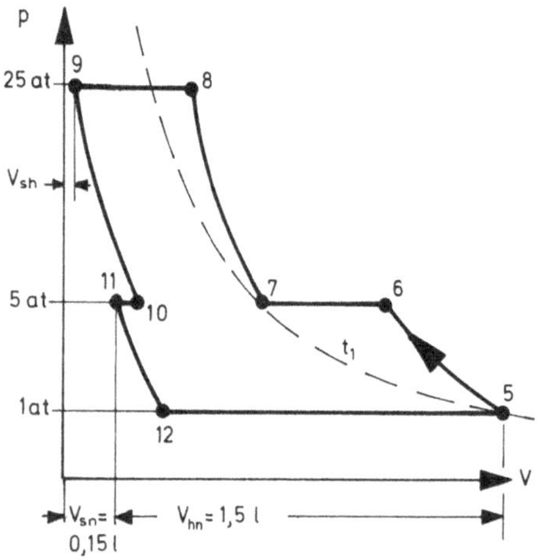

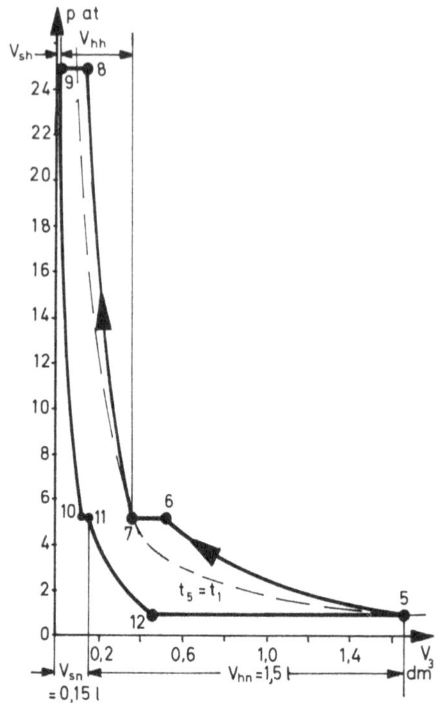

Weitere Aufgabenstellungen

Entwerfen Sie für ein gegebenes Druckverhältnis Δp einen Kolbenverdichter, der bei vorgegebener Drehzahl ein bestimmtes Ansaugvolumen verdichtet. Dabei soll ein Mindestfüllungsgrad erzielt oder überschritten werden.

Druckverhältnis Δp bar	6,3 8 10 12,5 16 20 25
Drehzahl n min^{-1}	750 1000 1500
Ansaugvolumen V_a m^3/h	8 12,5 20
sonstige Angaben	zu verdichtendes Gas: CO_2; Mindestfüllungsgrad $\lambda_{0\,min} = 0{,}75$; Ansaugdruck $p_1 = 0{,}8$ at; Ansaugtemperatur $t_1 = 35$ °C.
Bemerkung	p, n, V sind beliebig kombinierbar, das p-V-Diagramm des entworfenen Verdichters ist zu skizzieren

Beispiel 2

Ein Turbokompressor verdichtet Luft von 0,5 at auf 1 at. Um diese Verdichtung möglichst wirtschaftlich (geringste Antriebsleistung) zu halten, soll untersucht werden, ob es Zweck hat, während der Kompression zu kühlen. Dazu steht Wasser von 30 °C zur Verfügung. Die Kühlflächen können aus konstruktiven Gründen höchstens so groß sein, daß die Luft nicht unter 50 °C abgekühlt werden kann. Die Temperatur der angesaugten Luft beträgt 10 °C. Wie groß ist die Arbeitsersparnis pro kg verdichteter Luft?

Lösung

Zunächst adiabatische Verdichtung bis zu Temperaturen über 50 °C, dann eine Zwischenkühlung beim Druck p*. Dabei ist darauf zu achten, daß die Temperatur t* nach der Zwischenkühlung nicht überschritten wird (optimale Wahl von p* und t*).

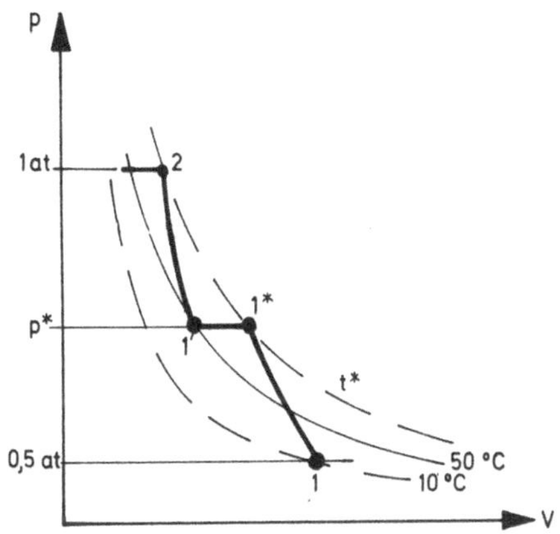

Zeile	Bezeichnung	Gleichung	Zahlenrechnung	Ergebnis	Bemerkung
1	Temperatur T* von Punkt 1′ aus gerechnet	$T^* = T_{kühl}\left(\frac{p_2}{p^*}\right)^{\frac{\kappa}{\kappa-1}}$	$= 323\left(\frac{1}{0{,}857}\right)^{\frac{1{,}4}{1{,}4-1}}$	341 °K = 68 °C	(1.49) 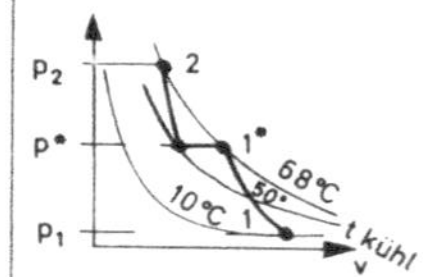
2	Temperatur T* von Punkt 1 aus gerechnet	$T^* = T_1\left(\frac{p^*}{p_1}\right)^{\frac{\kappa}{\kappa-1}}$	$= 283\left(\frac{0{,}857}{0{,}5}\right)^{\frac{1{,}4}{1{,}4-1}}$	341 °K zur Probe von Zeile 1	(1.49)
3	Zwischendruck p*	$p^* = \left[\frac{T_{kühl}(p_1 \cdot p_2)^{\frac{\kappa}{\kappa-1}}}{T_1}\right]^{\frac{\kappa-1}{2\kappa}}$	$= \left[\frac{323\ (0{,}5)^{\frac{1{,}4}{1{,}4-1}}}{283}\right]^{\frac{1{,}4-1}{2 \cdot 1{,}4}}$	0,857 at	aus Gl. für T* in Zeilen 1 u. 2
4	Arbeitsersparnis Δw	$\Delta w = h_2' - h_1^* - (h_2 - h_1')$ $= c_p\ (t_2' - t_1^* - t_2 + t_1')$	$= 0{,}24\ (88 - 68 - 68 + 50)$	$0{,}48\ \frac{kcal}{kg}$ *Kühlung also sinnlos* (verglichen mit $w_{1,2'} = c_p\ (t_2' - t_1)$ $= 18{,}7\ \frac{kcal}{kg}$)	(1.70/72) 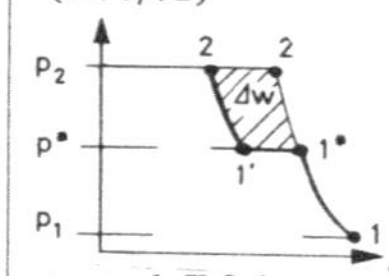 c_p nach T 3.1
5	Temperatur T_2'	$T_2' = T_1\left(\frac{p_2}{p_1}\right)^{\frac{\kappa}{\kappa-1}}$	$= 283\left(\frac{1}{0{,}5}\right)^{\frac{1{,}4}{1{,}4-1}}$	361 °K = 88 °C	

Soll eine Kühlung sinnvoll sein, so müssen kälteres Kühlmittel und größere Kühlfläche zur Verfügung stehen.

Weitere Aufgabenstellungen

Die Kompression eines Gases geschieht mit einem Turboverdichter. Durch eine Zwischenkühlung soll eine Leistungsersparnis erziehlt werden. Das Gas strömt in die Kühlung bei einem Zwischendruck, der so vorgesehen wird, daß die Drucksteigerung vor und hinter der Kühlung gleich ist. Diese Kühlung ist jedoch nur rentabel, wenn 10 % der Antriebsleistung eingespart wird. Prüfen Sie ob und unter welchen Bedingungen (Kühltemperaturen) die Kühlung wirtschaftlich ist.

Gas	CH_4	Cl_2	NH_3		
Ausgangsdruck p_1 $\frac{N}{cm^2}$	8	10	12,5	16	
Enddruck p_2 $\frac{N}{cm^2}$	18	20	22,5	25	28
sonstige Angaben	Ausgangstemperatur t_1 = 20 °C				
Bemerkung	Gase und Drücke beliebig kombinierbar. Beim Turboverdichter ohne schädliches Volumen rechnen!				

Beispiel 3

Bei einer in Betrieb befindlichen NH_3-Kältemaschine wurden folgende Meßwerte abgelesen:

a) Ammoniak-Temperatur am Anfang und Ende des Verdampfers (Kühlraum) t_4 = - 10 °C und t_1 = - 8 °C;

b) Temperatur hinter dem Kompressor t_2 = + 102 °C; p_2 = 11 ata (Kompression adiabatisch)

c) Temperatur vor dem Drosselventil t_3 = + 25 °C; ($p_2 = p_3$)

d) Temperatur des Kühlwassers am Kondensatoreintritt t_e = + 13,5 °C und am Austritt t_a = + 25,5 °C

Gesucht:

a) Wärmeaufnahme q_{zu} im Verdampfer,

b) Wärmeabgabe q_{ab} im Verflüssiger,

c) Kompressorarbeit w,

d) Leistungsziffer ϵ,

e) Welche Wärmemenge nimmt das Kühlwasser im Kondensator auf?

f) Spezifische Kälteleistung Q_{zu} pro kWh Antriebsarbeit

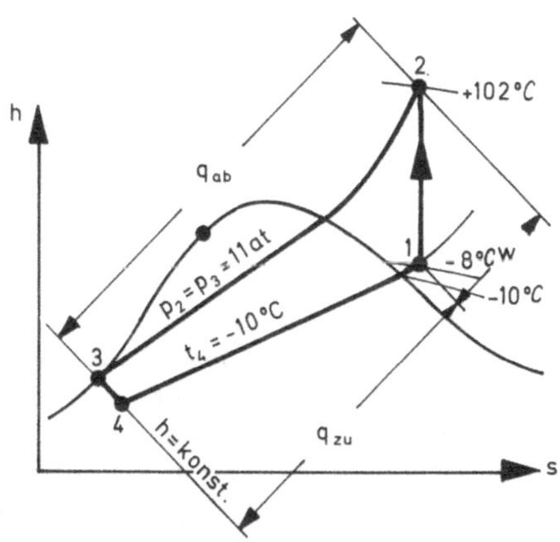

Zeile	Bezeichnung	Gleichung	Zahlenrechnung	Ergebnis	Bemerkung
1	Wärmeaufnahme q_{zu} im Verdampfer	$q_{zu} = h_1 - h_4$	$= 345 - 70$	$275 \frac{kcal}{kg}$	Werte aus h-s-Diagramm für NH_3
2	Wärmeabgabe im Verflüssiger q_{ab}	$q_{ab} = h_2 - h_3$	$= 393 - 73$	$320 \frac{kcal}{kg}$	
3	Verdichterarbeit w	$w = h_2 - h_1$	$= 393 - 345$	$48 \frac{kcal}{kg}$	$w + q_{zu} = 323 \approx q_{ab}$ (Ableseungenauigkeit)
4	Leistungsziffer ϵ	$\epsilon = \frac{q_{zu}}{w}$	$= \frac{275}{48}$	5,7	(4.8)
5	Wärmeaufnahme des Kühlwassers im Kondensator q_w	$q_w = c\ (t_a - t_e)$	$= 1\ (25{,}5 - 13{,}5)$	$12 \frac{kcal}{kg}$	(1.32) spezifische Wärme des Wassers $c = 1 \frac{kcal}{kg\ grd}$
6	Spezifische Kälteleistung Q_{zu}	$Q_{zu} = 860 \cdot \epsilon$	$= 860 \cdot 5{,}7$	$4900 \frac{kcal}{kWh}$	(4.10) mit $860 \frac{kcal}{kWh}$

Weitere Aufgabenstellungen

Für die Kühlung einer Verdampferkälteanlage steht Luft mit der Temperatur t_0 zur Verfügung. Um die Kühlflächen wirtschaftlich klein zu halten, betreibt man die Kondensation des Dampfes bei $t_0 + 10\ °C$.

Wie groß sind die Verluste (Antriebsmehrleistung) durch diese Nichtumkehrbarkeit im Kondensator, wenn die Kompression rein adiabatisch ist?

Wie groß sind maximal die Arbeitsersparnisse, wenn die Kompression zum Teil isothermisch (50 °C) verläuft?

Kühlmedium	NH_3		CO_2	
Verdampfungs-temperatur $t_4 = t_1$ °C	-5	-10	-20	-40
Lufttemperatur t_0 °C	5	10	20	40
Bemerkung	Gas und Temperaturen beliebig kombinierbar. Skizzieren Sie beide Prozesse im h-s-Diagramm. Falls die Verwendung eines Mediums schwierig, wähle man ein besseres!			

Beispiel 4

Für die Heizung eines Hauses benötigt man an einem kalten und windigen Tag ($t_0 = -10\ °C$) $Q = 50000$ kcal/h. Die Heizkörper sind so bemessen, daß das Heizwasser mit mindestens 50 °C eintreten muß (Vorlauftemperatur t_v), damit die Räume warm genug werden. Diese Wärme stellt eine Wärmepumpe zur Verfügung, die mit NH_3 arbeitet. Die Verdichtung erfolgt adiabatisch, die Drosselung bei h = konst., Verdampfung und Kondensation isobar. Wie groß ist die elektrische Leistung P für die Pumpe (Wirkungsgrad des Antriebes sei mit 100 % angenommen)? Wie groß ist die Leistungsziffer?

Da die Verdampfung mit der Umgebungsluft vorgenommen werden und ein merkliches Temperaturgefälle zwischen Verdampfungs- und Umgebungstemperatur vorhanden sein soll (wirtschaftliche Verdampfergröße), ist die Verdampfertemperatur mit - 20 °C angenommen.

Zeile	Bezeichnung	Gleichung	Zahlenrechnung	Ergebnis	Bemerkung
1	erforderliche elektrische Leistung P	$P = \frac{D \cdot w}{860}$	$= \frac{152 \cdot 93}{860}$	16,5 kW	860 kcal/kWh
2	Dampfdurchsatz/h D	$D = \frac{Q}{h_2 - h_3}$	$= \frac{50\,000}{433 - 100}$	$152 \frac{kg}{h}$	h_2, h_3 aus h-s-Diagramm für NH_3
3	Pumpenarbeit pro kg Dampf w	$w = h_2 - h_1$	$= 433 - 340$	$93 \frac{kcal}{kg}$	aus h-s-Diagramm
4	Leistungsziffer ϵ	$\epsilon = \frac{q_{ab}}{w} = \frac{h_2 - h_3}{w}$	$= \frac{433 - 100}{93}$	3,65	(4.12)

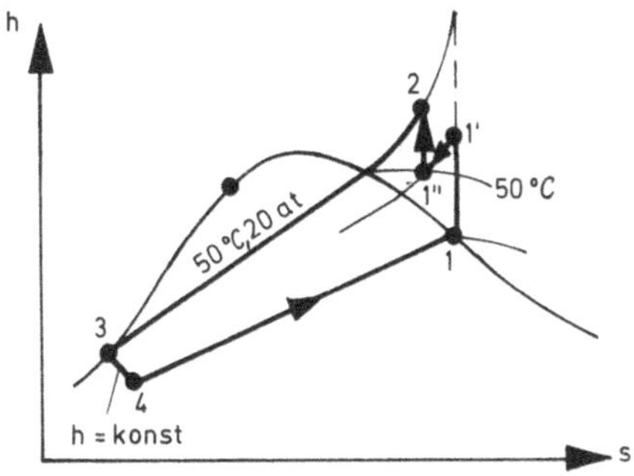

Die Leistungsziffer ist sehr klein. Verbesserung durch Zwischenkühlung bei der Kompression des Dampfes. Die zwischen 1′ und 1″ abgeführte Wärme kommt der Heizung zugute. Die Kühlung wird bei dem Zwischendruck $p_1' = p_1'' = 10$ at gewählt. Es ist dann die neue Leistungsziffer ϵ':

Zeile	Bezeichnung	Gleichung	Zahlenrechnung	Ergebnis	Bemerkung
5	Leistungsziffer ϵ'	$\epsilon' = \frac{q_{ab}}{w} = \frac{h_{1'} - h_{1''} + h_2 - h_3}{h_2 - h_{1''} + h_{1'} - h_1}$	$= \frac{400 - 367 + 390 - 100}{390 - 367 + 400 - 340}$	3,9	(4.12) Enthalpien aus Diagramm

Durch die Nichtumkehrbarkeiten an Verdampfer und Verflüssiger (Heizung) entsteht ein nennenswerter Verlust. Ohne die Nichtumkehrbarkeiten könnte die Wärmepumpe zwischen den Temperaturen - 10 °C und + 20 °C arbeiten; die Leistungsziffer betrüge dann $\epsilon^* = \frac{h_2 - h_3}{h_2 - h_1} = \frac{381 - 66}{381 - 342} = 8{,}1$. Man könnte demnach mit $P \cdot \frac{\epsilon}{\epsilon^*} = 16{,}5\ \text{kW} \cdot \frac{3{,}65}{8{,}1} = 7{,}4\ \text{kW}$ · auskommen!

Weitere Aufgabenstellungen

Für eine mit Wärme aus der Umgebungsluft gespeiste Wärmepumpe ist ein Diagramm $\epsilon\,(t_0)$ zu entwerfen. Das Arbeitsschema der Pumpe ist mit den Temperaturen und Drücken zu skizzieren.

Höchsttemperatur des Prozesses t_2 °C	40	45	50	
Arbeitsmedium	NH_3	Luft	N_2	
Temperaturdifferenz $t_0 - t_1 = \Delta t$ °C	3	6	10	15
sonstige Angaben	gewünschte Raumtemperatur 20 °C, Kompression adiabatisch, Kühlung und Wärmeaufnahme isobar. Niedrigste Umgebungstemperatur $t_0 = -20$ °C.			
Bemerkung	t_2, Δt und Arbeitsmedium beliebig kombinierbar			

5. Gasgemische

Formelzeichen

(Hier nicht auffindbare Zeichen unter allgemeine Formelzeichen suchen.)

g		Massenanteil
L	kg	Luftmenge
p	kp/cm^2	Dampfdruck, Druck allg.
r		Raumanteil
W	kg	Wassermenge
φ		relative Feuchtigkeit
χ		Sättigungsgrad

Indizes

d	Dampf	n	n-tes Gas
f	Frischluft	rest	Rest-
g	Grenz-	u	Umluft
i	i-tes Gas	w	Wasser
m	auf Mischungszustand M bezogen	1; 2	Gas 1; Gas 2 oder Zustand 1; Zustand 2

5.1. Gemische idealer Gase

Bei technischen Prozessen hat man es viel öfter mit *Gasgemischen* (z.B. Luft) zu tun als mit reinen Gasen. Für Gasgemische ist – wenn wir sie aus idealen Einzelgasen zusammengesetzt denken – zu untersuchen, ob auch für sie die Gesetze gelten, die in Abschnitt 1 aufgestellt wurden. Dazu dient folgender Versuch.

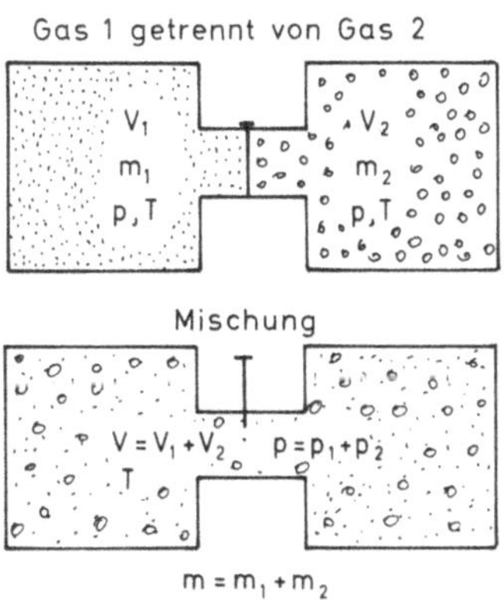

Ein Gas mit dem Volumen V_1 wird in den durch den Schieber abgetrennten Teilraum 1 eingesperrt, ein Gas 2 wird in das Volumen V_2 eingesperrt. Temperaturen und Drücke beider Gase sind gleich. Nach der Öffnung des Schiebers verteilen sich beide Gase gleichmäßig über den Gesamtraum, so daß beide Gase das Gesamtvolumen $V_1 + V_2$ einnehmen.

Dalton stellte fest, daß sich jedes Einzelgas nach Entfernung der Zwischenwand ausdehnt, als ob kein anderes Gas vorhanden wäre. Bei dieser Ausdehnung des Gases 1 etwa wird der Gasdruck p_1

kleiner, man spricht nach der Mischung vom *Teil-druck* der Gase. Dabei bleibt das Produkt pV konstant (Temperatur ändert sich bei der Mischung nicht).

$$pV_1 = p_1 V = p_1 (V_1 + V_2 + \ldots) \tag{5.1}$$

Der Gesamtdruck bleibt erhalten, so daß

$$p = p_1 + p_2 + \ldots + p_n \tag{5.2}$$

Raumanteile r

Das Verhältnis des Teilvolumens zum Gesamtvolumen wird als *Raumanteil* bezeichnet:

$$V_1/V = r_1 ; \; V_2/V = r_2 \tag{5.3}$$

Massenanteile g

Das Verhältnis der Teilmasse zur Gesamtmasse heißt *Massenanteil*.

$$m_1/m = g_1 \tag{5.4}$$

Die Summe der Raum- und Massenanteile ist 1

$$\begin{aligned} r_1 + r_2 + \ldots + r_n &= 1 \\ g_1 + g_2 + \ldots + g_n &= 1 \end{aligned} \tag{5.5}$$

Bei konstantem Druck und konstanter Temperatur ist mit den Molekularmassen $M_1, M_2 \ldots M_i$ das Verhältnis der Massen bzw. der Massenanteile

$$\frac{G_1}{G_2} = \frac{M_1 V_1}{M_2 V_2}$$ oder mit Gl. (5.3)

$$\frac{g_1}{g_2} = \frac{r_1 M_1}{r_2 M_2}$$

Für das i-te-Gas wird der Massenanteil

$$g_i = \frac{m_i}{m} = \frac{r_i M_i}{\sum_{i=1}^{n} (r_i M_i)} \tag{5.6}$$

Zustandsgleichung für Gasgemische

Die Zustandsgleichung für Gasgemische wird:

$$V \sum_{i=1}^{n} p_i = mT \sum_{i=1}^{n} (g_i R_i) \tag{5.7}$$

Die spezielle *Gaskonstante* des Gemisches ist:

$$R = g_1 R_1 + g_2 R_2 + \ldots + g_n R_n = \sum_{i=1}^{n} (g_i R_i) \tag{5.8}$$

Gaskonstante *R*

Die *Gaskonstante* der Gasgemische kann aus der allgemeinen Gaskonstanten *R* dividiert durch das scheinbare Molekulargewicht M berechnet werden. Es wird

$$R = \frac{\mathcal{R}}{M} = \frac{\mathcal{R}}{\sum_{i=1}^{n} (r_i M_i)} \tag{5.9}$$

spezifische Wärmen c_v, c_p

Spezifische Wärme eines Gasgemisches bei *konstantem Volumen* c_v:

$$c_v = \sum_{i=1}^{n} (g_i c_{vi}) \tag{5.10}$$

Spezifische Wärme eines Gasgemisches bei *konstantem Druck* c_p:

$$c_p = \sum_{i=1}^{n} (g_i c_{pi}) \tag{5.11}$$

Für die molaren Werte *C* gilt Gl. (1.35) mit

$$M = \sum_{i=1}^{n} (r_i M_i) \tag{5.12}$$

5.2. Dampf-Luft-Gemisch (feuchte Luft)

absolute Feuchtigkeit

Feuchte Luft ist ein Gasgemisch, dessen eine Komponente, nämlich der Wasserdampf, den Aggregatzustand ändern kann.

Luft löst je nach Temperatur und Druck verschieden viel Wasserdampf. Die in einem kg Luft.L gelöste Wasserdampfmenge W heißt *absolute Feuchtigkeit* oder *Wassergehalt* der Luft.

$$x = W/L \quad g\,H_2O/kg \text{ trockene Luft} \tag{5.13}$$

Die je nach Temperatur und Druck maximal lösliche Wasserdampfmenge pro kg Luft ist der *Grenzwassergehalt* x_g.

Sättigungsgrad χ
relative Feuchtigkeit φ

Wesentlich für alle Betrachtungen von feuchter Luft ist das Verhältnis der absoluten Feuchtigkeit x zu der maximal möglichen Feuchtigkeit x_g (Grenzwassergehalt). Dieses Verhältnis bezeichnet man mit *Sättigungsgrad*

$$\chi = \frac{x}{x_g} \tag{5.14}$$

Die Metereologie rechnet mit der *relativen Feuchtigkeit.* Sie ist definiert:

$$\varphi = \frac{p_d}{p_g} = \frac{\text{Wasserdampfdruck}}{\text{Grenzdampfdruck}} \tag{5.15}$$

Der Zusammenhang zwischen χ und φ ist mit Umgebungsdruck p:

$$\chi = \varphi \frac{p - p_g}{p - \varphi\, p_g} \tag{5.16}$$

aus dieser Gleichung ergibt sich für kleine Dampfdrücke $\varphi \approx \chi$, so daß bei Umgebungsdruck beide Werte etwa gleich sind.

h-x-Diagramm
für feuchte Luft

Die Größe der relativen Feuchtigkeit φ zeigt die Fähigkeit der Luft, weiteres Wasser aufzunehmen. Erst bei $\varphi = 1$ hört die Bereitschaft für die Wasserdampfaufnahme auf. Sie kann sofort gesteigert werden, wenn man die Temperatur der feuchten Luft erhöht bzw. durch diese Temperaturerhöhung

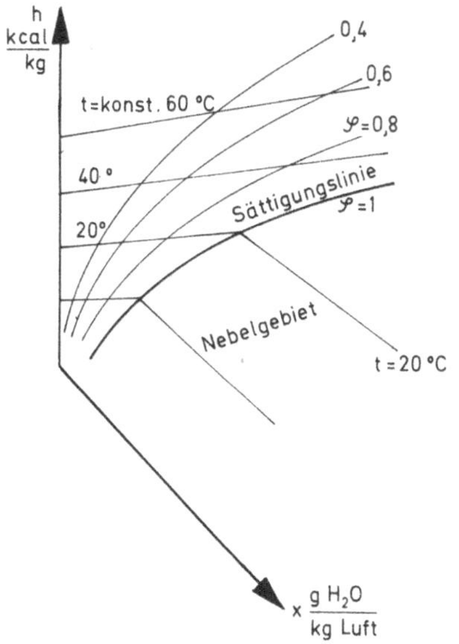

den Grenzdruck p_g vergrößert. Anderseits kann durch die Abkühlung von feuchter Luft der Grenzdruck p_g unter den vorhandenen Dampfdruck p_d gesenkt werden, so daß φ größer als 1 wird. Da das nicht möglich ist, wird Wasser in flüssiger Form ausgeschieden *(Kondensat)*. Diese Vorgänge sind im einzelnen übersichtlich und bequem im h-x-Diagramm darzustellen. In einem schiefwinkligen Diagramm werden die Enthalpie der feuchten Luft und der Wassergehalt x der Luft dargestellt. Oberhalb der Sättigungslinie $\varphi = 1$ befinden sich die Linien konstanter φ-Werte, ferner nach rechts ansteigend die Temperaturen. Unterhalb der Sättigungslinie liegt das Nebelgebiet. Dieses ist ein 2-Phasen-Gebiet, bestehend aus reinem Wasser (Kondensat) und der gesättigten feuchten Luft. Unterhalb der Temperatur 0 °C liegt das Eisnebelgebiet und ein Übergangsgebiet zwischen Eisnebel und Wassernebel. Dieses Gebiet soll hier jedoch nicht näher betrachtet werden.

Anwendungen h-x-Diagramm

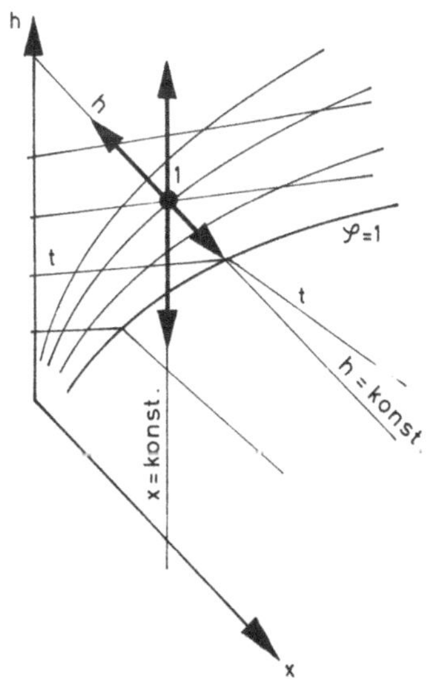

Nachstehend sollen einige wichtige Anwendungen des h-x-Diagramms gezeigt werden.

Für die Zustandsänderungen der feuchten Luft vom Ausgangszustand 1 aus gibt es folgende Grenzfälle, die technisch häufig vorkommen:

1. Wassergehalt x bleibt konstant (Erwärmung oder Abkühlung ohne Wasserzu- oder abfuhr).
2. Enthalpie h bleibt konstant (ohne Wärmezu- oder abfuhr wird Wasser aufgenommen oder abgegeben).

Bevor man Zustandsänderungen für feuchte Luft im h-x-Diagramm verfolgt, muß man demnach überlegen, wird Wärme zugeführt, ändert sich der Wasserhalt und dgl. Erst dann erfolgt die Eintragung der Zustandsänderung im Diagramm entweder senkrecht (x = konst.) oder parallel zu den Linien h = konst.

Mischung

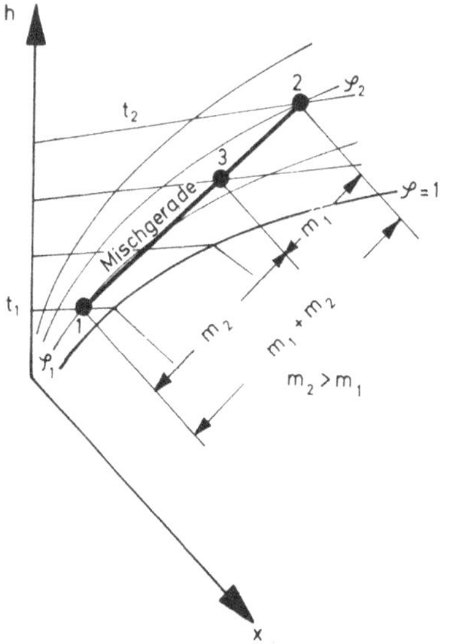

Häufig werden Luftmengen verschiedenen Zustandes miteinander gemischt. Dieser Mischung entspricht die *„Mischgerade"* im Diagramm. Die zwei Zustandspunkte 1 und 2 der feuchten Luft vor der Mischung werden durch eine Gerade miteinander verbunden. Auf dieser Geraden ist der Mischungszustand zu finden. Die Lage des Mischungszustandes hängt von den Mengen m_1 und m_2 ab. Nimmt man die Länge zwischen den beiden Ausgangspunkten 1 und 2 als Maß für die Gesamtmenge $m_1 + m_2$, und teilt die Strecke im Verhältnis m_1 zu m_2, so daß die Teilstrecke für m_1 vom Punkte 2 in Richtung 1 angetragen werden (abgewandte Hebelarme), so erhält man den Zustandspunkt der Mischung 3.

Umlufttrocknung

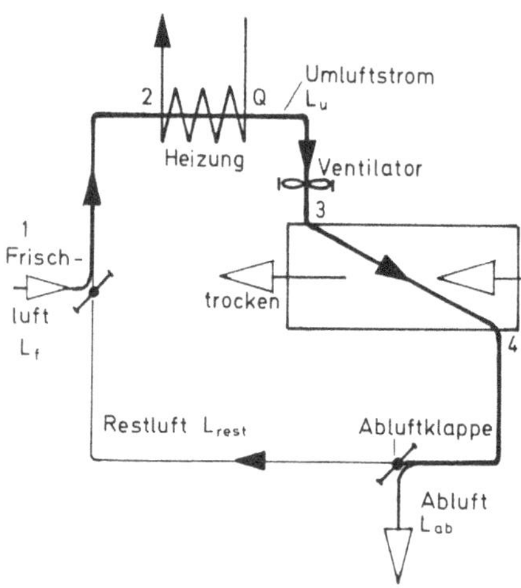

Als ein Beispiel für die Anwendung des h-x-Diagrammes diene die Schilderung der *Umlufttrocknung.*

Durch eine Trockenkammer wird von rechts nach links das zu trocknende Gut befördert, das während seines Durchganges Wasser an die Trocknungsluft abgibt. Diese tritt an der linken Seite der Trockenkammer (3) ein. Während der Wasseraufnahme im Trockner durch die Luft wird sie feuchter und kälter. Sie tritt mit diesem Zustand (4) am rechten Trocknerende aus. Dieser feuchte Luftstrom wird geteilt in einen Abluftstrom, der etwa durch einen Kamin entweicht und einen Restluftstrom L_{rest}.

Diesem Restluftstrom wird auf der Saugseite des Ventilators Frischluft L_f mit dem Zustand (1) zugemischt. Die Menge dieser Frischluft ist durch den Wassergehalt der Frischluft bestimmt: Je trockner sie ist, desto weniger muß man zumischen. Die Heizung erwärmt diese Mischungsluft (Zustand 2), so daß der Grenzwassergehalt x_g erhöht wird, (Verminderung der relativen Feuchtigkeit). Mit diesem Zustand tritt die Mischluft wieder in die Trockenkammer ein.

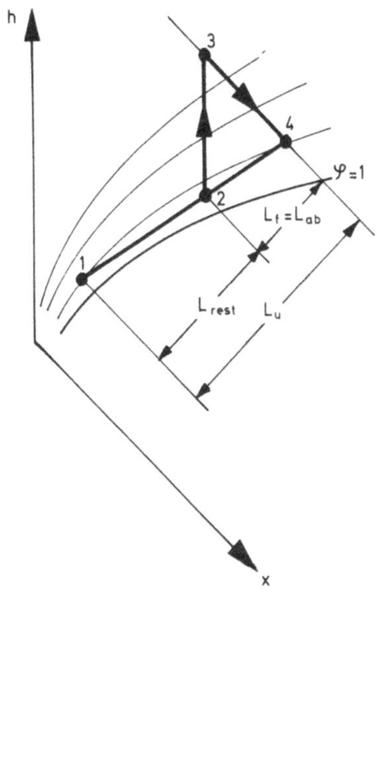

Im h-x-Diagramm ergibt sich dadurch folgende Konstruktion: Der Zustandspunkt 1 ist z. B. durch die Witterungsverhältnisse gegeben.

Zustandspunkt 4 ist durch die Trocknungsbedingungen festgelegt. Soll z. B. ein Trockengut nicht zu schnell angetrocknet werden, so wird die relative Feuchtigkeit im Punkt 4 ziemlich groß sein.

Zustand 3 ist ebenfalls durch die Trocknungsbedingungen gegeben, z. B. die Temperaturempfindlichkeit des Gutes. Soll ein Gut nicht ganz ausgetrocknet werden, so erhält man eine Vorschrift über die Mindestfeuchte der Luft beim Eintritt in den Trockner (3).

Es liegen also die Punkte 1 und 3 fest, von Punkt 4 ist φ bekannt. Die Luft der Zustände 1 und 4 wird gemischt, also durch eine Mischgerade verbunden. Auf ihr liegt der Mischungszustand 2. Dieser Zustand muß unter dem Zustandspunkt 3 liegen, da bei der Aufheizung x konstant bleibt. Während der Trocknung (im Trockner) wird keine Wärme ausgetauscht, die Trocknung verläuft also bei gleicher Enthalpie, bis zur gewünschten Feuchtigkeit des Austrittzustandes 4. Somit ergibt sich der Punkt 4. Man kann jetzt die Mischgerade ziehen, den Punkt 2 bestimmen und damit die Umluft- und Frischluftmenge (die Abluftmenge ist gleich der Frischluftmenge).

In diesem Beispiel findet man die Mischung, die Temperaturänderung ohne Feuchtigkeitsänderung und die Feuchtigkeitsänderung ohne Wärmeaustausch.

Wasser, Dampf einblasen

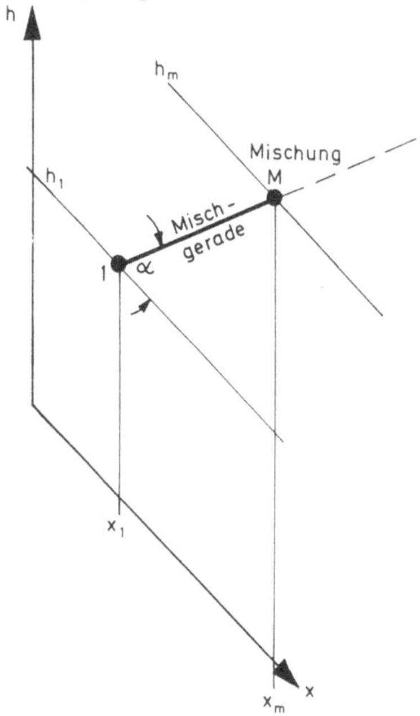

Zur *Luftbefeuchtung* bietet sich an, Dampf oder Wasser (W_{zu}) in die Luft (L) einzublasen. Diese Mischung findet mit einem Zustand statt, dessen Wassergehalt ($x \to \infty$) nicht im Diagramm darstellbar ist. Andererseits bewirkt die Enthalpie h_{zu} von Dampf oder Wasser eine mehr oder weniger starke Aufheizung der feuchten Luft. Um die Steigung der Mischgeraden zu finden, sucht man den Differentialquotienten dh/dx auf. Dieser ist gleich dem Differenzenquotienten (lineare Abhängigkeiten).

$$\boxed{\frac{dh}{dx} = \tan\alpha = \frac{h_m - h_1}{x_m - x_1} = h_{zu}} \tag{5.17}$$

dabei ist $h_m - h_1 = \dfrac{W_{zu}\, h_{zu}}{L}$ und

$x_m - x_1 = \dfrac{W_{zu}}{L}$, daher $\tan\alpha = h_{zu}$.

Randmaßstab

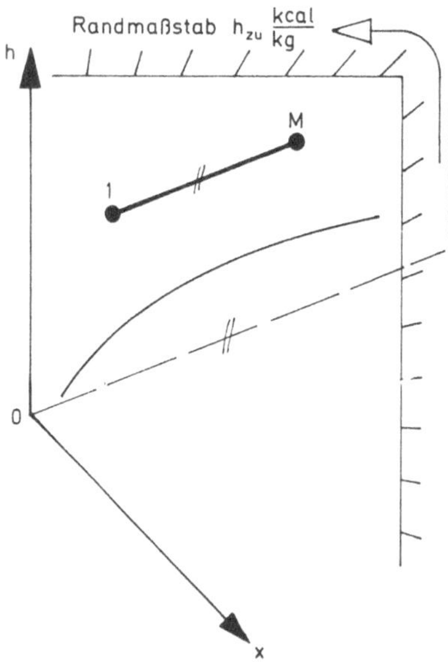

Die Richtung der Mischgeraden (α) wird zweckmäßig im Randmaßstab

$h_{zu} = \dfrac{dh}{dx}\,\dfrac{kcal}{kg\, W_{zu}}$ bestimmt. Vom Nullpunkt wird

diese Richtung festgestellt, dann vom Zustand 1 eine Parallele dazu gezogen.

Dabei ist zu beachten, daß bei Wassereinspritzung $h_{zu} \approx t_w$.

Beispiele

Beispiel 1

Gichtgas (Hochofengas) hat folgende Zusammensetzung in Vol - %: 4 % H_2, 28 % CO, 8 % CO_2, 60 % N_2.
Zu bestimmen sind die Masse von 40 m^3 bei 1 at und 50 °C, die Wärmemenge die zur Temperaturerhöhung dieser Masse von 50 °C auf 120 °C benötigt wird, dabei soll der Druck konstant bleiben. Wie groß ist der Adiabatenexponent κ?

Weitere Aufgabenstellungen

Wieviel kmol eines Gases kann man mit einer Wärmemenge Q von 30 °C auf 80 °C erwärmen?

Wie groß ist die Entropiezunahme des Gemisches (ideales Gas)?

Gas	Wassergas	Steinkohlenschwelgas		Stadtgas	Generatorgas	
Wärmemenge Q kJ	100	160	250	400	630	1000
Heizbedingung	V = konst.			p = konst.		
Bemerkung	Gas, Q und Heizbedingungen beliebig kombinierbar, Gaszusammensetzungen nach T. 3.8					

Zeile	Bezeichnung	Gleichung	Zahlenrechnung	Ergebnis	Bemerkung
1	Masse m	$m = \dfrac{V \sum_{i=1}^{n} p_i}{T \sum_{i=1}^{n} (g_i R_i)}$	$= \dfrac{40 \cdot 10^4}{333 \cdot 30{,}25}$	39,7 kg	(5.7) Σp_i $= 1$ at $= 10^4$ kp/m²; $T = 273 + 50$ °K
2	Gaskonstante R	$R = \sum_{i=1}^{n} (g_i R_i)$ $= g_{H_2} R_{H_2} + g_{CO} R_{CO} + g_{CO_2} R_{CO_2} + g_{N_2} R_{N_2}$ $= 0{,}00283 \cdot 420{,}75 + 0{,}279 \cdot 30{,}28 + 0{,}124 \cdot 19{,}25 + 0{,}592 \cdot$ $\cdot\, 30{,}26$		$30{,}25\ \dfrac{\text{mkp}}{\text{kg grd}}$	(5.8) R_i aus T.3
3	Massenanteile g_i	$g_{H_2} = \dfrac{r_{H_2} M_{H_2}}{\Sigma r_i M_i}$	$= \dfrac{0{,}04 \cdot 2{,}015}{28{,}26}$	0,00283	(5.6) Prüfung mit Gl. (5.5); $\sum_{i=1}^{n} g_i = 1$; Summe hier 0,998
		$g_{CO} = \dfrac{r_{CO} M_{CO}}{\Sigma r_i M_i}$	$= \dfrac{0{,}28 \cdot 28{,}01}{28{,}26}$	0,279	
		$g_{CO_2} = \dfrac{r_{CO_2} M_{CO_2}}{\Sigma r_i M_i}$	$= \dfrac{0{,}08 \cdot 44{,}01}{28{,}26}$	0,124	
		$g_{N_2} = \dfrac{r_{N_2} M_{N_2}}{\Sigma r_i M_i}$	$= \dfrac{0{,}6 \cdot 28{,}016}{28{,}26}$	0,592	

4	scheinbares Molekulargewicht M	$M = \Sigma r_i M_i$ $= r_{H_2} M_{H_2} + r_{CO} M_{CO} + r_{CO_2} M_{CO_2} + r_{N_2} M_{N_2}$ $= 0{,}04 \cdot 2{,}015 + 0{,}28 \cdot 28{,}01 + 0{,}08 \cdot 44{,}01 + 0{,}6 \cdot 28{,}016$		$28{,}26 \dfrac{kg}{kmol}$	(5.9) Molekulargewichte M_i aus T. 3
5	Heizwärme Q	$Q = m\, c_p (t_2 - t_1)$	$= 39{,}7 \cdot 0{,}251\,(120 - 50)$	698 kcal	(1.42) $t_2 = 120\,°C$
6	spezifische Wärme c_p	$c_p = \sum_{i=1}^{n} (g_i c_{pi}) = g_{H_2} c_{pH_2} + g_{CO} c_{pCO} + g_{CO_2} \cdot$ $\cdot c_{pCO_2} + g_{N_2} c_{pN_2}$ $= 0{,}00283 \cdot 3{,}4 + 0{,}279 \cdot 0{,}251 + 0{,}134 \cdot 0{,}197 + 0{,}582 \cdot 0{,}249$		$0{,}251 \dfrac{kcal}{kg\ grd}$	(5.11) c_{pi} aus T. 3
7	Adiabatenexponent κ	$\kappa = \dfrac{c_p}{c_v}$	$= \dfrac{0{,}251}{0{,}1802}$	1,39	(1.34)
8	spezifische Wärme c_v	$c_v = c_p - R$	$= 0{,}251 - \dfrac{30{,}25}{427}$	$0{,}1802 \dfrac{kcal}{kg\ grd}$	(1.33)

Beispiel 2

Ein Kellerraum mit V = 36,8 m³ Rauminhalt enthält Luft von t = 40 °C mit einer relativen Luftfeuchtigkeit von $\varphi = 0{,}6$. Die Luft kühlt sich im Keller auf 20 °C ab. Wieviel Wasser scheidet sie aus? (Luftdruck = 760 Torr)

Zeile	Bezeichnung	Gleichung	Zahlenrechnung	Ergebnis	Bemerkung
1	Masse der Luft m_L	$m_L = \frac{pV}{RT}$	$= \frac{1{,}033 \cdot 10^4 \cdot 36{,}8}{29{,}3 \cdot 313}$	41,5 kg	(1.21) für trockene Luft gerechnet
2	ausgeschiedene Wassermenge m_W	$m_W = m_L\,\Delta x$	$= 41{,}5 \cdot 14$	580 g	(5.13) $\Delta x = 14$ g H_2O/kg L. aus h-x-Diagramm

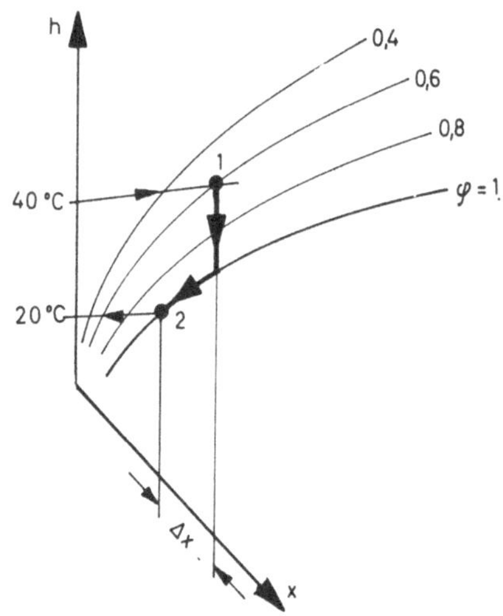

Weitere Aufgabenstellungen

Die Temperatur t einer Oberfläche (Fensterglas, Stein usw.) ist bekannt. Man beobachtet ein erstes Kondensieren auf der Oberfläche. Wenn die Temperatur t_0 der umgebenden Luft bekannt ist, gibt das h-x-Diagramm die relative Feuchtigkeit an (Taupunktmessung).

Oberflächentemperatur t °C	10	15	20	25	30	35	40	45
Lufttemperatur t_0 °C	13	20	25	30	35	40	50	55
	16	24	30	37	40	48	57	65
	19	28	35	44	50	56	64	75
	22	32	40	51	60	64	71	85
sonstige Angaben	Luftdruck p_0 = 760 Torr							
Bemerkung	t und t_0 nur innerhalb einer Spalte beliebig kombinierbar. Der Vorgang ist im h-x-Diagramm zu skizzieren.							

Beispiel 3

Mit Hilfe des h-x-Diagrammes ist zu untersuchen, wie von Zuständen 1 und 2 der Luftzustand 3 zu erreichen ist.

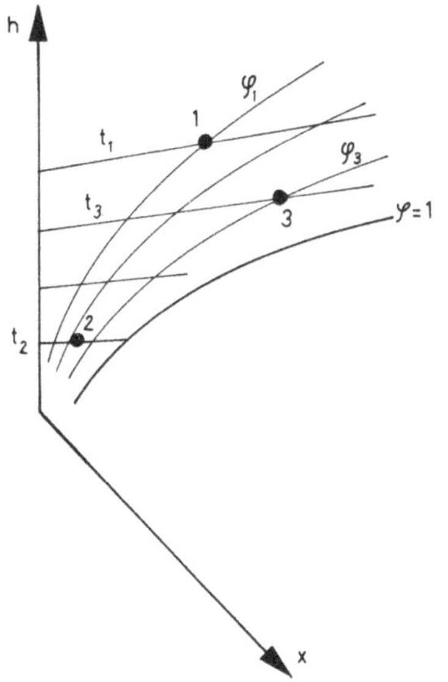

Gegeben:

Zustand 1:	t_1	=	60 °C
	φ_1	=	10 %
Zustand 2:	t_2	=	0 °C
	φ_2	=	50 %
Zustand 3:	t_3	=	37 °C
	φ_3	=	90 %
Luftdruck	p	=	1 at

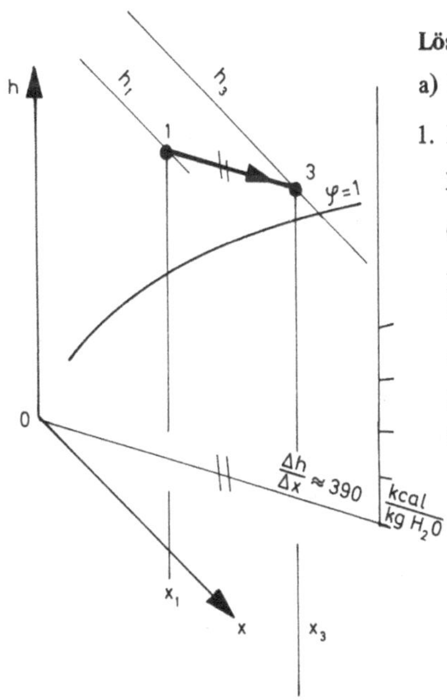

Lösung

a) Luft des Zustandes 1 in Zustand 3 überführen

1. Erreichbar durch Einblasen von Dampf mit $h = 390 \frac{kcal}{kg}$. Aus dem h-s-Diagramm für Wasserdampf entnimmt man für $h = 390 \frac{kcal}{kg}$ und $p = 1$ at, daß es sich um einen Naßdampf von 100 °C mit Dampfgehalt $x = 0{,}54$ handelt, oder aus Gl. (2.2) $x = \frac{h - h'}{r} = \frac{390 - 99{,}12}{539{,}4} = 0{,}54$.

   Pro kg Luft sind $x_3 - x_1$ g Dampf einzublasen, also $38 - 13 = 25$ g H_2O/kg Luft.

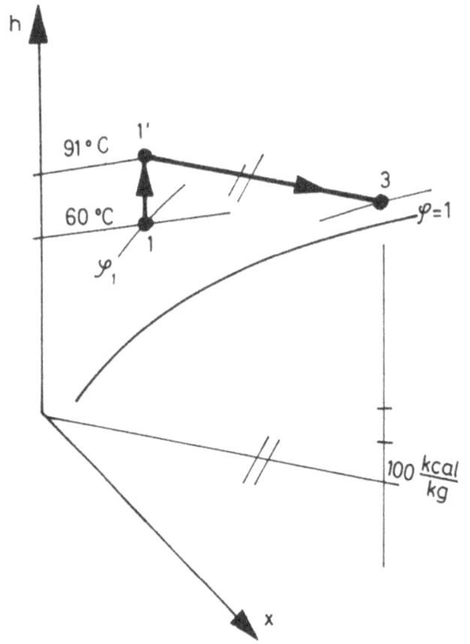

2. Ist kein solcher Sattdampf vorhanden, sondern z. B. Wasser von 100 °C, so kann dieses zerstäubt und zusätzlich geheizt werden. Die Luft ist dann auf 91 °C zu erwärmen, anschließend pro kg Luft 25 g H_2O einzublasen. Pro kg Luft benötigt man $h_1' - h_1 = 30 - 22{,}5 = 7{,}5$ kcal/kg L.

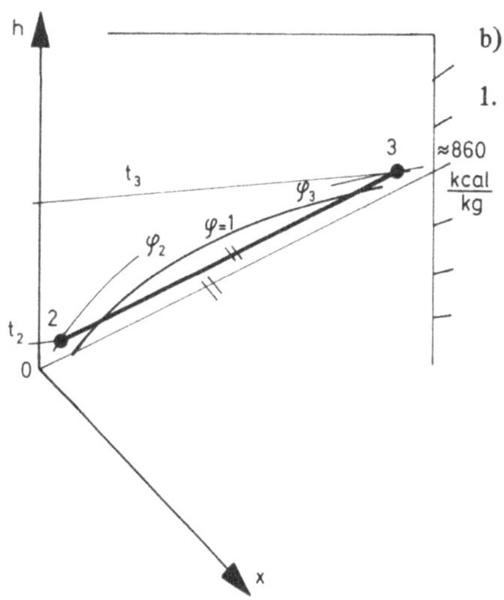

b) Luft des Zustandes 2 in Zustand 3 zu überführen

1. Einblasen von Wasserdampf mit $h = 860 \frac{kcal}{kg}$. Das ist z. B. ein Dampf von 5 at auf 550 °C überhitzt. Dabei entsteht bei Überschreiten der Sättigungslinie Nebel, der sich allerdings bei weiterer Dampfzufuhr wieder auflöst, weil durch die Wärmezufuhr x_g stark erhöht wird. Will man die Nebelbildung vermeiden, so kann man etwa

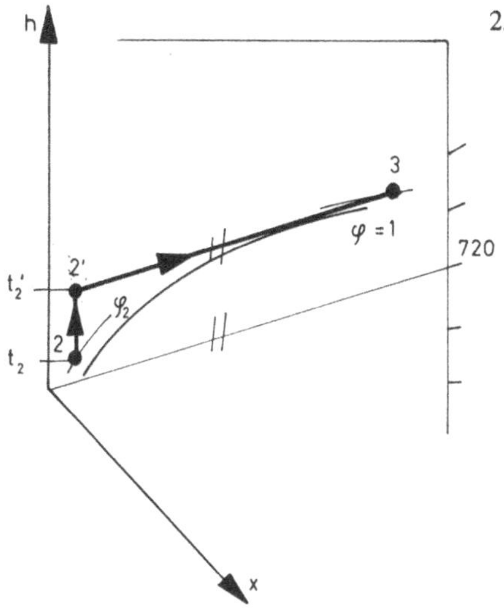

2. die Luft des Zustandes 2 erwärmen und dann Dampf einblasen, der dann eine geringere Enthalpie haben muß. Im Grenzfall (soeben keine Nebelbildung mehr) zieht man die Tangente von 3 an $\varphi = 1$ und findet 2'. Der Randmaßstab gibt h_{zu} an.

Weitere Aufgabenstellungen

Luft der Zustände 1 und 2 sollen so gemischt werden, daß man durch Einblasen von Dampf der Enthalpie h_{zu} den Zustand 3 erreicht. Wieviel kg der Luft 1, der Luft 2 und wieviel kg Dampf werden benötigt, um 10 nm^3 feuchte Luft des Zustandes 3 zu erhalten? Wie groß ist die erforderliche Dampfnässe?

Zustand 1 t_1 °C/φ_1 %	65/20	70/10	70/30	
Zustand 2 t_2 °C/φ_2 %	5/50	10/90	15/80	
Zustand 3 t_3 °C/φ_3 %	35/60	40/70	45/80	
Dampfenthalpie h_{zu} kcal/kg	550	600	650	700
Bemerkung	Zustände 1, 2, 3 und h_{zu} beliebig kombinierbar. Es ist zu prüfen, ob Nebel entsteht, falls ja, ist anzugeben, wie man ihn vermeiden kann.			

Beispiel 4

In einem Umlufttrockner wird Frischluft mit einer Temperatur $t_1 = 20$ °C und einer relativen Luftfeuchtigkeit von $\varphi_1 = 0{,}7$ angesaugt und mit der Abluft aus der Trockenkammer (Zustand 4) zu einem Zustand 2 gemischt. In einer Heizkammer wird die Mischung auf $t_3 = 60$ °C erhitzt und die relative Feuchtigkeit auf $\varphi_3 = 0{,}3$ verringert. In diesem Zustand tritt die Luft in die Trockenkammer ein und verläßt sie mit einer relativen Feuchtigkeit von $\varphi_4 = 0{,}8$.

Gesucht:

a) Die Luftmenge die nötig ist, um 120 kg Wasser pro Stunde aufzunehmen,
b) die Wärmemenge die zur Beheizung der Luft erforderlich ist,
c) die erforderliche Frischluftmenge.

Zeile	Bezeichnung	Gleichung	Zahlenrechnung	Ergebnis	Bemerkung
1	Luftmenge L_u	$L_u = \frac{m_w}{\Delta x}$	$= \frac{120 \cdot 1000}{7}$	$17150 \frac{\text{kg L}}{\text{h}}$	(5.13) $\Delta x = x_4 - x_3$ aus Diagramm
2	Wärmemenge Q	$Q = (h_3 - h_2)\, L_u$	$= (39 - 33{,}7) \cdot 17150$	$90800 \frac{\text{kcal}}{\text{h}}$	
3	Frischluftmenge L_f	$L_f = L_u \frac{18}{95}$	$= 17150 \cdot \frac{18}{95}$	$3250 \frac{\text{kg L}}{\text{h}}$	Verhältnis $\frac{L_u}{L_f}$ aus Diagramm abmessen

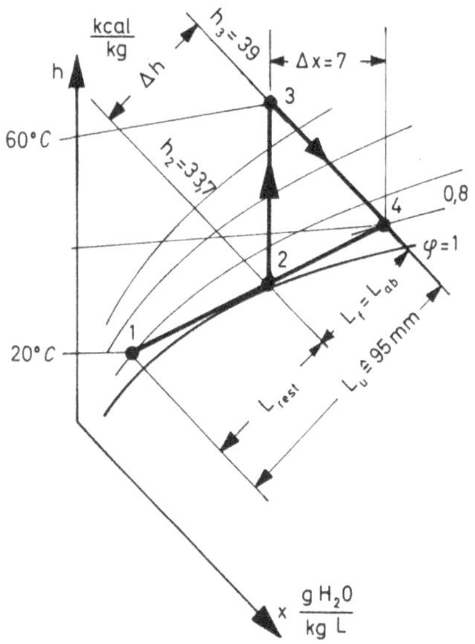

Weitere Aufgabenstellungen

Mit gegebener Höchsttemperatur t_3 und maximaler Trockenheit φ_3 ist in einem Trockner eine Gewebebahn zu trocknen. Die Endfeuchtigkeit φ_4 am Trocknerende sei $\varphi_4 = 70\,\%$.

Diese Trocknung kann in einem *einfachen Trockner* vorgenommen werden, der nur mit Frischluft (t_1, φ_1) arbeitet (nach der Trocknung wird sie ins Freie entlassen). Berechnen Sie die Wärmeersparnis durch *Umluftbetrieb.*

Umgebungsluft t_1 °C/φ_1 %	10/70	20/50		25/80
Temperatur t_3 °C	50	60	70	80
Feuchtigkeit φ_3 %	20	25	30	
sonstige Angaben	Luftdruck $p_0 \approx 760$ Torr; zu verdampfende Wassermenge W = 70 kg/h			
Bemerkung	Umgebungsluft, t_3, φ_3 beliebig kombinierbar. Zeichnen Sie die h-x-Diagramme beider Trockner und das Arbeitsschema des ersten!			

6. Verbrennung

Formelzeichen

(Hier nicht auffindbare Zeichen unter allgemeine Formelzeichen suchen.)

a	Ascheanteil	L kmol/kg	Luftbedarf
c	Kohlenstoffanteil	n	Stickstoffanteil
CO, CO_2, CH_4	Anteile dieser Gase	o	Sauerstoffanteil
h	Wasserstoffanteil	O kmol/kg	Sauerstoffbedarf
H kcal/kg	Heizwert	s	Schwefelanteil
H_2	Wasserstoffanteil	w	Wasser-, Wasserdampfanteil

σ Brennstoffkennzahl

Indizes

o	oberer	′	vor der Verbrennung
R	Rauchgas	″	nach der Verbrennung
u	unterer		

6.1. Allgemeines

Energiegewinnung

Ein großer Teil der heutigen Energiegewinnung basiert auf der Umsetzung von Wärme in mechanische Energie.

Die Gewinnung mechanischer Arbeit aus Wärmeenergie setzt voraus, daß Wärme von einem höher temperierten zu einem kalten Körper fließt. In diesen Fluß wird der zur Energiegewinnung geeignete Apparat eingebaut (z. B. Turbine). Es ist also erforderlich, einen Wärmevorrat zu benutzen, dessen Temperatur höher liegt als die des Körpers, an den die Restwärme (die nicht in mechanische Arbeit umgesetzt wurde) übergeht. Hätte man einen kalten Körper von z.B. -100 °C, so könnte man ohne weiteres den Wärmevorrat des Meerwassers für die Beheizung von Wärmekraftmaschinen benutzen. Leider steht jedoch als kalter Körper im wesentlichen nur die Umgebung mit Temperaturen von normalerweise über 0 °C zur Verfügung. Das Temperaturniveau des Heizkörpers muß also erhöht werden.

Die Wärmemenge zur Gewinnung mechanischer Arbeit muß bei höheren Temperaturen geliefert werden.

Eins der Mittel, Wärme bei höheren Temperaturen zur Verfügung zu stellen, ist die Verbrennung. Andere Quellen, wie Sonnenstrahlung, Atomenergie und dgl. werden bis heute nur in geringem Maße verwendet. Um große Reversibilitätsgrade zu verwirklichen, sollte die Verbrennungstemperatur niedrig liegen. Bei geringen Temperaturdifferenzen zwischen Warm- und Kaltkörper wird jedoch die Maschine zur Ausnutzung dieser Energien sehr groß. Die Anlagekosten wachsen dementsprechend. Die Verbrennungstemperatur muß also auf beide Gesichtspunkte hin ausgerichtet werden, einerseits also niedrig sein, um den Reversibilitätsgrad zu verbessern (kalte und halbwarme Verbrennung), andererseits sollte die Verbrennungstemperatur hoch liegen, damit die Wärmemaschine klein sein kann.

Die folgenden Überlegungen dieses Abschnitts befassen sich mit der gesamten Verbrennungsführung:

1. Ergiebigkeit der Brennstoffe *(Heizwert)*
2. Zuführung der Verbrennungsluft *(Luftbedarf)*
3. Menge und Temperatur des Verbrennungsproduktes *(Rauchgas, h-t-Diagramm).*

6.2. Heizwert der Brennstoffe

chemische Zusammensetzung

Im allgemeinen bestehen die Brennstoffe aus einem nicht brennbaren (Asche) und einem flüchtigen Anteil. Dieser wiederum enthält im wesentlichen die Elemente Kohlenstoff (C), Wasserstoff (H_2), Sauerstoff (O_2), Stickstoff (N_2) und Schwefel (S). Bezeichnet man die Mengenanteile der einzelnen Elemente pro kg Brennstoff mit den Buchstaben c, h, o, n, s, ferner den nicht brennbaren Ascheteil mit a und die im Brennstoff enthaltene Wassermenge mit w, so kann man die gesamte Zusammensetzung durch folgende Gleichung beschreiben:

für *feste* und *flüssige Brennstoffe:*

$$\boxed{c + h + s + o + n + w + a = 1} \qquad (6.1)$$

für *gasförmige Brennstoffe:*

$$CO + CH_4 + H_2 + CO_2 + N_2 + \ldots = 1 \quad (6.2)$$

Die chemischen Zeichen bedeuten hierin die Raumanteile der Einzelgase, z. B. in nm^3/nm^3 Brennstoff.

Heizwerte

Die Ermittlung von *Heizwerten* kann auf drei Arten erfolgen:

1. Im Versuch mit dem *Kalorimeter* (Temperaturerhöhung nach Verbrennung einer Brennstoffprobe),
2. durch überschlägige Berechnung mit Hilfe der „*Verbandsformeln*" (statistische Auswertung von Kalorimeterversuchen) und
3. mit Hilfe der genaueren chemischen *Verbrennungsgleichungen* unter Berücksichtigung der einzelnen Bildungsenergien *(Wärmetönungen).*

Es folgt die überschlägige Berechnung des Heizwertes nach den „*Verbandsformeln*", die für den Ingenieur meistens ausreichen.

Für feste und flüssige Brennstoffe ergibt sich

$$H_o = 8320 \cdot c + 27685 \cdot h - 2580 \cdot o + 2420 \cdot s + 1420 \cdot n \quad (6.3)$$

Der untere Heizwert beträgt:

$$H_u = 8320 \cdot c + 22420 \cdot h - 2580 \cdot o + 2420 \cdot s + 1420 \cdot n \quad (6.4)$$

In diesen Gleichungen sind die Anteile der verschiedenen Elemente in kg/kg einzusetzen. Der Heizwert wird dann in kcal/kg Brennstoff angegeben.

Der Unterschied zwischen *oberem* und *unterem Heizwert* ist die Kondensationswärme des bei der Verbrennung entstandenen Wasserdampfes. Der obere Heizwert H_o enthält (Abkühlung des Rauchgases auf 0 °C) diese Kondensationswärme. Für technische Verbrennungen wird jedoch fast ausschließlich der untere Heizwert H_u benutzt, u. a. weil man eine Kondensation des Rauchgases (schweflige Säure) aus Korrosionsgründen vermeiden muß.

Für gasförmige Brennstoffe beträgt der *obere Heizwert:*

$$H_o = 3020 \cdot CO + 3050 \cdot H_2 + 9520 \cdot CH_4 + 15290 \cdot C_2H_4 + 18050 \cdot C_mH_n \quad (6.5)$$

Der *untere Heizwert* beträgt:

$$H_u = 3020 \cdot CO + 2570 \cdot H_2 + 8550 \cdot CH_4 + 14320 \cdot C_2H_4 + 17000 \cdot C_mH_n \quad (6.6)$$

Die Brennstoffanteile werden in nm^3/nm^3 Brennstoffe eingesetzt. Die Heizwerte ergeben sich in $kcal/nm^3$.

6.3. Verbrennungsgleichungen

Der Oxydationsprozeß schreibt sich in Form der üblichen Reaktionsgleichungen. Ausgehend von der Brennstoffanalyse bestimmt man den für die Verbrennung erforderlichen Sauerstoff oder die Zusammensetzung des Rauchgases, wenn der Sauerstoff bzw. die Verbrennungsluft vorgegeben ist. Ferner kann man in den Verbrennungsgleichungen die Wärmetönung mitführen, so daß sich auch der Heizwert bestimmen läßt.

Die Verbrennung (stöchiometrisch) von CO zu CO_2 erfolgt nach der Gleichung

$$1 \text{ kmol CO} + \frac{1}{2} \text{ kmol } O_2 = 1 \text{ kmol } CO_2 + 67700 \frac{\text{kcal}}{\text{kmol}}$$

d.h. bei der Verbrennung von 1 kmol CO mit $\frac{1}{2}$ kmol entsteht 1 kmol CO_2 unter Bildung von $67700 \frac{\text{kcal}}{\text{kmol}}$. Die molare Bildungswärme (Wärmetönung) ist aus der physikalischen Chemie für viele Reaktionen bekannt. Stehen alle beteiligten Stoffe unter gleichem Druck und gleicher Temperatur, so enthält 1 m^3 verschiedener Gase die gleiche Anzahl Moleküle (vgl. Abschnitt 1.6.1., Randstichwort mol). Man kann daher auch sagen:

$$1 \text{ m}^3 \text{ CO} + \frac{1}{2} \text{m}^3 \text{ O}_2 = 1 \text{ m}^3 \text{ CO}_2 + Q$$

Unter Berücksichtigung der einzelnen Molekulargewichte M ergibt sich mit Gl. (1.26)

$$M_{CO}\ \text{kg CO} + \frac{1}{2} M_{O_2}\ \text{kg}\ O_2 = M_{CO_2}\ \text{kg}\ CO_2 + \frac{67700}{M_{CO_2}}\ \frac{\text{kcal}}{\text{kg}}$$

die Molekulargewichte eingesetzt ergibt sich

$$28\ \text{kg CO} + \frac{32}{2}\ \text{kg}\ O_2 = 44\ \text{kg}\ CO_2 + \frac{67700}{44}\ \frac{\text{kcal}}{\text{kg}}$$

oder für 1 kg CO:

$$1\ \text{kg CO} + \frac{16}{28}\ \text{kg}\ O_2 = \frac{44}{28}\ \text{kg}\ CO_2 + \frac{67700}{44 \cdot 28} =$$

$$1\ \text{kg CO} + 0{,}57\ \text{kg}\ O_2 = 1{,}57\ \text{kg}\ CO_2 + 550\ \text{kcal.}$$

Die Verbrennungsgleichungen für feste und flüssige Stoffe sehen gleich denen für Gas aus. Man hat sich vorzustellen, daß solche Stoffe vor ihrer Verbrennung vergasen.

6.4. Sauerstoff-, Luftbedarf, Rauchgasvolumen

Sauerstoffbedarf

Wie im vorigen Abschnitt 6.3 gezeigt wurde, kann man aus den Verbrennungsgleichungen den Sauerstoffbedarf entnehmen. Soll z. B. 1 kmol CO verbrannt werden, so ist $\frac{1}{2}$ kmol O_2 erforderlich; für 1 kg CO ist es 0,57 kg O_2 usw.

Für die Verbrennung eines kmol Gemisch von H_2 und CO benötigt man $\frac{1}{2}$ kmol O_2 oder, wenn wie in Abschnitt 6.3 gezeigt wurde, 1 m^3 Gemisch H_2 und CO vorliegt, so ist zu dessen Verbrennung $\frac{1}{2}$ m^3 O_2 erforderlich (gleicher Druck und gleiche Temperatur vorausgesetzt). Nach ähnlichen Überlegungen ergibt sich der Sauerstoffbedarf *pro kg fester* und *flüssiger Brennstoffe* zu

$$\boxed{O_{min} = \frac{c}{12} + \frac{h}{4} + \frac{s-o}{32}}\quad \frac{\text{kmol}\ O_2}{\text{kg Brennstoff}} \tag{6.7}$$

Man erhält den Sauerstoffbedarf O_{min} in $\frac{nm^3}{kg}$, wenn man entsprechend Gl. (1.31) die rechte Seite der Gl. (6.7) mit 22,41 multipliziert.

Für gasförmige Brennstoffe beträgt

$$O_{min} = \frac{1}{2}(CO + H_2) + 2\,CH_4 + 3\,C_2H_4 + (m + \frac{n}{4})\,C_mH_n - O_2 \qquad (6.8)$$

in $\frac{nm^3\ O_2}{nm^3\ \text{Gasgemisch}}$ bzw. $\frac{m^3\ O_2}{m^3\ \text{Gemisch}}$

Brennstoffkennzahl σ

Aus Gl. (1.31) und (6.7) ergibt sich der Sauerstoffbedarf

$$O_{min} = \frac{22{,}41}{12}\left[c + 3\,(h - \frac{o - s}{8})\right]$$

$$= 1{,}868\,c\left[1 + \frac{3\,(h - \frac{o-s}{8})}{c}\right]\frac{nm^3}{kg}$$

Der Klammerausdruck ist für die einzelnen Brennstoffe etwa konstant, es bietet sich also an, mit diesem Ausdruck als „*Brennstoffkennzahl*" zu rechnen, sie ist definiert als das Verhältnis von O_{min} zum Kohlenstoffgehalt. Für feste und flüssige Brennstoffe ist

$$\sigma = \frac{O_{min}}{c/12}\,\frac{kmol\ O_2}{kmol\ C} = \frac{O_{min}}{1{,}868\,c}\,\frac{nm^3\ O_2}{nm^3\ C} \qquad (6.9)$$

mit σ aus dem Tafelteil ergibt sich der Sauerstoffbedarf sehr schnell aus Gl. (6.9).

Für *Gase* ist

$$\sigma = \frac{O_{min}}{CO + CH_2 + 2\,C_2H_4 + mC_mH_n + CO_2} \qquad (6.10)$$

Luftbedarf L

Wegen der Luftzusammensetzung von ungefähr 21 Volumenprozent O_2 und 79 % N_2 ist der *Luftbedarf* L_{min} aus dem Sauerstoffbedarf auszurechnen:

$$L_{min} = \frac{O_{min}}{0{,}21} \quad \text{z. B. in } nm^3 \qquad (6.11)$$

Luftüberschuß λ

Tatsächlich werden technische Verbrennungen kaum mit der Mindestluftmenge durchgeführt. Will man mit dieser Mindestluftmenge eine vollständige Verbrennung durchführen, so ist eine ideale Vermischung Luft-Brenngas erforderlich.

Da diese gute Durchmischung selten vorliegt, betreibt man Verbrennungen meistens mit Luftüberschuß. Man definiert die Luftüberschußzahl

$$\boxed{\lambda = \frac{L}{L_{min}}} \qquad (6.12)$$

(tatsächlich zugeführte Luftmenge L zu theoretischer (stöchiometrisch) Mindestluftmenge); λ ist also meistens größer 1.

Rauchgasvolumen V_R

Aus den Verbrennungsgleichungen ergibt sich die Menge des entstehenden Rauchgases z. B. in $\frac{\text{kmol Rauchgas}}{\text{kg Brennstoff}}$.

1 kmol C + 1 kmol O_2 → 1 kmol CO_2

in kg ausgedrückt (Molekulargewicht M)

12 kg C + 32 kg O_2 → 44 kg CO_2

für c kg C erhält man aus

$$c \text{ kg C} \rightarrow \frac{c}{12} \text{ kmol } CO_2 .$$

Für feste und flüssige Brennstoffe ergibt sich nach derartigen Überlegungen folgendes Verbrennungsprodukt:

$$\frac{c}{12} + \frac{h}{2} + \frac{s}{32} + \frac{w}{18} \quad \frac{\text{kmol}}{\text{kg Brennstoff}}$$

(mit dem Wassergehalt $\frac{w}{18}$ kg, der nach der Verbrennung als Dampf vorliegt).

Unter Einbeziehung der Verbrennungsluft erhält man allgemein

$$\boxed{V_R = L - O_{min} + \text{Verbrennungsprodukte}} \qquad (6.13)$$

daraus wird mit Gl. (6.7) und (6.12) für *feste* und *flüssige Brennstoffe*

$$V_R = \lambda L_{min} + \frac{h}{4} + \frac{o}{32} + \frac{w}{18}$$

$$\boxed{V_R = \lambda L_{min} + \frac{22{,}41}{12}\left(3\,h + \frac{3}{8}\,o + \frac{2}{3}\,w\right)} \quad \frac{\text{nm}^3}{\text{kg}} \qquad (6.14)$$

Für *gasförmige Brennstoffe* erhält man für Gl. (6.13)

$$V_R = \lambda L_{min} + \frac{CO + H_2}{2} + CH_4 + C_2H_4 + \Sigma\left(\frac{n}{4} C_m H_n\right) + CO_2 + O_2 \quad \frac{\text{nm}^3 \text{ Rauchgas}}{\text{nm}^3 \text{ Brenngas}} \tag{6.15}$$

Finden sich im Brenngas noch andere Gase wie N_2 usw, so werden diese Bestandteile in Gl. (6.15) zuaddiert, so daß alle Summanden der Gl. (6.2) berücksichtigt bleiben.

6.5. h-t-Diagramm, Dissoziation, Irreversibilität

Verbrennungstemperatur

Die bei der Verbrennung freiwerdende Wärme (Wärmetönung) erhitzt das Rauchgas. Die *Rauchgastemperatur* bei adiabatischer Verbrennung (keine Wärmeabgabe nach außen, noch -zufuhr von außen) hängt von der spezifischen Wärme der Rauchgase, der Rauchgasmenge und der Größe der Wärmetönung ab (Gl. (1.42)). Es ist für isobare Beheizung $Q = m\,c_{pm}\,(t_2 - t_1)$ oder pro kg $q = c_{pm}\,(t_2 - t_1)$. Die zuzuführende Wärme aus der Verbrennung $q = H_u$, so daß die Endtemperatur $t_2 = \frac{H_u}{c_{pm}} + t_1$ ist. c_{pm} ist die mittlere spezifische Wärme des Rauchgasgemisches, die nur schwierig und ungenau zu berechnen ist (Gl. (5.11)).

Enthalpie der Rauchgase h

Sind der Heizwert und die Rauchgasmenge bekannt, so läßt sich die Enthalpie der Rauchgase leicht bestimmen:

$$h'' = \frac{H_u}{V_R} + h' \tag{6.16}$$

$''$ bedeutet nach der Verbrennung,
$'$ bedeutet vor der Verbrennung.

Nach Gl. (1.71) ist $h = c_p \cdot t$ oder $\Delta h = c_{pm} \cdot \Delta t$. Setzte man bei der Verbrennung voraus, daß Brennstoff und Luft mit $h' = 0$ (0 °C) zugeführt werden, so ist die Verbrennungstemperatur $t'' = \frac{h''}{c_{pm}}$.

h-t-Diagramm

Rosin und *Fehling* gelang es, nachzuweisen, daß für technische Brennstoffe bei gleicher Enthalpie h″ und gleichem Luftüberschuß und h′ ≈ 0 die Brenngase annähernd dieselbe Temperatur aufweisen. Diesen Sachverhalt zeigt das *h-t-Diagramm der Verbrennung.*

Aus diesem Diagramm kann für irgendwelche Rauchgase nach der Berechnung der Enthalpie (Gl. (6.16)) die Rauchgastemperatur für verschiedene λ-Werte abgelesen werden.

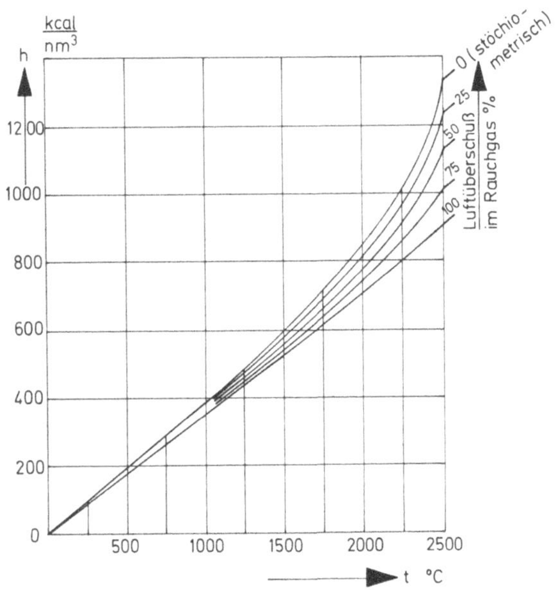

Dissoziation

Oberhalb 1500 °C setzt *Dissoziation* ein; das ist der teilweise Zerfall der Moleküle. Da dieser Vorgang Wärmeenergie benötigt, erhitzt sich das Rauchgas oberhalb 1500 °C nicht mehr so stark wie unterhalb (c_p durch den Wärmebedarf der Dissoziation größer). Dieser Bedarf für den Zerfall zeigt sich im h-t-Diagramm durch den Anstieg der Linien oberhalb 1500 °C.

Brennstofftemperatur t'

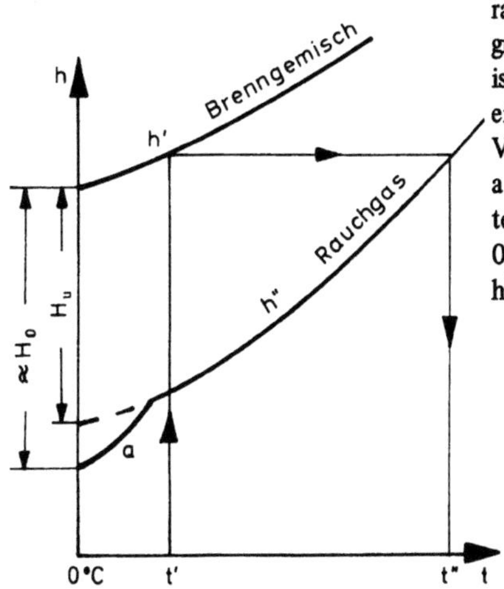

Gewöhnlich sind die Brennstoff- und Lufttemperatur $t' > 0$ °C. Für diese Fälle liefert das h-t-Diagramm zu niedrige Temperaturen, weil h'' zu klein ist (Gl. (6.16)). Trägt man dagegen auch $h' = c_{pm}\, t'$ ein, so kann man für Vorwärmtemperaturen t' die Verbrennungstemperatur t'' ablesen. Der Kurvenzug a enthält die Kondensation des Wasserdampfes unter 100 °C, die ja kaum zu vermeiden ist. Da bei 0 °C nicht aller Wasserdampf kondensiert ist, ist $h' - h''$ bei 0 °C etwas kleiner als H_o.

Irreversibilität

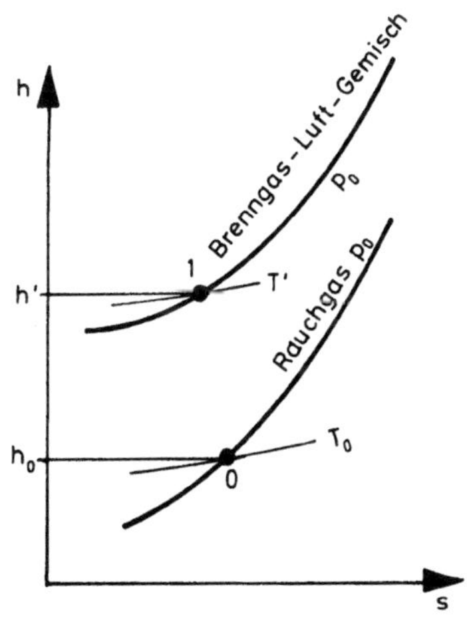

Wie schon in Abschnitt 1.7 angedeutet, ist die Verbrennung ein nicht umkehrbarer Vorgang. Ähnlich wie in Abschnitt 2.4 erhält man über das Maß der Irreversibilität einen Überblick in einem h-s-Diagramm, das für das Brennstoff-Luft-Gemisch und die Rauchgase gilt. Man zeichnet in ein h-s-Diagramm für die Verbrennung bei Umgebungsdruck p_0 die Isobaren ein, die obere Kurve für das Brenngas-Luft-Gemisch, die untere für die Rauchgase.

Auf diesen beiden Kurven findet man Punkt 1 für die Enthalpie h' und die Temperatur t' des Brenngemisches vor der Verbrennung. Punkt 0 auf der Rauchgaskurve stellt den Zustand des Rauchgases bei Umgebungszustand p_0, T_0 dar, bis zu welchem das Rauchgas nach der Verbrennung bestenfalls ausgenutzt werden kann *(Exergie)*.

Umgebungsgerade

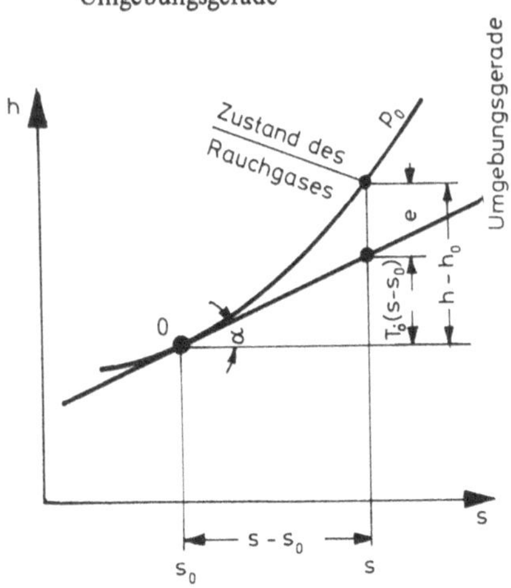

Die Tangente an die Rauchgaskurve in Punkt 0 ist die „*Umgebungsgerade*"; dazu folgendes:

Ist die Isobare und auf dieser der Umgebungszustand 0 bekannt, so kann die Exergie eines beliebigen Zustandes des Rauchgases nach Gl. (2.12) $e = h - h_0 - T_0 (s - s_0)$ direkt abgelesen werden (Betrag zwischen dem Zustandspunkt und der Umgebungsgeraden).

Laut Gl. (1.71) ist $h = u + v\,p$, differenziert ergibt sich $dh = du + vdp + pdv$. Für die Isobare mit $dp = 0$ ist $dh = du + pdv$. $du + pdv$ ist gleich der zugeführten Wärme q, somit $dh = du + pdv = q = Tds$. Die Steigung der Isobaren ist damit $\frac{dh}{ds} = T = \tan\alpha$, die Linie mit der Steigung T, wie sie für die Konstruktion der Umgebungsgeraden gebraucht wird, ist also die Tangente an die Isobare. Liegt das Brenngemisch auch bei Umgebungstemperatur T_0 vor, so sind beide Umgebungsgeraden in 1 und 0 parallel, denn sie haben dann beide die Steigung $\tan\alpha = T_0$.

Exergien

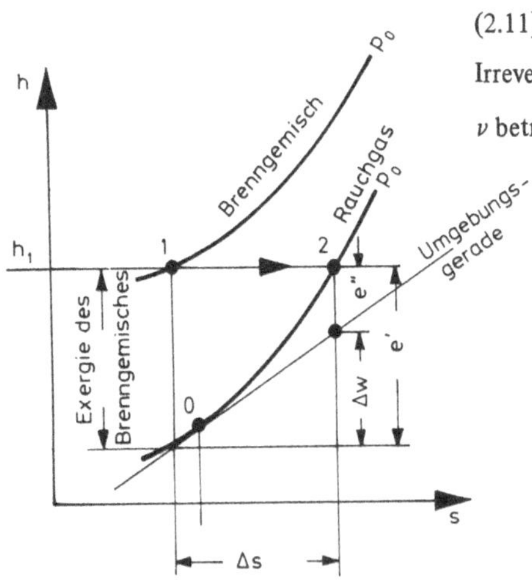

Die isobare und adiabatische Verbrennung findet bei konstanter Enthalpie statt (1–2), die Rauchgase sind entsprechend heiß. Als Exergien stehen vor der Verbrennung e', nach der Verbrennung e'' zur Verfügung. Der Arbeitsverlust ist Δw. Mit Gl. (2.11) ist der Reversibilitätsgrad $\varphi = \frac{w}{e} = \frac{e''}{e'}$; der Irreversibilitätsgrad $\nu = 1 - \varphi = \frac{\Delta w}{e'}$ (Gl. (2.14)), ν beträgt allgemein etwa 30 %.

Vorwärmung

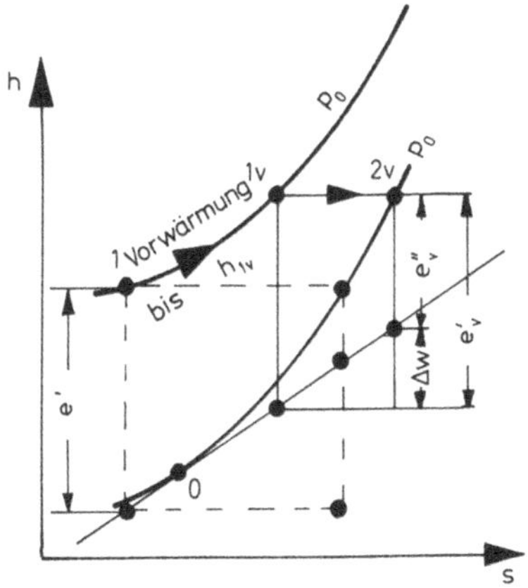

Um den erheblichen Verlust der Verbrennung zu verringern, muß das Verhältnis $\frac{\Delta w}{e'}$ verkleinert werden. Das ist durch eine starke *Vorwärmung* des Brenngemisches $(1-1_v)$ zu erzielen; $\nu = \frac{\Delta w}{e'_v}$. (Vgl. gestrichelte Verbrennung ohne Vorwärmung.) Noch besser ist das Ergebnis, wenn die Rauchgase bei *hohem Druck und hoher Temperatur* ausgenutzt werden (z. B. im Dieselmotor).

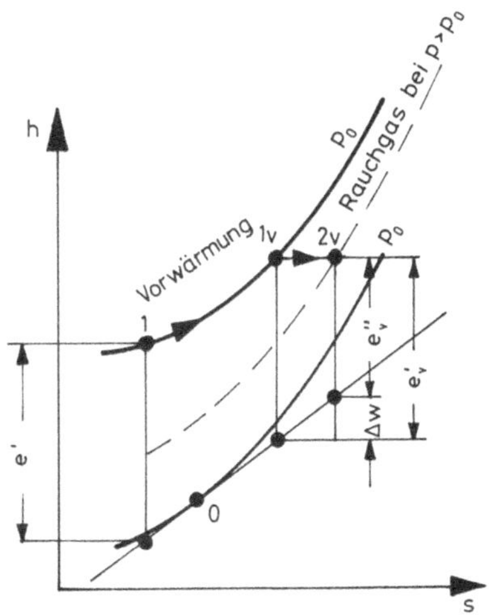

6.6. Direkte Energieumwandlung

Zur Erzielung besserer Reversibilitätsgrade und um kleine dauerhafte Stromquellen zu schaffen (Raumfahrt, Automobilbau), versucht man, die chemische und Wärmeenergie direkt (ohne Umwandlung in mechanische Energie) in Elektrizität umzusetzen. Die Wirkungsweise der vier wichtigsten, zukunftweisenden Verfahren sind im folgenden kurz dargestellt:

1. die *Brennstoffzellen,*
2. *thermoelektrische Generatoren,*
3. *thermionische Generatoren,*
4. *magnetohydrodynamische Generatoren* (MHD-Generatoren).

Brennstoffzellen

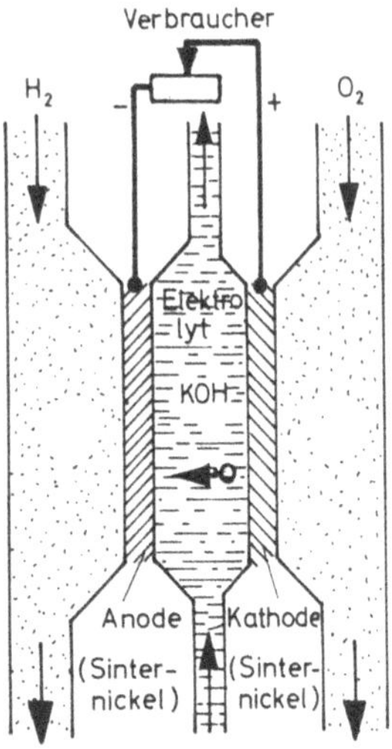

1. Brennstoffzellen

In ihnen wird die bei der Oxydation frei werdende Energie zum großen Teil direkt in elektrischen Strom umgewandelt. Es gibt heute mehrere Bauarten, deren älteste von *Bacon* in den 40-er Jahren entworfen wurde *(Hydroxzelle).*

Unter etwa 50 atü stehende H_2- und O_2-Gase ziehen an Anode bzw. Kathode vorbei. Durch Reduktion entstehen an der Kathode negative OH-Ionen. Diese wandern zur Anode, geben dort Elektronen ab und bilden Wasser (als Dampf abgeführt). Im Betrieb bei 200 °C und 28 atü wurden aus einer Anlage von ca. 300 kg Gesamtmasse 5 kW bei 24 V entnommen.

Es ist nicht ausgeschlossen, daß man mit bis zur Reife entwickelten Brennstoffzellen Wirkungsgrade von 70–90 % erreicht.

thermoelektrische Generatoren

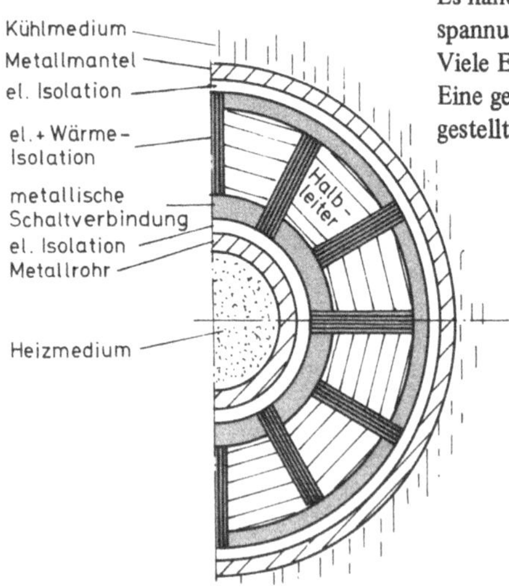

2. Thermoelektrische Generatoren

Es handelt sich um die Ausnutzung der Thermospannung, wie sie an Thermoelementen entsteht. Viele Elemente werden hintereinandergeschaltet. Eine geeignete Form ist z. B. der schematisch dargestellt Generator in Röhrenbauweise.

Man hofft, bis 1970 Wirkungsgrade bis 30 % verwirklichen zu können.

3. Thermoelektrische Generatoren

thermische Generatoren

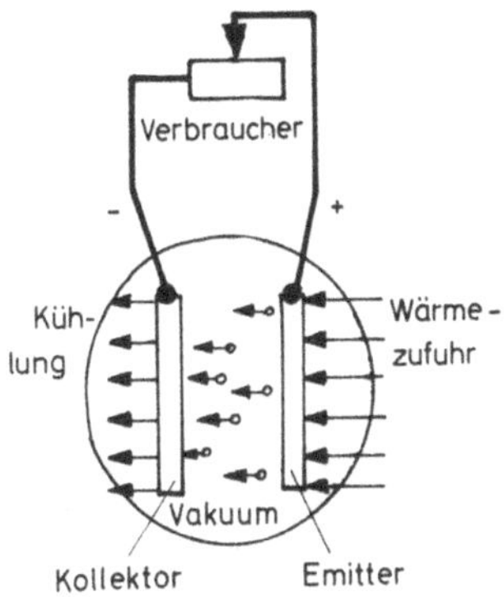

Thermische (thermoelektrische) *Generatoren* bestehen aus zwei Platten, die sich im Vakuum gegenüber stehen. Die eine *(Emitter)* wird beheizt (> 1000 °C), so daß freie Elektronen aus der glühenden Oberfläche herausgeworfen werden. Die gekühlte Gegenplatte *(Kollektor)* nimmt diesen Elektronenfluß auf. Als *Verluste* treten die Wärmeübertragung durch Strahlung vom Emitter zum Kollektor und der Energieverlust beim Eintritt der Elektronen in den Kollektor auf. Mit diesen Generatoren hofft man, Wirkungsgrade bis zu 25 und 30 % zu erzielen. Durch den Einbau von Gittern zwischen Emitter und Kollektor ist Wechselstromerzeugung möglich.

4. MHD-Generatoren

magnetohydrodynamische Generatoren

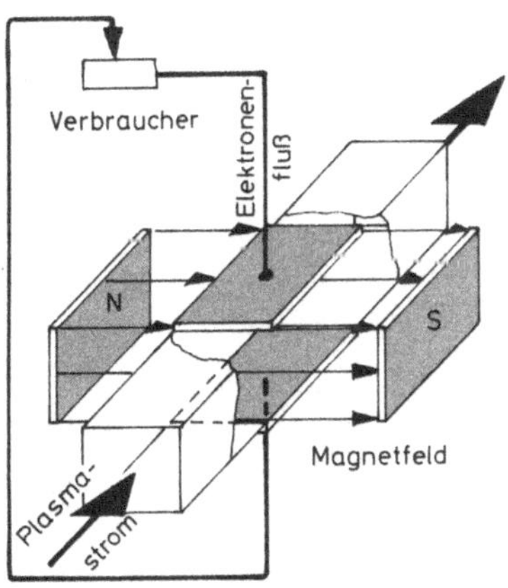

Die Wirkungsweise des *magnetohydrodynamischen* (MHD) *Generators* entspricht der des normalen Generators, bei dem durch ein Magnetfeld Kupferwindungen bewegt werden.

Der MHD-Generator bewegt dagegen heißes Gas durch ein Magnetfeld. Das Gas muß so hoch temperiert sein, daß freie Elektronen vorhanden sind.

Gas in ionisiertem Zustand nennt man *Plasma.* Der Plasmazustand ist im Zusammenhang mit der Raumfahrt bekannt geworden. Beim Durchtritt des Plasmastromes durch das Magnetfeld wandern die freien Elektronen senkrecht zum Plasmastrom und Magnetfeld (Rechtehandregel).

Plasma

Plasma ist der Gaszustand bei Temperaturen über mindestens 2500 °K, in dem die Moleküle z. T. in Atome, Ionen und Elektronen zerfallen sind. Die genannte Temperatur reicht aber nur zur Erzielung des Plasmazustandes aus, wenn man das Gas z. B. mit Kalium impft. Die hohen Plasmatemperaturen erfordern besondere Werkstoffe, Kühlung von Leitungen usw. Andererseits bietet sich die Möglichkeit, die hohen Verbrennungstemperaturen im Sinne geringsten Entropiezuwachses zu benutzen (vgl. Abschnitt 2.3 unter Kesselverluste). So ist es denkbar, in einem Kernkraftwerk der Turbine einen MHD-Generator vorzuschalten.

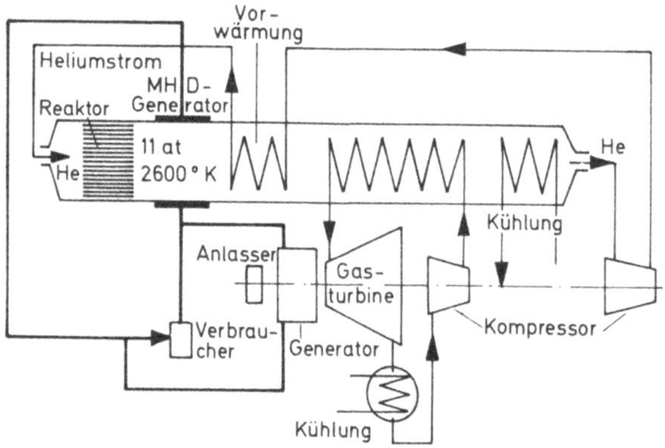

Beispiele

Beispiel 1

Wieviel kmol H_2 kann man bestenfalls mit 1 kg, 1 nm^3, 1 kmol Luft zu Wasser verbrennen?

Wieviel nm^3 Rauchgas bilden sich?

Welche Rauchgastemperatur entsteht?

Zeile	Bezeichnung	Gleichung	Zahlenrechnung	Ergebnis	Bemerkung
1	größte Menge an H_2 bei 1 kg Luft	$= 2\,O_{min}$ $= 2 \cdot 0{,}21\ L_{min}$	$= 2 \cdot 0{,}21 \cdot \frac{1}{28{,}96}$	0,0145 kmol = 0,325 nm^3 H_2	(6.8) außer H_2 und O_{min} alle Bestandteile = 0
	1 nm^3		$= 2 \cdot 0{,}21 \cdot \frac{1}{22{,}4}$	**0,0187 kmol H_2 = 0,42 nm^3**	(6.11)
	1 kmol Luft		$= 2 \cdot 0{,}21 \cdot 1$	**0,42 kmol H_2 = 9,4 nm^3**	
2	Luftmenge 1 kg Luft	$= \frac{1}{M}$		$\frac{1}{28{,}96}$ kmol	(1.26)
	1 nm^3	$= \frac{1}{22{,}4}$		$\frac{1}{22{,}4}$ kmol	(1.30)
Rauchgasmenge					
3	Rauchgasvolumen V_R bei 1 kg Luft	$V_R = \lambda\, L_{min} + \frac{H_2}{2}$	$= 1 \cdot 0{,}775 + \frac{1}{2}\, 0{,}325$	0,938 nm^3	(6.15) alle anderen Bestandteile = 0; $\lambda = 1$
	1 nm^3 Luft		$= 1 \cdot 1 + \frac{1}{2}\ 0{,}42$	1,21 nm^3	
	1 kmol Luft		$= 1 \cdot 1 + \frac{1}{2}\ 0{,}42$	1,21 kmol = 1.21 · 22,4 = 27 nm^3	
4	Luftmenge (L_{min}) 1 kg Luft	$= \frac{22{,}4}{M}$	$= \frac{22{,}4}{28{,}96}$	0,775 nm^3	(1.30) $M_{Luft} = 28{,}96\ \frac{kg}{kmol}$
	1 kmol Luft			22,4 nm^3	(1.31)
Rauchgastemperatur					
5	Enthalpie der Rauchgase h'' Rechnung für 9,4 nm^3 H_2 (vgl. Zeilen 1 und 3)	$h'' = \frac{H_u}{V_R} + h'$	$= \frac{2570 \cdot 9{,}4}{27} + 0$	$930\ \frac{kcal}{nm^3}$	(6.16) Luft und H_2 vor der Verbrennung ≈ 0 °C; $H_u = 2570\ \frac{kcal}{nm^3}$ nach T. 3.9
6	Rauchgas-temperatur	t'' ergibt sich für $h'' = 930\ \frac{kcal}{nm^3}$ aus h-t-Diagramm $t'' \approx$ 2100 °C für $\lambda = 1$			

Weitere Aufgabenstellungen zu Beispiel 1

Es ist ein Brennstoff zu finden, mit dem sich eine gewünschte Rauchgastemperatur t'' erreichen läßt. Dabei soll $\lambda \geqslant 1$ sein, der für die Erzielung von t'' erforderliche Luftüberschuß λ ist zu ermitteln. Wieviel kg des Brennstoffes müssen verbrannt werden, um eine Menge m Wasser zu verdampfen?

Rauchgas-temperatur t'' °C	1000	1250	1400	1600	1800	2000	2200
Art des Brennstoffes	fest		flüssig		gasförmig		
Wasser-menge m kg	100	160	200	250	315	400	
sonstige Angaben	Luftüberschuß $\lambda \geqslant 1$; Brennstoff- und Brennlufttemperatur $t' = 20$ °C; Wasseranfangstemperatur $t_0 = 20$ °C, $p_0 = 1$ at; Dampfzustand $t_1 = 300$ °C, $p_1 = 40$ at						
Bemerkung	t'', die Art des Brennstoffes und m sind beliebig kombinierbar						

Beispiel 2

Steinkohle folgender Zusammensetzung ist zu verbrennen:

82 % C (c = 0,82)
5 % H_2 (h = 0,05)
6 % O_2 (o = 0,06)
1,5 % N_2 (n = 0,015)
1 % S_2 (s = 0,01)
4,5 % Asche (a = 0,045)

Zur Verbrennung wird 20 % mehr Luft zugeführt als stöchiometrisch erforderlich.

Wie groß ist der Heizwert H_u?

Wieviel m^3 Luft bei 50 °C und 1 at werden zur Verbrennung von 1 kg Kohle benötigt?

Wieviel m^3 Rauchgas/kg Kohle liegen bei isobarer Verbrennung (1 at) für die Verbrennungstemperatur t'' vor?

Weitere Aufgabenstellungen zu Beispiel 2

Das Verhältnis $\frac{H_o}{H_u}$ soll bestimmt werden. Ferner ist festzustellen, welche Anfangstemperatur t' das Brennstoff-Luft-Gemisch haben muß, um eine Verbrennungstemperatur t'' einzuhalten. (c_p ist aus dem h-t-Diagramm überschlägig bestimmbar.) Wie groß ist die Rauchgasmenge?

Brennstoffzusammensetzung in Gewichtsprozenten	c	70	73	76	79	82
	h	2		4		6
	s	2		4		6
	o	2		4		6
Verbrennungstemperatur t'' °C		1800		2100		2500
sonstige Angaben		Aschegehalt ergibt sich aus Brennstoffzusammensetzung nach Gl. (6.1), Druck $p_o = 1$ at, Verbrennung isobar, Luftüberschußzahl $\lambda = 1{,}25$				
Bemerkung		Zusammensetzungen und t'' beliebig kombinierbar				

Zeile	Bezeichnung	Gleichung	Zahlenrechnung	Ergebnis	Bemerkung
1	Heizwerte H_u	$H_u = 8320 \cdot c + 22420 \cdot h - 2580 \cdot o + 2420 \cdot s + 1420 \cdot n$	$= 8320 \cdot 0{,}82 + 22420 \cdot 0{,}05 - 2580 \cdot 0{,}06 + 2420 \cdot 0{,}01 + 1420 \cdot 0{,}015$	$7848 \frac{\text{kcal}}{\text{kg}}$	(6.4)
2	Luftbedarf L	$L = \lambda \cdot L_{min} = \frac{\lambda \cdot O_{min}}{0{,}21}$	$= \frac{1{,}2 \cdot 2{,}54}{0{,}21}$	$14{,}5 \frac{\text{kg Luft}}{\text{kg Br.}}$	(6.12) (6.11) $\lambda = 1{,}2$
3	Sauerstoffbedarf O_{min}	$O_{min} = \frac{c}{12} + \frac{h}{4} + \frac{s-o}{32}$	$= \frac{0{,}82}{12} + \frac{0{,}05}{4} + \frac{0{,}01 - 0{,}06}{32}$	$0{,}07934 \frac{\text{kmol } O_2}{\text{kg Br.}}$	(6.7) $= 0{,}07934 \cdot M_{O_2}$ $= 0{,}07934 \cdot 32$ $= 2{,}54 \frac{\text{kg } O_2}{\text{kg Br.}}$ (1.26)
4	Luftvolumen V'	$V' = \frac{mRT}{p}$	$= \frac{14{,}5 \cdot 29{,}27 \cdot 323}{10^4}$	$13{,}7 \frac{m^3}{\text{kg Br.}}$	(1.21) $m = 14{,}5$ kg nach Zeile 2; $R = 29{,}27 \frac{\text{m kp}}{\text{kg grd}}$ für Luft

5	Rauchgasmenge V_R	$V_R = \lambda \cdot L_{min} + \frac{22,41}{12}(3\,h + \frac{3}{8} \cdot o + \frac{2}{3} \cdot w)$ $= 11,2 + \frac{22,41}{12}(3 \cdot 0,05 + \frac{3}{8} \cdot 0,06 + \frac{2}{3} \cdot 0)$		$11,52 \frac{nm^3}{kg\ Br.}$	(6.14) $\lambda \cdot L_{min} = 14,5$ kg $= 14,5 \cdot \frac{22,41}{M}$ $= 11,2\ nm^3$ (1.30) M = 28,96; Wassergehalt w = 0
6	Enthalpie des Rauchgases h''	$h'' = \frac{H_u}{V_R} + h'$	$= \frac{7848}{11,52} + 0$	$680 \frac{kcal}{nm^3}$	(6.16) $h \approx 0$; aus h-t-Diagramm $t'' \approx 1690$ °C
7	Luftvolumen V''	$V'' = \frac{m_R R T''}{p}$	$= \frac{14,9 \cdot 29,27 \cdot (1690 + 273)}{10^4}$	$85,3\ m^3$	(1.21) Annahme ideales Gas
8	Rauchgasmasse m_R	$m_R = \frac{V_R\, M_R}{22,4}$	$= \frac{11,52 \cdot 28,96}{22,4}$	14,9 kg	(1.30) V_R nach Zeile 5; angenommen Molekulargewicht des Rauchgases $M_R \approx M_{Luft}$

Beispiel 3

Wie groß ist der Irreversibilitätsgrad einer Verbrennung von Kohlenstoff mit Luft. Brennstoff und Luft sollen vor der Verbrennung eine Temperatur von $t_B = t_L = 600\ ^\circ K$ haben. Die Verbrennung verlaufe bei 1 at ohne Wärmeaustausch mit der Umgebung *(isobar, adiabat)*. Luftüberschußzahl λ sei

a) $\lambda = 1$, $t_L = 600\ ^\circ K = t_B$,

b) $\lambda = 2$, $t_L = 600\ ^\circ K = t_B$,

c) das Verbrennungsgemisch sei auf $t = 900\ ^\circ K$ vorgewärmt, $\lambda = 1$.
Die Umgebungstemperatur sei $t_0 = 300\ ^\circ K$.

Wie groß sind die Verbrennungstemperatur t'', die Exergien e'' und die Arbeitsverluste Δw? Aus nebenstehendem h-s-Diagramm ergeben sich diese Werte (Diagramm aus Tafelteil):

	Reversibilitätsgrad (e'' und e' in mm aus Diagr.)	Verbrennungs-temperatur °K	Exergie e'' kcal/kmol C	Arbeitsverlust Δw kcal/kmol C
a)	$\varphi = \frac{e''}{e'} = \frac{126}{167} = 0{,}75$	$t'' \approx 2550$	$e'' = 73\,000$	$\Delta w = 23\,500$
b)	$= \frac{106}{172} = 0{,}618$	≈ 1750	$= 61\,800$	$= 37\,300$
c)	$= \frac{145}{175} = 0{,}83$	≈ 2800	$= 86\,000$	$= 18\,600$

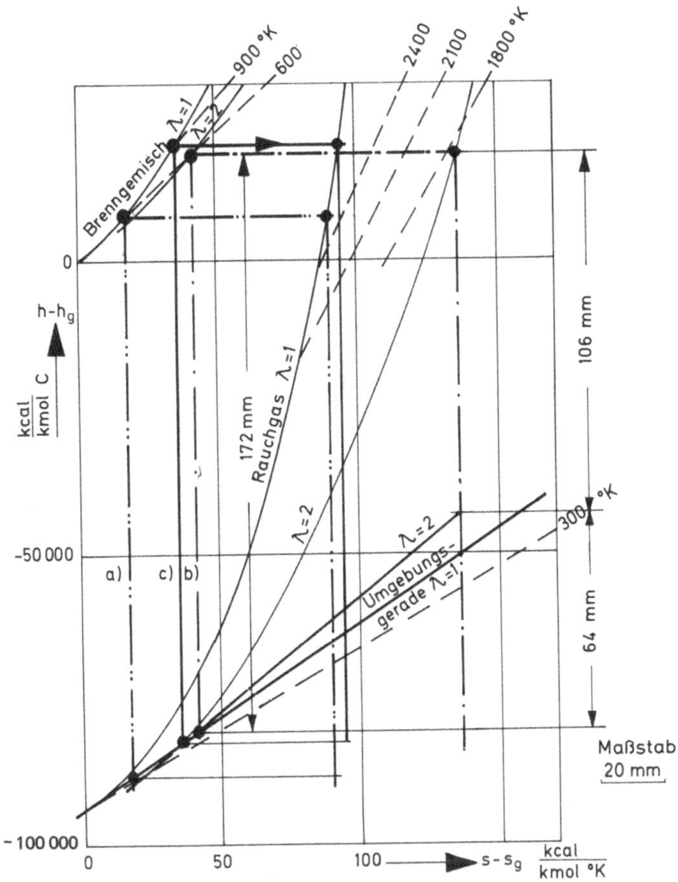

Weitere Aufgabenstellungen

Für die adiabate und isobare Verbrennung von Kohlenstoff mit Luft ist für eine gegebene Luftüberschußzahl λ festzustellen, auf welche Temperatur vorgewärmt werden muß, um die angegebene Höchsttemperatur der Rauchgase zu erreichen. Wie groß ist dafür der Irreversibilitätsgrad ν und wie weit kann er durch Verkleinerung von λ bestenfalls verkleinert werden, wenn die Höchsttemperatur ebenfalls erreicht und nicht überschritten werden soll?

Luftüberschußzahl λ	1	1,2	1,4	1,7	2	
Rauchgastemperatur t'' °K	1850	2000	2150	2300	2450	2600
sonstige Angaben	Verbrennungsdruck p = 1 bar, Umgebungstemperatur t_0 = 20 °C					
Bemerkung	λ und t'' beliebig kombinierbar					

7. Wärmeübertragung

Formelzeichen

(Hier nicht auffindbare Zeichen unter allgemeine Formelzeichen suchen.)

a	DM/Jahr	Abschreibung
B	h/Jahr	jährliche Betriebsstunden
C	$kcal/m^2 h\ grd^4$	Strahlungskonstante
H	m	Höhe
H_A	DM/m^2	Anschaffungskosten pro m^2 Tauscherfläche
H_W	DM/kcal	Wärmepreis
K	DM/m^2 Jahr	Betriebskosten pro m^2 und Jahr
n		Anzahl von Schirmen
Sp	kcal/Jahr	Wärmeersparnis pro Jahr
x		Beiwert für Wirtschaftlichkeit von Wärmeaustauschern
ß		Rechenwert
Φ		Kennwert für Wärmeaustauscher
ω		Flächenverhältnis

Indizes

krit	kritisch
opt	optimal
w	an der Wand
′	am Eintritt in Wärmetauscher
″	am Austritt aus Wärmetauscher
∞	außerhalb der Grenzschicht

7.1. Allgemeines

Sehr häufig ist der Ingenieur vor Aufgaben gestellt, die unbedingt spezielle Kenntnisse der Wärmeübertragung bedingen. Dabei werden sich die gestellten Aufgaben fast immer in zwei Gruppen trennen lassen:

1. *Hemmung des Wärmeüberganges (Isolierung)*
2. *Förderung des Wärmeüberganges* (z. B. bei Wärmeaustauschern).

Mechanismen der Wärmeübertragung

Wie derartige Aufgaben im einzelnen zu beherrschen sind, kann nicht allgemein beantwortet werden. Vor der Lösung von Wärmeübertragungsproblemen muß klar gestellt werden, durch welche Übertragungsmechanismen der speziell zu untersuchende Wärmeübergang zustande kommt. Nach der Schilderung der verschiedenen möglichen Wärmeübertragungsarten an dem folgenden Beispiel werden die einzelnen Mechanismen für die Übertragung besprochen. Am Ende dieser Einzelbesprechungen folgt eine Betrachtung über das Zusammenspiel der einzelnen Übertragungsarten.

Zunächst das Beispiel einer *Hauswand*, die im Winter aus dem geheizten Zimmer durch eine Mauer nach außen an den kalten Wind Wärme abgibt. Dabei besteht die Mauer im einzelnen aus der innen liegenden tragenden Wand, einem Luftspalt, der diese Wand von einer Außenverklinkerung trennt.

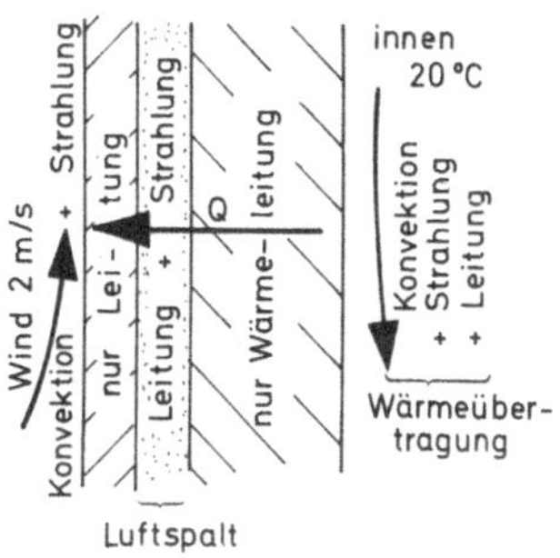

Die Wärme geht von der Zimmerluft durch *Konvektion* an die Innenwand über, d. h. die warme Luft wird etwa von der Zimmerdecke aus durch die Abkühlung an der Wand nach unten streichen. Die einzelnen Luftteilchen bewegen sich und bei dem Zusammentreffen mit der kalten Fläche geben sie Wärme an die Wand ab. Etwas Strahlung z. B. des Ofens auf die Wand und etwas Wärmeleitung der Luft zur Wand helfen mit, die Innenseite der Wand zu erwärmen.

Ganz anders funktioniert der Wärmetransport durch die Wand nach außen. Durch die *Wärmeleitung* wird die Wärme von einem zum anderen Teilchen der Wand weitergegeben, ohne daß sich die Teilchen, wie bei der Konvektion, bewegen. Im Luftspalt zwischen beiden Wänden kann die Wärme durch die Luftteilchen mittels Wärmeleitung weitergegeben werden, oder aber, falls die Luftschicht dick genug ist, kommt es zu einer Luftumwälzung in dem Luftraum und die Wärme wird durch Konvektion weitergegeben, d. h. die Luftteilchen sind wiederum in Bewegung und geben beim Berühren der Außenwand ihre Wärme dort ab.

Ferner wird in diesem Luftspalt, da Luft für Wärmestrahlung durchlässig ist, Wärme von der Innenwand an die Außenwand durch *Strahlung* weitergegeben. Die durch Leitung oder Konvektion und durch die Strahlung übertragenen Wärmemengen sind einigermaßen unabhängig voneinander.

Der Wärmetransport durch die Außenwand geht wieder über die Leitung, an der Außenwand selbst wird durch Konvektion die Wärme weiter an den kalten Wind abgegeben, ferner strahlt die Außenseite der Wand Wärme z. B. auf Schneeflächen.

7.2. Wärmeleitung

Wärmeleitung ist die Weitergabe von Wärmeenergie von einem Stoffteilchen an das benachbarte, ohne daß sich die Stoffteilchen wesentlich bewegen. Reine Wärmeleitung findet man daher meistens bei festen Stoffen.

Wärmeleitfähigkeit λ

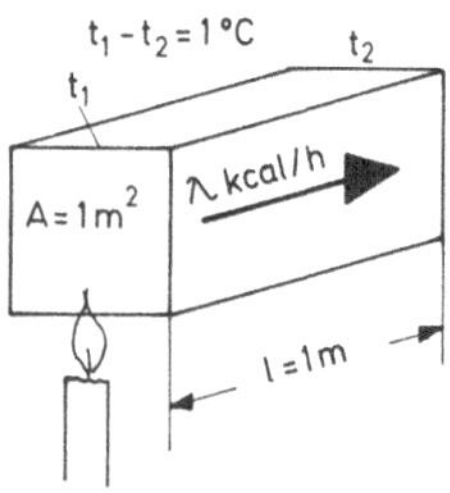

Die Wärmeleitung ist durch die Wärmeleitfähigkeit λ in $\frac{\text{kcal}}{\text{mh grd}}$ gekennzeichnet. Sie ist jedem Stoff eigen und ist durch die Beziehung definiert:

$$Q = \frac{\lambda A}{l}\,(t_1 - t_2) \tag{7.1}$$

Das heißt, bei einem Stoff mit dem Querschnitt 1 m^2 fließt in einer Stunde über die Länge von 1 m bei einem Temperaturunterschied von 1 grd die Wärmemenge Q = λ kcal.

ebene Platte

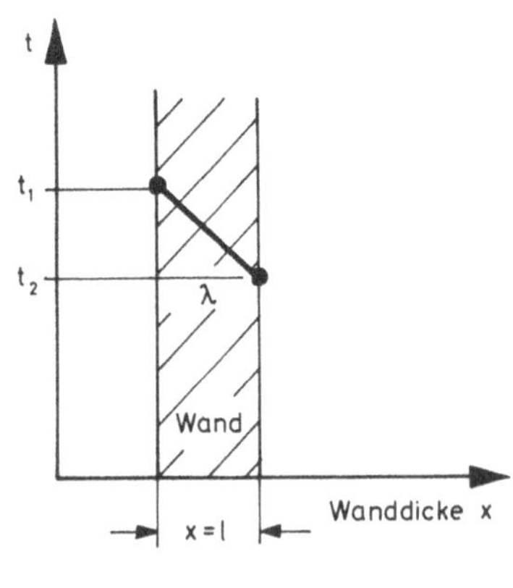

Wird eine ebene homogene Platte (Wand) quer von einem Wärmestrom durchflossen, so sinkt die Temperatur innerhalb der Wand linear von t_1 auf t_2. Den Temperaturverlauf zeichnet man über der Wanddicke x auf.

zusammengesetzte ebene Platte

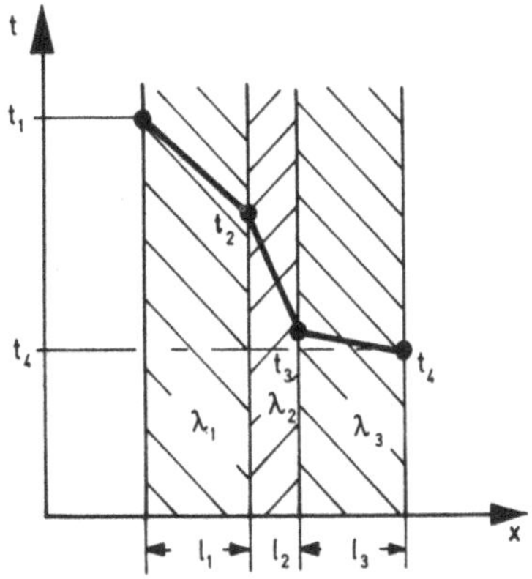

Ist eine ebene Wand aus mehreren verschieden dicken Schichten zusammengesetzt, die wiederum verschieden große Wärmeleitfähigkeiten besitzen, so ist der Temperaturverlauf in der Platte nicht mehr linear.

Die Außentemperaturen dieser Wand seien t_1 und t_4. Die durch die Wand transportierte Wärmemenge geht durch alle drei Schichten. Dieser Kontinuität zufolge stellt sich bei einer Schicht mit geringem λ (z. B. Isolierstoff) eine erheblich größere Temperaturdifferenz ein als bei einer Schicht mit guter Wärmeleitfähigkeit. Dieser Zusammenhang ist an Gl. (7.1) ohne weiteres abzulesen, wenn A, l und Q konstant bleiben, muß die Temperaturdifferenz bei kleinem λ groß werden.

Es stellen sich demzufolge zwischen den einzelnen Schichten Zwischentemperaturen ein, wie sie das t-x-Diagramm zeigen. Je kleiner λ, desto steiler ist der Temperaturabfall. Die Ermittlung der Zwischentemperaturen erfolgt in Abschnitt 7.2.

Rohrwandungen

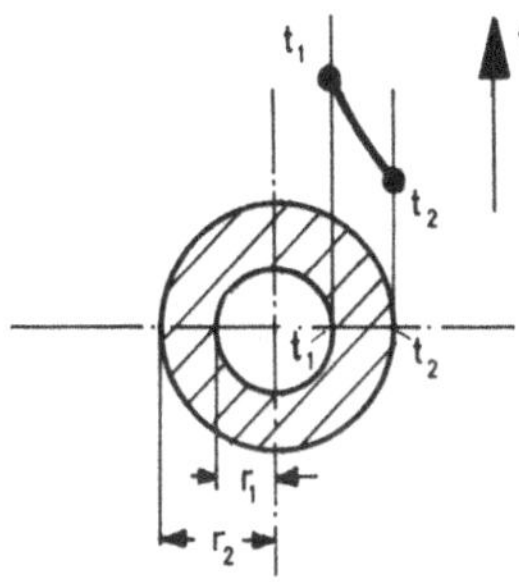

Während bei ebenen Platten in Schichten mit gleicher Wärmeleitzahl λ die Temperatur linear verläuft, ist der Temperaturabfall in Rohrwandungen parabelförmig.

7.3. Wärmeübergang (Konvektion)

Wärmeübergangszahl α

Im vorigen Abschnitt waren für die Wärmeleitung die Grenztemperaturen (z. B. t_1 und t_4) bekannt. Das ist jedoch bei technischen Wärmeübergangsproblemen selten der Fall, vielmehr kennt man gewöhnlich die Temperaturen und Strömungszustände der Medien auf beiden Seiten der Wand. Dabei ist noch zu bedenken, daß die Temperaturen z. B. eines Dampfes oder einer Flüssigkeit oder eines Gases nur in einem größeren Abstand von der Wand bekannt sind. Über den Temperaturverlauf in der *Grenzschicht* weiß man meistens nichts.

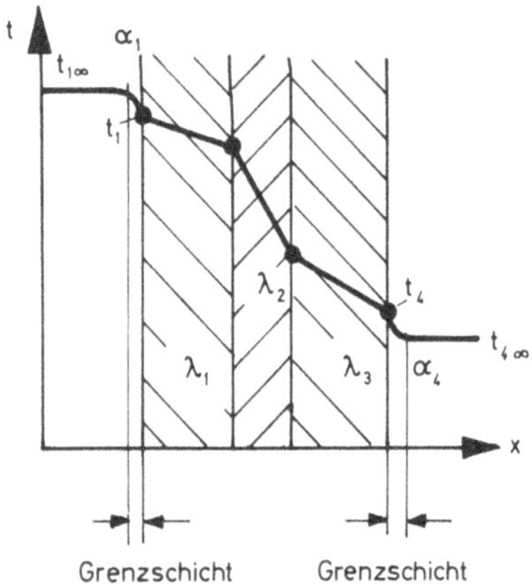

Soll etwa die Wärmeübertragung von strömender Luft durch eine Wand an fließendes Wasser berechnet werden, so hängt die übertragene Wärmemenge nicht nur von der Wärmeleitung in der Wand ab, sondern auch von der Fähigkeit der Luft, Wärme von der Wand abzunehmen. Diese Fähigkeit der Gase oder Flüssigkeiten, Wärme von festen Gegenständen zu übernehmen, wird durch den *Wärmeübergangswert* α gekennzeichnet. Diese Wärmeübergangszahl ist abhängig von den Stoffeigenschaften des Gases oder der Flüssigkeit, ferner von Größe und Richtung der Strömungsgeschwindigkeit und schließlich von der Art des Strömungszustandes in der Grenzschicht (laminar oder turbulent). Die Bestimmung dieser Übergangswerte ist durch die Vielzahl der Abhängigkeiten recht aufwendig und auch nur für einige Modellfälle formelmäßig erfaßbar.

Kennzahlen

Um die verschiedenen Einflußgrößen auf den Wärmeübergang α berechnen zu können, bildet man zunächst Kennzahlen, die aus Ähnlichkeitsbetrachtungen stammen.

Die *Reynold-Zahl* kennzeichnet die Art der Strömung (laminar oder turbulent)

Reynold-Zahl Re

$$\mathrm{Re} = \frac{wl}{\nu} = \frac{\text{Geschwindigkeit} \cdot \text{kennz. Länge}}{\text{kinematische Zähigkeit}} \tag{7.2}$$

Die *Nußelt-Zahl* kennzeichnet das Verhältnis Wärmeübergang zu Wärmeleitung für das fließende Medium

Nußelt-Zahl Nu

$$\mathrm{Nu} = \frac{\alpha l}{\lambda} = \frac{\text{Wärmeübergangszahl} \cdot \text{kennz. Länge}}{\text{Wärmeleitfähigkeit des ström. Mediums}} \tag{7.3}$$

Darin bedeutet l die für die Strömung kennzeichnende Länge bei der ebenen Platte, also die Plattenlänge bis zur untersuchten Stelle, bei Rohren wird für l der Durchmesser d gesetzt.

Prandtl-Zahl, Kennzeichnung der Stoffwerte des fließenden Mediums

Prandtl-Zahl Pr

$$\mathrm{Pr} = \frac{\nu}{a} = \eta\, c\, \frac{g}{\lambda} \tag{7.4}$$

Bei Gasen wird für die spezifische Wärme c die Wärme c_p eingesetzt.

$\nu = \eta \frac{g}{\gamma}$ = kinematische Zähigkeit m^2/s (siehe Tafeln),

$a = \frac{\lambda}{c\gamma}$ = Temperatur-Leitzahl m^2/h (siehe Tafeln).

Im allgemeinen sind die Stoffwerte bei mittlerer Temperatur t_m der Grenzschicht einzusetzen

$$t_m = \frac{t_\infty - t_w}{2} .$$

Die Berechnung der Wärmeübergangszahl α erfolgt aus der Nußelt-Zahl. Diese kann für einige Modellfälle berechnet werden, deren wichtigste anschließend aufgeführt sind.

Strömung längs ebener Platte

An einer *längs angeströmten ebenen Platte* stellt sich *turbulente* Strömung ein, wenn die Reynold-Zahl der Strömung > kritische Reynold-Zahl, $Re_l > Re_{krit} = 300\,000$. Bevor man die Nußelt-Zahl bzw. die Wärmeübergangszahl α berechnet, prüft man, ob die Strömung laminar oder turbulent ist (Re kleiner oder größer Re_{krit}). Für den Fall turbulenter Strömung ($Re > Re_{krit}$) wird

$$Nu_l = 0{,}0325\ Re_l^{0,8} \cdot Pr^{0,33} \tag{7.5}$$

Der Index *l* bedeutet, daß Nußelt- und Reynold-Zahlen mit der charakteristischen Länge $x = l$ gebildet werden.

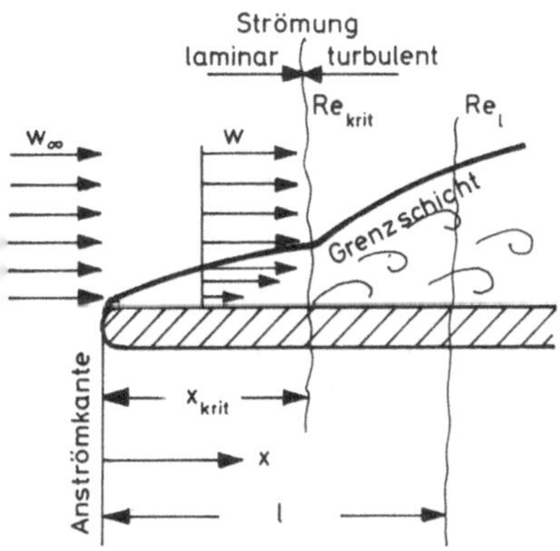

Die Strömung entwickelt an der Platte zunächst einen Bereich laminarer Strömung, die nach einer kritischen Länge x_{krit} (entsprechend $Re_{krit} \approx 300\,000$) in Turbulenz übergeht. Die Größe der Turbulenz nimmt danach mit x noch weiter zu, so daß der Wärmeübergang weiter wächst, je weiter man auf der Platte nach rechts geht.

Ist die Strömung nicht turbulent ($Re_l < 300\,000$), so gilt für die *laminare Strömung längs der ebenen Platte*

$$Nu_l = 0{,}664\ Re_l^{0,5}\ Pr^{0,33} \tag{7.6}$$

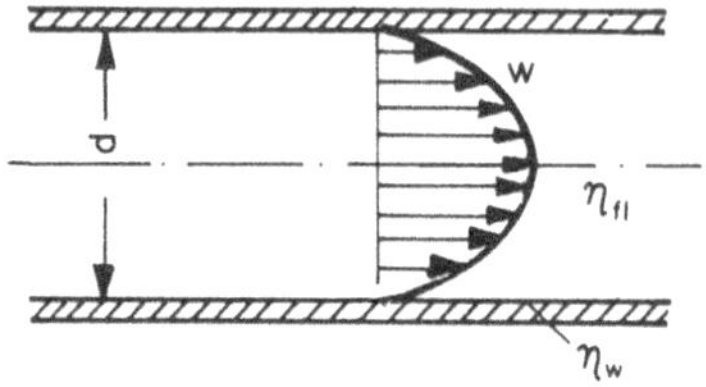

Für Luft von etwa 20 °C ist für w ⩽ 5 m/s

$$\alpha / \frac{\text{kcal}}{\text{m}^2\,\text{h}\,\text{grd}} \approx 5{,}3 + 3{,}6\ \text{w in } \frac{\text{m}}{\text{s}} \tag{7.7}$$

für w > 5 m/s ist

$$\alpha / \frac{\text{kcal}}{\text{m}^2\,\text{h}\,\text{grd}} \approx 6{,}5\ \text{w}^{0,8} \text{ in } \frac{\text{m}}{\text{s}} \tag{7.8}$$

turbulente Strömung im geraden Rohr

Flüssigkeiten strömen *turbulent* durch gerade Rohre, denn $Re_d > Re_{dkrit} = 10\,000$. Die Nußelt-Zahl dafür ist:

$$Nu_d = \frac{\alpha d}{\lambda} = 0{,}024\ Re_d^{0,8}\ Pr^{1/3} \left(\frac{\eta_{fl}}{\eta_w}\right)^{0,14} \tag{7.9}$$

mit

η_{fl} dynamische Zähigkeit der Flüssigkeit in einiger Entfernung von der Wand

η_w dynamische Zähigkeit der Flüssigkeit an der Wand kps/m.

Gase strömen *turbulent* im geraden Rohr, wenn $Re_d > Re_{dkrit} = 10\,000$. Dafür gilt

$$Nu_d = \frac{\alpha d}{\lambda} = 0{,}024\ Re_d^{0,8}\ Pr^{0,33} \tag{7.10}$$

Der Index d bedeutet, daß Reynolds- und Nußelt-Zahlen mit dem Durchmesser d gebildet werden.

quer angeströmte Rohrbündel

Quer angeströmte Rohrbündel

Bei mittleren Rohrdurchmessern und Rohrabständen ist für Flüssigkeiten und Gase bei $600 < Re_d < 4000$

$$Nu_d = 0{,}33\ Re_d^{0,6}\ Pr^{0,33} \tag{7.11}$$

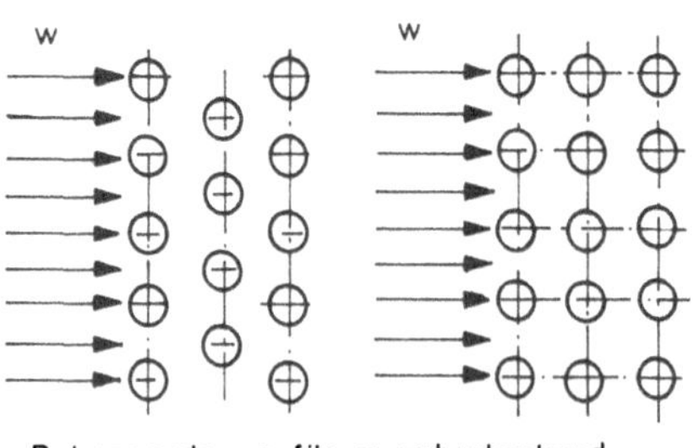

Rohranordnung für α unbedeutend

Die Reynold-Zahl ist mit der größten Geschwindigkeit zu bilden (zwischen den Rohren).

Wärmeübergang bei Änderung des Aggregatzustandes

Bei den bisher behandelten Problemen blieben die Aggregatzustände der strömenden Medien (Flüssigkeit oder Gas) erhalten. Bei technischen Prozessen dagegen findet häufig eine Wärmeübertragung statt, bei der eine Flüssigkeit verdampft oder ein Dampf kondensiert (z. B. Dampfheizung). Auch hier gibt es mehrere Modellfälle, deren Wärmeübergangszahl sich rechnen läßt. Als Beispiel folgt hier die *Filmkondensation an senkrechter ebener Wand.*

Filmkondensation an senkrechter ebener Wand

Der *mittlere Wärmeübergang* bei *laminarer Strömung im Film* beträgt

$$\alpha_m = \frac{4}{3} \sqrt[4]{\frac{r\,\rho_{fl}\,g\,\lambda_{fl}^3}{4\,\nu_{fl}\,H\,(t_s - t_w)}} \tag{7.12}$$

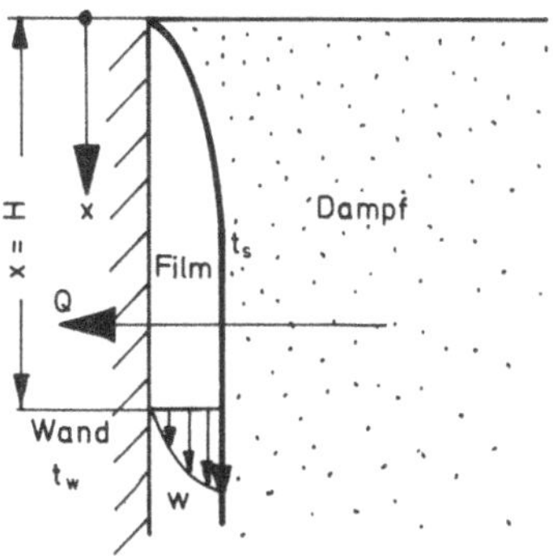

Darin ist H die Höhe der Wand, r die Verdampfungswärme (für überhitzten Dampf h - h′ einsetzen), für ρ, ν, λ sind die Werte des Flüssigkeitsfilms zu setzen. g ist die Erdbeschleunigung, bzw. deren Komponente in Wandrichtung (bei nicht senkrechter Wand).

Die Strömung ist turbulent, wenn $(t_s - t_w)\,H$ bestimmte Grenzwert überschreitet. Die Grenzwerte sind für kondensierenden Wasserdampf für verschiedene Siedetemperaturen t_s zusammengestellt.

Grenzwerte $[(t_s - t_w)H]_{lam}$ m grd für Wasser

t_s °C	100	150	200	250	300	350	374
$(\Delta t\,H)_{lam}$	52	25	15	11	8,1	4,9	0

Für $\Delta t\,H > (\Delta t\,H)_{lam}$ *kondensierender Dampf an senkrechter ebener Wand* ist die *mittlere* (über die Höhe H gemessen) Wärmeübergangszahl

$$\alpha_m = 0{,}003\,\sqrt{\frac{(t_s - t_w)\,H\,\lambda^3\,\rho^2}{r\,\eta^3}} \tag{7.13}$$

Bezugstemperatur usw. wie für Gl. (7.12).

waagerechtes Einzelrohr

Die *Wärmeübergangszahl am waagerechten Einzelrohr* beträgt mit Gl. (7.12) und H = d

$$\alpha_{Rohr} = 0{,}77\,\alpha_{w\,lam} \tag{7.14}$$

Index w für Wärmeübergang an senkrechter ebener Wand (nach Gl. (7.12)).

Tropfenkondensation

Die Wärmeübergangszahlen für die *Tropfenkondensation* sind ganz erheblich höher als für die Filmkondensation, weil der gleichzeitig isolierende Flüssigkeitsfilm zwischen kondensierendem Dampf und der Wand fehlt. Die α-Werte sind 6 bis 20 mal größer als bei der Filmkondensation. Sie liegen zwischen 4000 und 10 000 kcal/(m² h grd) für Wasser. Die Ausbildung der Tropfenkondensation (also die Vermeidung der Filmkondensation) kann durch Zugaben von Fettsäuren in den Dampf gefördert werden.

Verdampfung

Für die Wärmeübergangswerte bei der *Verdampfung* sind keine allgemeinen Formeln bekannt. Dennoch lohnt es sich, den Wärmeübergang von einer festen Wand an eine verdampfende Flüssigkeit (Verdampferrohre in einem Kessel) zu untersuchen; Besonders akut sind diese Probleme durch die große Heizflächenbelastung im Reaktorbau.

Zunächst eine allgemeine Bemerkung zur Verdampfung an einer Heizfläche. An *Keimstellen* (Unebenheiten) beginnt die Dampfblasenbildung. Beim Hochsteigen vergrößert sich die Blase, wenn $t_{fl} > t_d$. Bei mäßig schneller Wasserverdampfung ist die Wassertemperatur in Wandnähe etwa 5 . . . 10 grd in der übrigen Flüssigkeit etwa 0,5 grd höher als die Dampftemperatur t_d (bzw. die Siedetemperatur t_s).

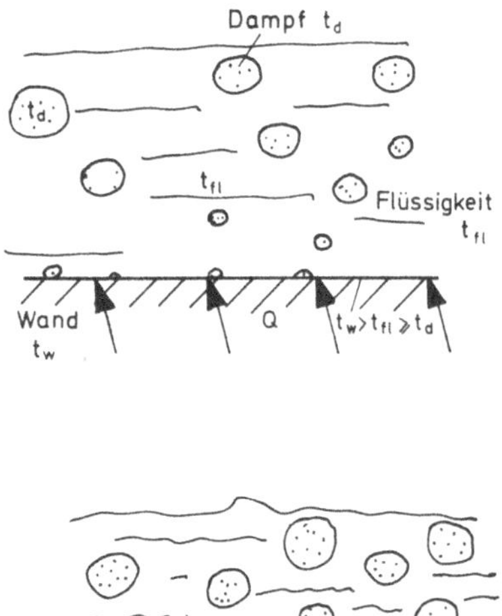

Wärmeübergang

Bei mäßig schneller Verdampfung, also mäßiger Wärmezufuhr Q, wird durch die Rührwirkung der aufsteigenden Bläschen der Wärmeübergang merklich gegenüber dem α-Wert Wand-Flüssigkeit verstärkt.

Vermehrt man die Wärmezufuhr, so wird der Flüssigkeit der Zutritt zur Wand immer mehr erschwert, bis bei *starker Dampfbildung* überhaupt kein Kontakt Flüssigkeit-Wand mehr möglich ist. Die Dampfschicht isoliert die Wand, der Wärmeübergang wird stark verringert. Die Wärmeübertragung geht jetzt über Wärmeleitung durch den Dampffilm und, da die Temperatur der Wand bei anhaltender Wärmezufuhr rapide zunimmt, durch Strahlung von der Wand zur Flüssigkeitsunterseite.

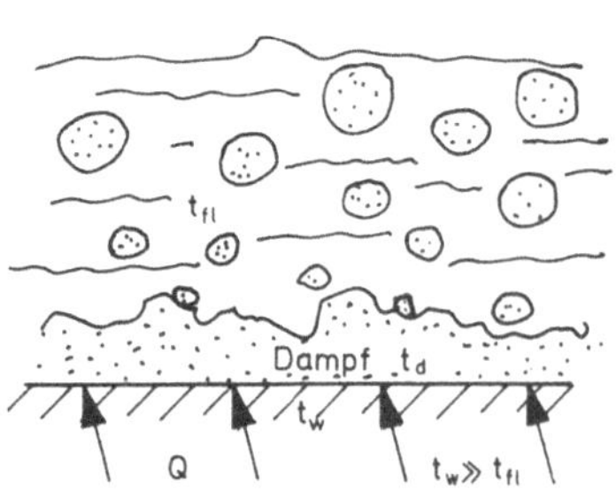

Ausbrennbelastung

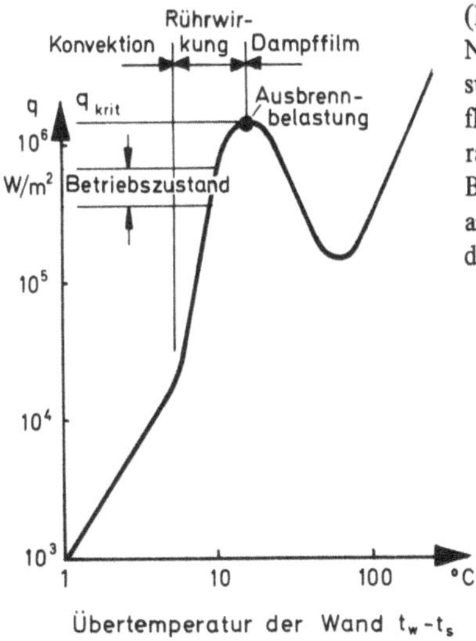

Die Isolierwirkung des Dampfes bringt die Wand (Rohr) zum Durchbrennen (*Ausbrennbelastung* Q_{krit}). Nebenstehendes Diagramm (logarithmischer Maßstab!) zeigt die experimentelle Ermittlung der Heizflächenbelastung Q kcal/m², abhängig vom Temperaturunterschied $(t_w - t_s)$ grd. Der Bereich der Betriebsheizflächenbelastung wird einerseits nahe an Q_{krit} gelegt, andererseits so weit davon entfernt, daß kein Dampffilm entsteht.

Wärmedurchgangszahl k

Wärmedurchgang

Um gleichzeitig die Wärmeleitung und die Wärmeübergangszahlen auf beiden Seiten von Wänden zu erfassen, bildet man die *Wärmedurchgangszahl* k. Für ebene Wände ist

$$k = \frac{1}{\frac{1}{\alpha_1} + \frac{l_1}{\lambda_1} + \frac{l_2}{\lambda_2} + \ldots + \frac{1}{\alpha_2}} \qquad (7.15)$$

z. B. in $\frac{\text{kcal}}{\text{h m}^2 \text{ grd}}$

Wärmedurchgang Q

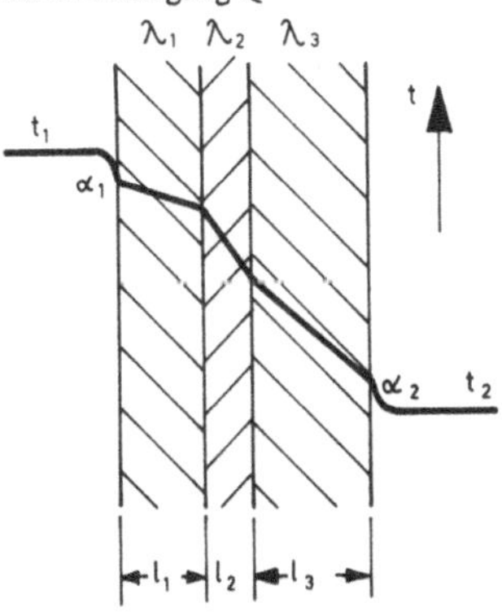

Die durch die Wand gehende Wärmemenge beträgt mit den Temperaturen der umgebenden Medien t_1 und t_2

$$Q = k\,(t_1 - t_2)\,A \qquad (7.16)$$

Wärmedurchgang an Rohren

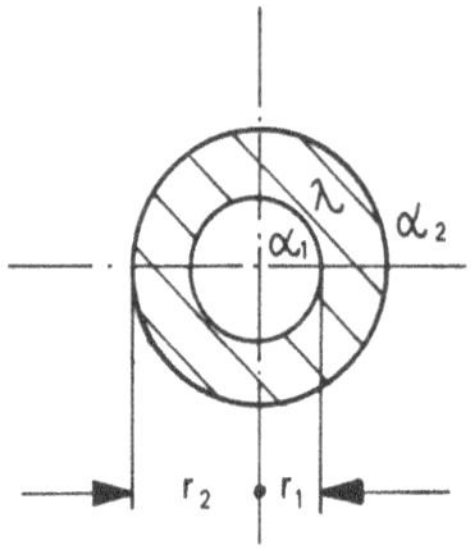

Die am *Rohr* pro m^2 Oberfläche übergehende Wärmemenge ist:

$$q = \frac{2\pi(t_1 - t_2)}{\frac{1}{r_1\,\alpha_1} + \frac{1}{r_2\,\alpha_2} + \frac{1}{\lambda}\ln\frac{r_2}{r_1}} \qquad (7.17)$$

In dieser Gleichung wird für *dünnwandiges Rohr* $\ln r_2/r_1 \approx 0$, so daß die Wandstärke des Rohres ohne Bedeutung bleibt.

Zwischentemperaturen

Die Ermittlung der *Zwischentemperaturen* in zusammengesetzten Wänden ist auf Grund der Kontinuität des Wärmeflusses durch alle Wandschichten hindurch zu ermitteln:

$$q = k(t_1 - t_4) = \alpha_1\,(t_{\infty 1} - t_1) = \frac{\lambda_1}{l_1}\,(t_1 - t_2) = \ldots = \alpha_4\,(t_4 - t_{\infty 4}) \qquad (7.18)$$

(vgl. Abbildung auf Seite 172)

Einfacher jedoch als diese Rechnung ist das zeichnerische Verfahren, das nebenstehende Skizze für das vorne gezeigte Beispiel einer 3-fach zusammengesetzten Wand mit den Wärmeübergangswerten α_1 und α_2 zeigt. $t_{\infty 1}$, $t_{\infty 4}$ sind die Temperaturen der fließenden Medien außerhalb der Grenzschicht.
In einem t-Diagramm werden entsprechend den k-, λ-, *l*- und α-Werten Parallelen zur t-Achse gezogen, die t_∞-Werte sind in die Senkrechten einzutragen und durch eine Gerade zu verbinden, so erhält man die Zwischenwerte t_1, t_2 und t_3. Die auf der Abszisse gezeigten Werte $\frac{k}{\alpha}$ und $\frac{k\,l}{\lambda}$ bilden lt. Gl. (7.15) die Summe 1.

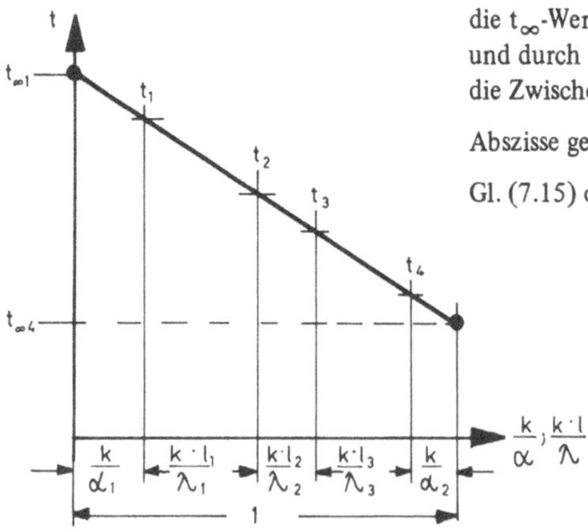

Gleichstrom-Gegenstrom-Wärmeaustauscher

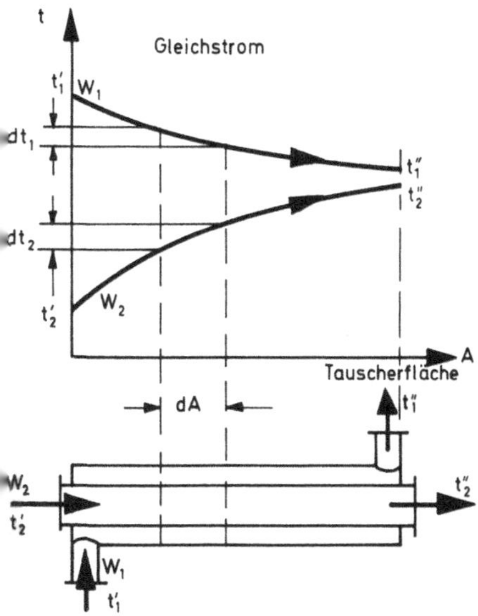

Anwendung des Wärmedurchgangs bei Wärmetauschern

Die *Aufgabe von Wärmetauschern* ist es, Wärme von einem strömenden Medium W_1 an ein zweites strömendes Medium W_2 abzugeben. Beide Medien werden durch gut leitende Wände voneinander getrennt. Die Strömungsrichtung der beiden Medien bestimmt ganz erheblich den Effekt des Wärmeaustausches. Die nebenstehenden Skizzen zeigen die Wirkungsweise von *Gleich-* und *Gegenstrom-Wärmetauschern.*

Beim *Gleichstromapparat* nähern sich die Temperaturen beider Ströme W einer Zwischentemperatur t_{zw}.

Beim *Gegenstromapparat* wollen sich die Endtemperaturen nach dem Durchlauf auf die Anfangstemperaturen des Gegenstromes einstellen. Die Temperaturverläufe beider Ströme sind im t-A-Diagramm dargestellt, wobei A die Austauscherfläche zwischen den Strömen ist. Das Beispiel zeigt einen einfachen Doppelrohr-Austauscher. Dieser setzt voraus, daß die Wärmeübergänge an Innen- und Außenseite des Rohres etwa gleich sind. Ist das nicht der Fall (ist der Strom 2 etwa ein Gasstrom mit geringerem α), so wird man die Rohroberfläche auf der Seite des schlechten Wärmeübergangs α vergrößern, etwa durch Aufbringen von Rippen. Durch die *Flächenvergrößerung* wird der schlechtere Wärmeübergang wettgemacht.

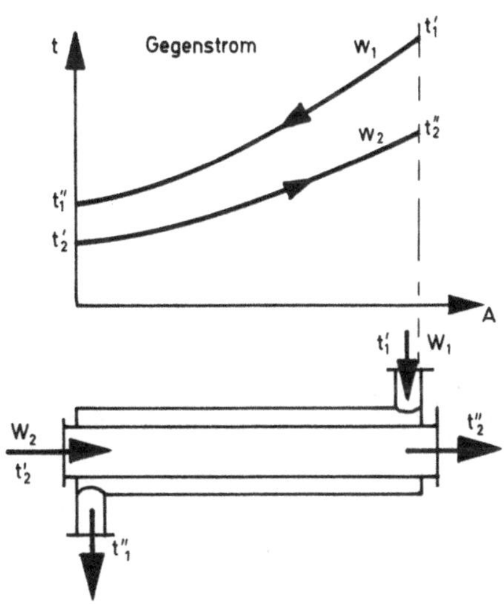

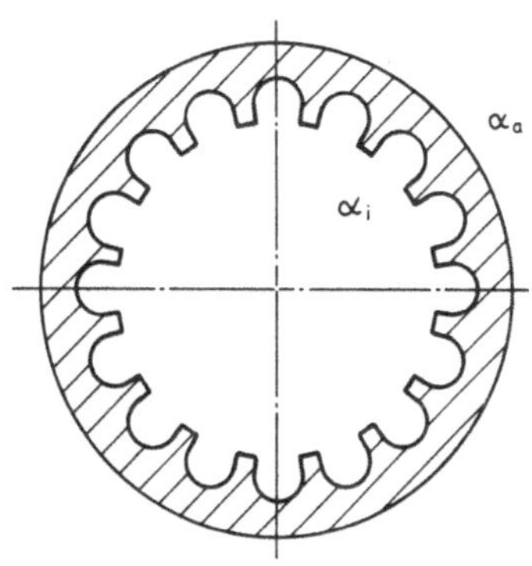

für $\alpha_i < \alpha_a$ Innenfläche vergrößert

Berechnung von Wärmeaustauschern

Durch die kleine Austauschfläche dA wird die Wärme dq übertragen, die Temperaturen der Wärmeströme W_1 und W_2 ändern sich um $-dt_1$ und $+dt_2$. Mit Wärmestrom W (Wärmewert m c = W, auch *Wasserwert* genannt)

$$\boxed{W = m\,c} \tag{7.19}$$

ist aus dem Wärmedurchgang von einem zum anderen Strom

$$\boxed{W_1\,dt_1 = k\,(t_1 - t_2)\,dA}$$

bzw.

$$\boxed{W_2\,dt_2 = k\,(t_2 - t_1)\,dA}$$

Daraus wird nach Umstellung

$$\frac{k\,t_1}{W_1} - \frac{k\,t_2}{W_1} - \frac{dt_1}{dA} = 0$$

und

$$\frac{k\,t_2}{W_2} - \frac{k\,t_1}{W_2} - \frac{dt_2}{dA} = 0$$

Das sind zwei Differentialgleichungen, die sich wie folgt integrieren lassen (Grenzen an Ein- und Austritt des Wärmetauschers):

$$\frac{t_1' - t_1''}{t_1' - t_2'} = \frac{1 - e^{-\left(1 + \frac{W_1}{W_2}\right)\frac{kA}{W_1}}}{1 + \frac{W_1}{W_2}} = \Phi$$

Dieser Φ genannte Ausdruck kann für verschiedene Bauarten in Diagrammen dargestellt werden.

$\Phi = \Phi\left(\frac{W_1}{W_2}, \frac{kA}{W_1}\right)$; man berechnet die Werte $\frac{W_1}{W_2}$ und $\frac{kA}{W_1}$, liest Φ aus dem Diagramm ab und kann die Temperaturen leicht bestimmen. Dabei sei zur Benutzung der Diagramme der *geringere Wärmestrom* mit W_1 bezeichnet, also $W_1 < W_2$ bzw. $\frac{W_1}{W_2} < 1$.

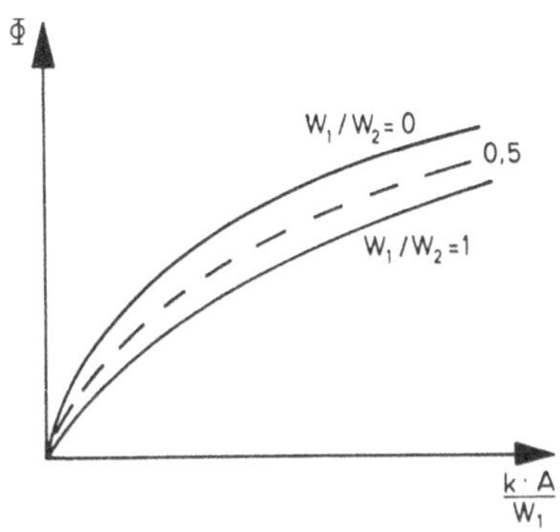

Bei *Verdampfung* oder *Kondensation* ist $\frac{W_1}{W_2} = 0$,
weil $c_{p2} \rightarrow \infty$.

$$\frac{t_1' - t_1''}{t_1' - t_2'} = \Phi \tag{7.20}$$

oder

$$\frac{t_2'' - t_2'}{t_1' - t_2'} = \frac{W_1}{W_2}\,\Phi \tag{7.21}$$

Diagramme für Φ für Gleich- und Gegenstromtauscher befinden sich im Tafelteil.

Häufig wird für gewünschte Ein- und Austrittstemperaturen, ferner für bekannte Werte W_1, W_2 und k die erforderliche Austauschfläche A gesucht. Dazu berechne man aus Gl. (7.20) oder (7.21) den erforderlichen Φ-Wert. Aus dem Diagramm erhält man dann für bekanntes $\frac{W_1}{W_2} \rightarrow \frac{kA}{W_1}$ daraus Fläche A.

wirtschaftliche Tauschergröße

Wärmetauscher dienen meistens dazu, die *Wirtschaftlichkeit* eines Prozesses zu verbessern *(Vorwärmung* mit Abwärme, *Kondensatoren).* Die Wirtschaftlichkeit solcher Rückgewinnung von Wärme ist aber nur dann gegeben, wenn die Wärmeenergie im Verhältnis zum Anschaffungspreis und zur Unterhaltung des Wärmetauschers teuer ist. Im folgenden wird eine Methode beschrieben, auf einfache Weise mit Hilfe des Φ-Diagrammes die *wirtschaftliche* (optimale) *Tauschergröße* (A bzw. $t_1' - t_2'$) zu bestimmen.

Die jährliche Einsparung Sp soll möglichst groß sein. Sie beträgt Sp = Wärmeersparnis · Wärmepreis
- Aufwendungen

$$Sp = Q_j \cdot H_w - A\,(a\,H_A + K) \tag{7.22}$$

darin ist

Q_j die jährlich im Tauscher übertragene Wärmemenge in kcal/Jahr,

H_w ist der Preis für Wärmeenergie in DM/kcal,

a Abschreibung pro Jahr + Verzinsung der Tauscheranlage auf 1 m^2 Tauscherfläche bezogen,

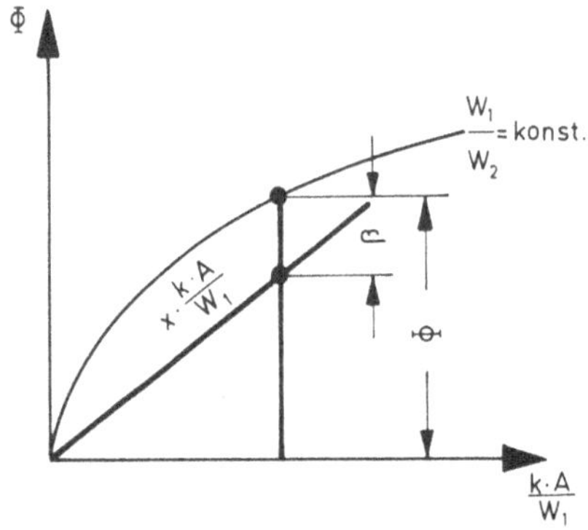

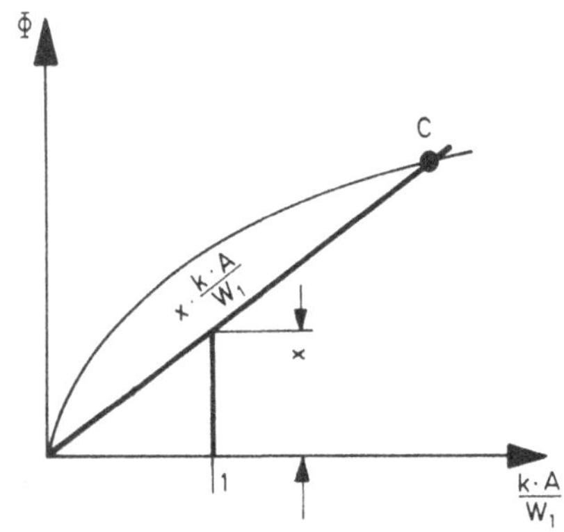

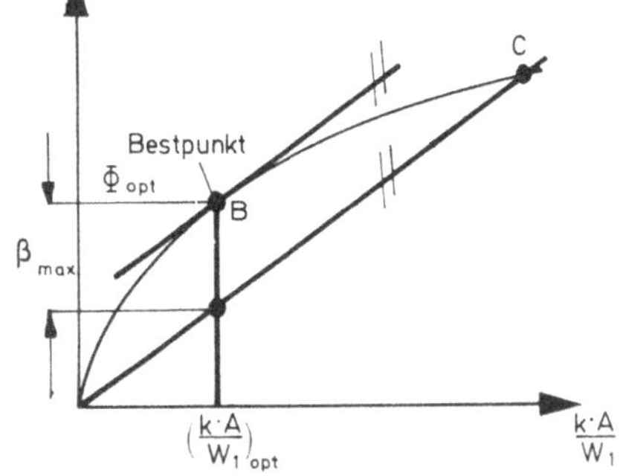

H_A Anschaffungskosten/m² Tauscherfläche,
K jährliche Betriebskosten/m² Tauscherfläche.

Die Gl. (7.22) kann so geschrieben werden:

$$Sp = H_w\, B W_1\, (t_1' - t_2')\, (\Phi - x\, \frac{kA}{W_1}) \qquad (7.23)$$

mit B = Anzahl der Betriebsstunden pro Jahr und mit

$$x = \frac{a\, H_A - K}{B\, H_w\, k(t_1' - t_2')} \qquad (7.24)$$

Diese Umformung gelingt mit Gl. (7.21), die man auch so schreiben kann:

$$\frac{W_2\, (t_2'' - t_2')}{W_1\, (t_1' - t_2')} = \Phi = \frac{Q_j}{B} \cdot \frac{1}{W_1\, (t_1' - t_2')}$$

Bei der Bestimmung der optimalen Tauschergröße müssen x und der Ausdruck $H_w\, B\, W_1\, (t_1' - t_2')$ der Gl. (7.23) bekannt sein. Die Ersparnisse Sp sind dann am größten, wenn in Gl. (7.23) der Ausdruck $\Phi - x\, \frac{kA}{W_1}$ am größten ist. Diesen wollen wir β nennen

$$\beta = \Phi - x\, \frac{kA}{W_1} \qquad (7.25)$$

Gesucht wird also β_{max}. Gelingt es, im Φ-Diagramm die Gerade $x\, \frac{kA}{W_1}$ zu finden, so kann man β leicht als Differenzstrecke zwischen $\Phi\left(\frac{W_1}{W_1}\right)$ und dieser Geraden finden. Die gesuchte Gerade ist zu zeichnen, wenn man bei $\frac{kA}{W_1} = 1$ die Höhe x anträgt. β_{max} läßt sich nun ablesen, wenn man zu dieser Geraden eine Parallele als Tangente an die Kurve $\frac{W_1}{W_2}$ legt.

Der Punkt B (Bestpunkt) bestimmt die wirtschaftlich beste Austauscherfläche A. Mit Φ_{opt} sind auch die Temperaturen t_1'' und t_2'' zu errechnen. Im Punkt C ist $\beta = 0$, also auch die Einsparung Null.

7.4. Wärmeübertragung durch Strahlung

Wellenlänge λ

Die Wärmeübertragung durch Strahlung erfolgt durch elektromagnetische Wellen der Länge $\lambda = 0{,}8 \div 400\ \mu m$ (Infrarot).

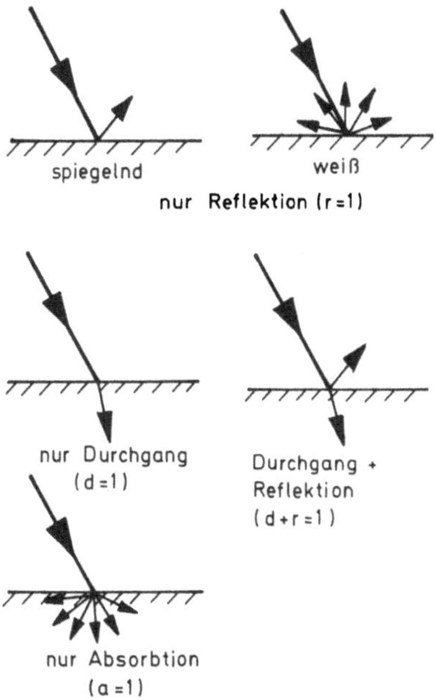

Für die Bestimmung der Wärmeübertragung durch Strahlung interessieren nur die Temperaturen und die *Oberflächeneigenschaften* der strahlenden (emittierenden) oder bestrahlten Flächen. Bei der Emission von Wärmestrahlung temperierter Körper handelt es sich um eine Energieumwandlung der Wärme in elektromagnetische Wellen.

Trifft Wärmestrahlung einen Körper, so kann er sie ***durchlassen, reflektieren*** oder ***absorbieren.*** Meistens stellt sich abhängig von Körper- und Oberflächeneigenschaft eine Mischung dieser drei Verhaltensweisen ein.

Man kann die durch Wärmestrahlung auf einen Körper fallende Energie in 3 Anteile zerlegen: Reflektion r, Absorption a, Durchlaß d, so daß

$$\boxed{r + a + d = 1} \qquad (7.26)$$

schwarzer Körper

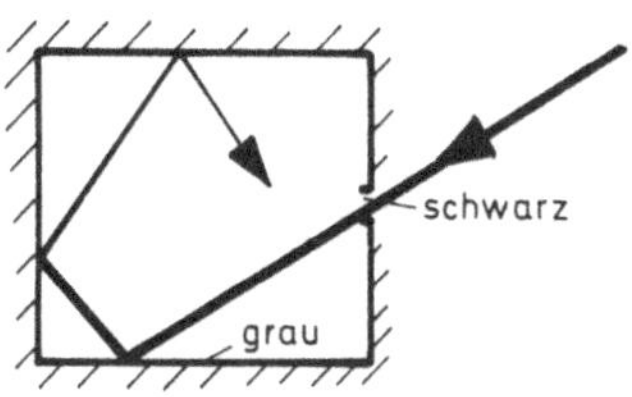

Für r + d = 0, wenn also alle Strahlung restlos absorbiert wird (a = 1), spricht man vom *„schwarzen" Körper.* (Ein optisch schwarzer Körper reflektiert kein Licht. Der für die Wärmestrahlung schwarze Körper muß nicht optisch schwarz sein!) Der schwarze Körper ist ein Modellfall. Eine schwarze Oberfläche kann man imitieren, indem man in einen genügend großen Kasten mit möglichst schwarzen Wänden ein kleines Loch bohrt. Die Lochfläche wirkt schwarz, weil Licht- bzw. Wärmestrahlen praktisch keine Gelegenheit haben, den Kasten aus diesem Loch wieder zu verlassen (a = 1, z. B. Ofentüren).

Technische Körper absorbieren nicht 100 % (a < 1), man nennt sie ***„grau"***. Vergleicht man die Emission bzw. Absorption E eines Körpers mit der des schwarzen, so erhält man den ***Strahlungsbeiwert***

Strahlungsbeiwert ϵ

$$\epsilon = \frac{E_{vorh}}{E_s} \tag{7.27}$$

Die Strahlung E_s des schwarzen Körpers ist:

$$E_s = C_s \left(\frac{T}{100}\right)^4 \tag{7.28}$$

mit der Strahlungskonstanten
$C_s = 4{,}873\ \text{kcal/m}^2\,\text{h grd}^4$.

Für den grauen Körper ist die Emission bzw. Absorption

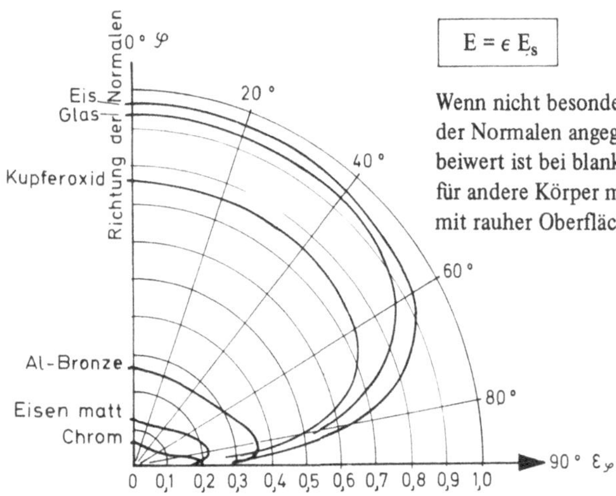

$$E = \epsilon\, E_s \tag{7.29}$$

Wenn nicht besonders vermerkt, wird ϵ in Richtung der Normalen angegeben. Der Gesamtstrahlungsbeiwert ist bei blanken Metalloberflächen $\approx 1{,}2\ \epsilon_n$, für andere Körper mit glatter Oberfläche $\approx 0{,}95\ \epsilon_n$ mit rauher Oberfläche mit $\approx 0{,}98\ \epsilon_n$ anzunehmen.

selektive Strahlung der Gase

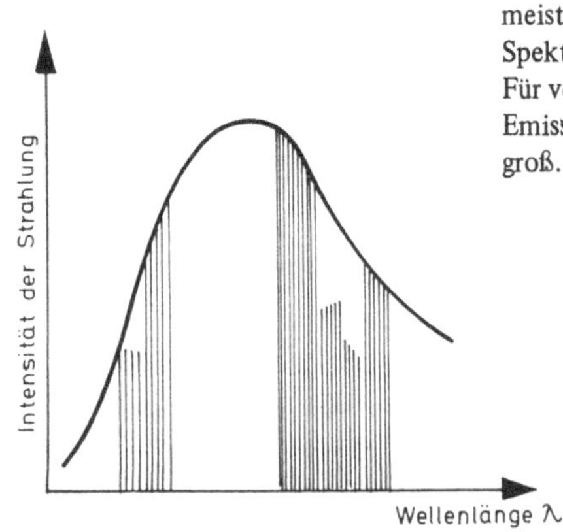

Gase emittieren bzw. absorbieren nicht wie die meisten technischen Stoffe gleichmäßig über das Spektrum, vielmehr ist ihre Strahlung *selektiv*. Für verschiedene Wellenlängenbereiche ist das Emissions- und Absorptionsvermögen verschieden groß.

parallele Wände

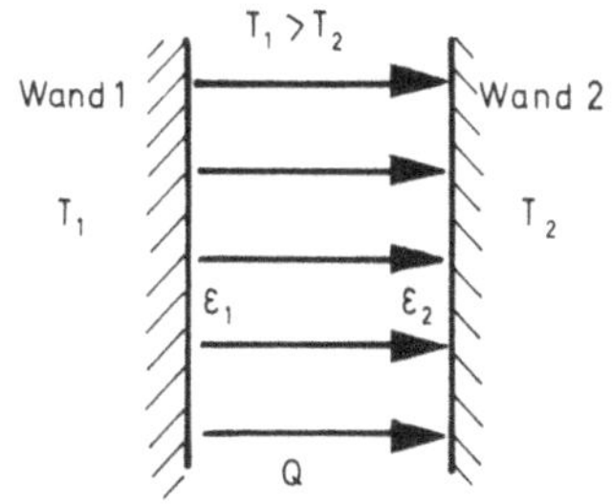

Wärmeaustausch durch Strahlung

Sind parallele Wände im Verhältnis zum Abstand groß und durch ein ***diathermanes*** (Strahlen durchlassendes) Medium getrennt, so ist die pro Quadratmeter übergehende Wärme

$$q = \frac{C_s}{\frac{1}{\epsilon_1} + \frac{1}{\epsilon_2} - 1}\left[\left(\frac{T_1}{100}\right)^4 - \left(\frac{T_2}{100}\right)^4\right] \qquad (7.30)$$

Isolierschirme

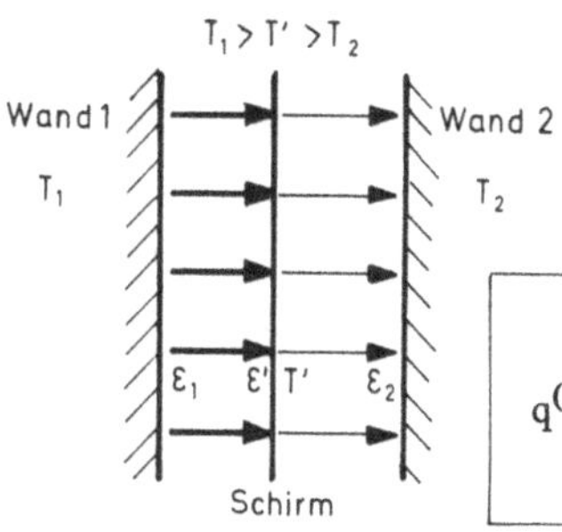

Die Strahlung zwischen den Wänden kann durch einen zwischengestellten *Schirm* (z. B. Aluminium) stark vermindert werden. Nach Aufstellung von n Schirmen mit den Emissionskoeffizienten $\epsilon', \epsilon'' \ldots \epsilon^{(n)}$ wird die zwischen den Flächen 1 und 2 ausgetauschte Wärmemenge:

$$q^{(n)} = \frac{C_s\left[\left(\frac{T_1}{100}\right)^4 - \left(\frac{T_2}{100}\right)^4\right]}{\frac{1}{\epsilon_1} + \frac{1}{\epsilon_2} - 1 + \left(\frac{2}{\epsilon''} - 1\right) + \left(\frac{2}{\epsilon''} - 1\right) + \ldots + \left(\frac{2}{\epsilon^{(n)}} - 1\right)} \qquad (7.31)$$

Knitterfolie

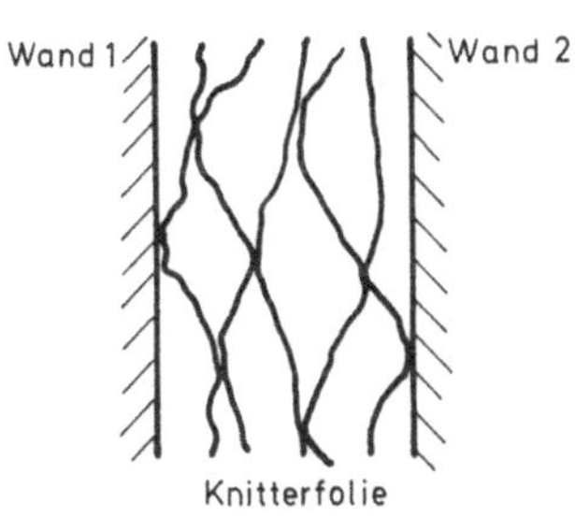

Der Abstand der Schirme ist gleichgültig. Eine billige, sehr leichte und rüttelfeste Isolation ist *Knitterfolie* aus Aluminiumfolie (ϵ = 0,05). Die Schirmabstände werden durch Knittern besorgt (Waggonbau).

eingeschlossene Körper

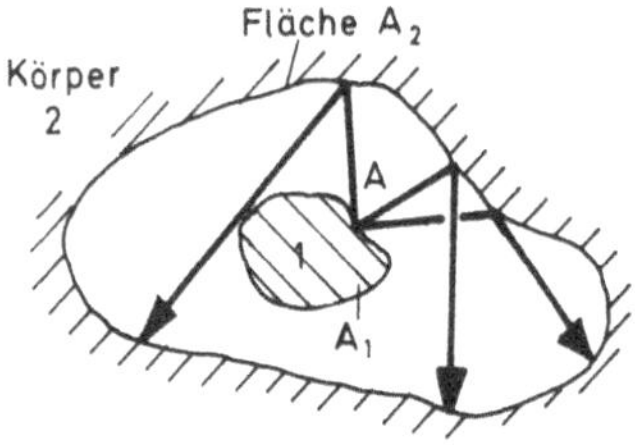

Der eingeschlossene Körper

Unter der Voraussetzung, daß Strahlen vom Punkt A jeden Punkt der Fläche 2 erreichen können, ist die zwischen den Flächen 1 und 2 ausgetauschte Wärmemenge:

$$Q = A_1 \frac{C_s}{\frac{1}{\epsilon_1} + \omega\left(\frac{1}{\epsilon_2} - 1\right)} \left[\left(\frac{T_1}{100}\right)^4 - \left(\frac{T_2}{100}\right)^4\right] \tag{7.32}$$

mit dem Flächenverhältnis

$$\omega = \frac{A_1}{A_2} \tag{7.33}$$

Wärmeübergangszahl α_s

Bei nicht allzu großen Temperaturunterschieden ist es zweckmäßig, ähnlich wie bei der Wärmeübertragung durch Konvektion mit einer Wärmeübergangszahl α_s für die Strahlung zu rechnen.

$$\alpha_s = C \frac{(T_1/100)^4 - (T_2/100)^4}{T_1 - T_2} \tag{7.34}$$

mit C für parallele Wände

$$C = \frac{C_s}{\frac{1}{\epsilon_1} + \frac{1}{\epsilon_2} - 1} \tag{7.35}$$

für eingeschlossene Körper

$$C = \frac{C_s}{\frac{1}{\epsilon_1} + \omega\left(\frac{1}{\epsilon_2} - 1\right)} \tag{7.36}$$

Wärmeübergang bei Strahlung + Konvektion

Berechnung des Wärmeübergangs bei Strahlung und Konvektion richtet sich nach der *Gesamtübergangszahl*

$$\alpha_{ges} = \alpha_{Konvektion} + \alpha_s \tag{7.37}$$

$$Q_{ges} = \alpha_{ges} A (t_1 - t_2) \tag{7.38}$$

bei Strahlung $A = A_1$ (vgl. Gl. (7.32)).

Beispiele

Beispiel 1

Durch eine Wand dürfen pro Stunde höchstens 8 kcal/m^2 fließen. Die Wand soll auf den beiden Außenseiten aus Ziegelmauerwerk von 12 cm Dicke bestehen. Dazwischen soll eine Isolierschicht aus Kieselgur mit $\lambda_2 = 0{,}081 \dfrac{\text{kcal}}{\text{mh grd}}$ sein.

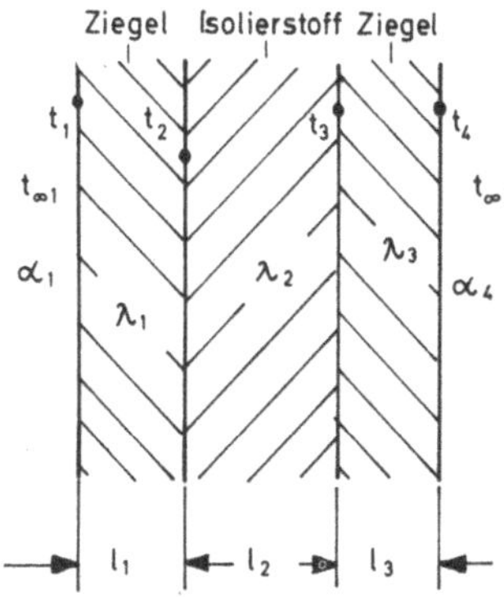

Wie dick muß die Isolierschicht mindestens sein, wenn die Mauerwerkaußentemperaturen $t_1 = 20\,°\text{C}$ und $t_4 = -20\,°$betragen?

Wie groß ist die Wärmeübergangszahl α, wenn die Außentemperatur $t_{\infty 4} = -21\,°\text{C}$, die Innentemperatur $t_{\infty 1} = +24\,°\text{C}$ beträgt?

Wie groß ist außen die Luftgeschwindigkeit bei Strömung parallel zur Wand, die diese Wärmeübergangszahl erzwingt? Die Wandstelle, an der der Wärmeübergang gemessen wird, liegt 3 m von der Anströmkante entfernt.

Weitere Aufgabenstellungen zu Beispiel 1

Bei gegebener Windgeschwindigkeit w parallel zu einer gegebenen Wand ist der stündliche Wärmedurchgang q pro m^2 Wandfläche zu bestimmen. Die Zwischentemperaturen sind graphisch zu ermitteln.

Windgeschwindigkeit w m/s	1 1,6 2,5 4 6,3
Wand 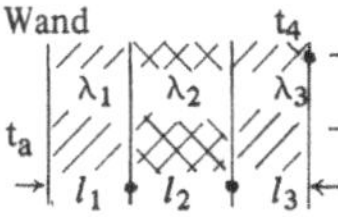 t_a °C	-10 -5 0 10 20
t_4 °C	30 40
l_1 cm	3,2 4 5
sonstige Angaben	$l_2 = 1{,}5 \cdot l_1$; $l_3 = 2 \cdot l_1$ Schicht 1 aus Beton Schicht 2 aus Glaswolle Schicht 3 aus Beton Untersuchung an einer Stelle, die 2 m hinter der Anströmkante liegt.
Bemerkung	w, t_a, t_4 und l_1 beliebig kombinierbar

Zeile	Bezeichnung	Gleichung	Zahlenrechnung	Ergebnis	Bemerkung
	Schichtdicke der Isolierung l_2				
1	Temperatur t_2	$t_2 = t_1 - \frac{Q \cdot l_1}{\lambda_1}$	$= 20 - \frac{6 \cdot 0{,}12}{0{,}6}$	18,8 °C	(7.18) $l_1 = 0{,}12$ m; $\lambda_1 = 0{,}6 \frac{\text{kcal}}{\text{m h grd}}$
2	Temperatur t_3	$t_3 = t_4 + \frac{Q \cdot l_3}{\lambda_3}$	$= -20 + \frac{6 \cdot 0{,}12}{0{,}6}$	- 18,8 °C	$l_3 = l_1$; $\lambda_3 = \lambda_1$
3	Schichtdicke l_2	$l_2 = \frac{\lambda_2 (t_2 - t_3)}{Q}$	$= \frac{0{,}08 \cdot (18{,}8 + 18{,}8)}{8}$	0,376 m	
	Wärmeübergangszahl α				
4	Wärmeübergangszahl α_1	$\alpha_1 = \frac{Q}{t_{\infty 1} - t_1}$	$= \frac{6}{24 - 20}$	$1{,}5 \frac{\text{kcal}}{\text{m}^2\text{h grd}}$	(7.18) $t_{\infty 1} = t_i = 24$ °C
5	Wärmeübergangszahl α_4	$\alpha_4 = \frac{Q}{t_4 - t_{\infty 4}}$	$= \frac{6}{-20 - (-21)}$	$6 \frac{\text{kcal}}{\text{m}^2\text{h grd}}$	(7.18) $t_{\infty 4} = t_a = -21$
	Luftgeschwindigkeit w				
6	Luftgeschwindigkeit w	$w = \frac{\nu \cdot Re_l}{l}$	$= \frac{11{,}5 \cdot 10^{-6} \cdot 400000}{3}$	$1{,}53 \frac{\text{m}}{\text{s}} = 5{,}5 \frac{\text{km}}{\text{h}}$	(7.2) $\nu = 11{,}5 \cdot 10^{-6}$ m^2/s n. T 3.1 für - 20°
7	Reynold-Zahl Re_l	$Re_l = \sqrt[0{,}8]{\frac{Nu_l}{0{,}0325 \cdot Pr^{0{,}33}}}$	$= \left(\frac{900}{0{,}0325 \cdot 0{,}712^{0{,}33}}\right)^{\frac{1}{0{,}8}}$	400 000	(7.5) Pr = 0,712 für - 20° n. T 3.1; $Re > Re_{krit} = 300000$, also Gl. (7.5) für Turbulenz anwendbar
8	Nußelt-Zahl Nu_l	$Nu_l = \frac{\alpha \cdot l}{\lambda}$	$= \frac{6 \cdot 3}{0{,}02}$	900	(7.3) $\alpha = \alpha_4$; $\lambda \approx 0{,}02 \frac{\text{kcal}}{\text{mh grd}}$ für - 20° n. T 3.1

Beispiel 2

Der Konstruktionsvorschlag für einen Kondensator soll geprüft werden. Durch die waagerechten Rohre soll Luft strömen, der Sattdampf kondensiert außen unter Filmbildung. Wieviel Rohre von 2,5 m Länge sind für die Kondensation von 100 kg Dampf/h einzubauen?

Welche konstruktiven Verbesserungsvorschläge sind auf Grund der Rechnung zu machen?

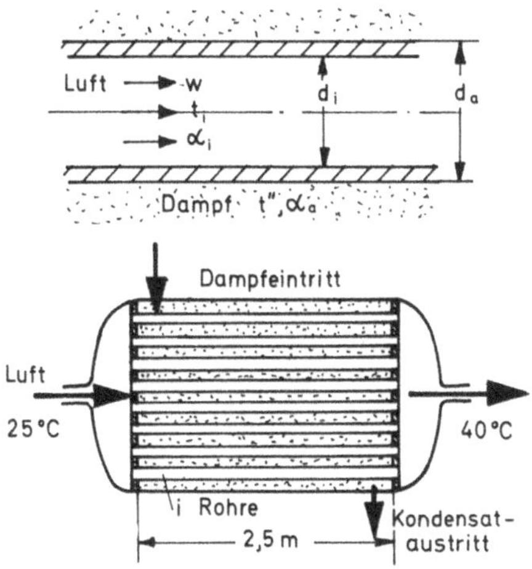

Gegeben:

Dampf: Sattdampf von $t'' = 50\ °C$
Dampfmenge $m = 100$ kg/h

Luft: Eintrittstemperatur 25 °C,
Austrittstemperatur aus den Rohren 40 °C,
Geschwindigkeit $w = 8$ m/s

Rohr: $d_i = 60$ mm
$d_a = 63$ mm

Verbesserungsvorschläge nach der Rechnung

Die vorgeschlagene Konstruktion ist wegen der großen Anzahl von Rohren zu verwerfen. Will man bei dem dargestellten Prinzip bleiben, so gibt es diese Verbesserungen:

A in Zeile 2 muß kleiner werden. Dazu dient folgende Maßnahme: Vergrößerung von α_i wird den größten Einfluß haben. α_i wächst mit der Nußelt-Zahl in Zeile 5 und diese mit der Reynold-Zahl in Zeile 6. Die Reynold-Zahl wird

1. durch *Vergrößerung der Luftgeschwindigkeit* w verbessert, was den Vorteil hat, daß die Temperatur am Rohraustritt verringert ist $(t'' - t_{im})$ in Zeile 2 größer. Der Leistungsbedarf des Ventilators steigt jedoch wesentlich.
2. Die *Vergrößerung* von d ist eine weitere Möglichkeit um Re_d zu vergrößern.
3. Durch eine *Vergrößerung der Rohrinnenfläche* ist eine weitere Steigerung des Wärmeübergangs Luft-Rohr möglich. Derartige Rohre werden z. B. aus Aluminium gezogen.

Zeile	Bezeichnung	Gleichung	Zahlenrechnung	Ergebnis	Bemerkung
1	**Anzahl der Rohre i**	$i = \frac{A}{2{,}5\, d^2 \frac{\pi}{4}}$	$= \frac{515}{2{,}5 \cdot 0{,}0615 \cdot \pi}$	**1070 Rohre (vgl. „Verbesserungsvorschläge" auf Seite 189)**	**Aufteilung der Gesamtlänge der Rohre auf Teilstücke von 2,5 m; $d = (d_i + d_a)/2$**
2	**Gesamtoberfläche der Rohre A**	$A = Q \frac{\frac{1}{r_1 \alpha_1} + \frac{1}{r_2 \alpha_2} + \frac{1}{\lambda} \ln \frac{r_2}{r_1}}{2\pi (t_1 - t_2)}$ $= Q \frac{\frac{1}{r_i \alpha_i} + \frac{1}{r_a \alpha_a} + \frac{1}{\lambda} \ln 1}{2\pi (t'' - t_{im})}$	$= 56900 \frac{\frac{1}{0{,}03 \cdot 33{,}6} + \frac{1}{0{,}031 \cdot 4580} + 0}{2\pi (50 - 32{,}5)}$	$515\ m^2$	(7.17) $A = \frac{Q}{q}$; $\frac{r_a}{r_i} \approx 1$; mittlere Innentemperatur $t_{im} = \frac{25 + 40}{2} = 32{,}5\ °C$
3	Wärmemenge Q	$Q = m\, r$	$= 100 \cdot 569$	$56900\ \frac{kcal}{h}$	(2.1) $r = 569\ \frac{kcal}{kg}$ aus Dampftafel
4	**Wärmeübergangszahl α_i**	$\alpha_i = \frac{Nu_d\, \lambda}{d}$	$= \frac{77{,}5 \cdot 0{,}026}{0{,}06}$	$33{,}6\ \frac{kcal}{m^2 h\, grd}$	(7.10) $\lambda = 0{,}026\ \frac{kcal}{mh\, grd}$ nach T. 3.1 für Luft von 30 °C
5	Nußelt-Zahl Nu_d	$Nu_d = 0{,}024 \cdot Re_d^{0{,}8} \cdot Pr^{0{,}33}$	$= 0{,}024\, (30 \cdot 10^3)^{0{,}8} \cdot 0{,}712^{0{,}33}$	77,5	(7.10) $Pr = 0{,}712$ nach T. 3.1
6	Reynold-Zahl Re_d	$Re_d = \frac{w d}{\nu}$	$= \frac{8 \cdot 0{,}06}{16 \cdot 10^{-6}}$	$30 \cdot 10^3 > Re_{krit} = 10^4$: Strömung turbulent	(7.2) $l = d_i$; $\nu = 16 \cdot 10^{-6}\ m^2/s$ nach T 3.1 für 30 °C
7	Wärmeübergangszahl α_a	$\alpha_a = 0{,}77\, \alpha_{Wand\ lam}$	$= 0{,}77 \cdot 5950$	$4580\ \frac{kcal}{m^2 h\, grd}$	(7.14)
8	**Wärmeübergangszahl $\alpha_{Wand\ lam}$**	$\alpha_{Wand\ lam} = \frac{4}{3} \sqrt[4]{\frac{r\, \rho_{fl}\, g\, \lambda_{fl}^3}{4\, \nu_{fl}\, H\, (t_s - t_w)}}$ $= \frac{4}{3} \sqrt[4]{\frac{569 \cdot 10^6 \cdot 9{,}82 \cdot 0{,}55^3}{4 \cdot 10^{-6} \cdot 0{,}063\, (50 - 40)}}$		$5950\ \frac{kcal}{m^2 h\, grd}$	(7.12) $H = d$ nach Gl. (7.14); r nach Zeile 3; $\rho_{fl}\ 10^6\ kg/m^3$, $g = 9{,}82\ m/s^2$; $\nu_{fl} \approx 10^{-6}$ bei 50 °C nach T 2; mittlere Wandtemperatur $t_w = 40\ °C$ geschätzt; $\lambda_{fl} \approx 0{,}55\ \frac{kcal}{mh\, grd}$

Weitere Aufgabenstellungen

Für eine Warmwasserheizung soll geprüft werden, wieviel Prozent an Rohrlänge gespart werden kann, wenn

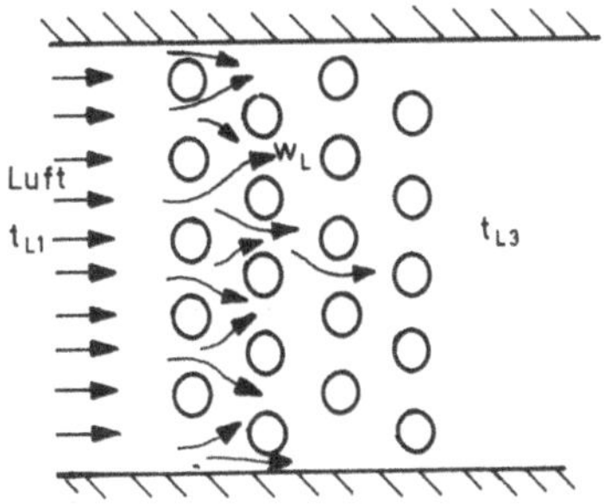

1. die Luft mit doppelter Geschwindigkeit quer über das Rohrbündel geführt wird,
2. die Wassergeschwindigkeit im Rohr verdoppelt wird,
3. der Rohrdurchmesser bei gleichbleibender Geschwindigkeit verdoppelt wird.

Der Verlauf der k-Werte für die 3 Maßnahmen ist in einem Diagramm darzustellen.

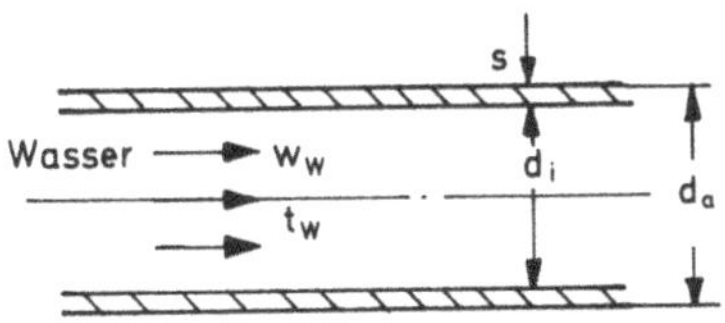

Rohrdurchmesser d_i cm	1,6 2 2,5 3,2 4 5
Luftgeschwindigkeit w_L $\frac{m}{s}$	1,6 2 2,5 3,2 4 5
Wassergeschwindigkeit w_W $\frac{m}{s}$	0,5 0,63 0,8
sonstige Angaben	Lufttemperaturen $t_{L2} - t_{L3} = 40$ grd $t_{L1} = 25$ °C; mittlere Wassertemperatur $t_W = 70$ °C; $p_W \approx 2$ at; Wandstärke: $s = 0{,}05 \cdot d$, Stahl
Bemerkung	d_i, w_L und w_W beliebig kombinierbar. Falls Sie nicht lineare Abhängigkeit für die Abhängigkeit von d_i, und w auf α finden, empfiehlt sich logarithmische Auftragung.

Beispiel 3

Wasser von $t_1' = 10\,°C$ soll in einem Wärmetauscher auf $t_1'' = 70\,°C$ aufgeheizt werden. Für diese Beheizung des Stromes 1 von $m_1 = 120$ kg/h stehen stündlich $m_2 = 200$ kg Wasser mit $t_2' = 120\,°C$ zur Verfügung.

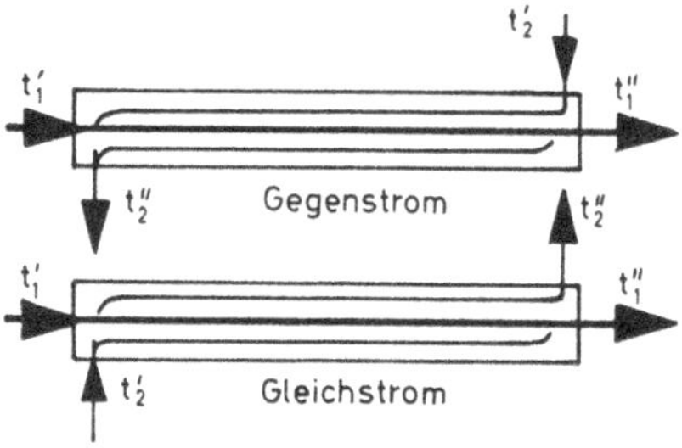

Wie groß muß die Austauschfläche A in einem Wärmeaustauscher sein

a) mit Gleichstrom,
b) mit Gegenstrom?

Wärmedurchgangszahl $k = 600\ \frac{\text{kcal}}{\text{m}^2\text{h grd}}$ bei Rohrinnendurchmesser von d = 1,3 cm und Geschwindigkeit im Innenrohr von $w_1 \approx 0{,}8\ \frac{\text{m}}{\text{s}}$, mittlerer Innenrohrdurchmesser $d_m \approx 1{,}5$ cm.

Zeile	Bezeichnung	Gleichung	Zahlenrechnung	Ergebnis	Bemerkung
	a) Gleichstromwärmetauscher				
1	Verhältnis $\frac{W_1}{W_2}$	$\frac{W_1}{W_2} = \frac{m_1\,c_1}{m_2\,c_2}$	$= \frac{120}{200}$	0,6	(7.19) $c_1 = c_2$, da beide Ströme Wasser
2	Φ	$\Phi = \frac{t_1' - t_1''}{t_1' - t_2'}$	$= \frac{10-70}{10-120}$	0,546	(7.20)
3	Temperatur t_2''	$t_2'' = t_2' - \frac{m_1\,c_1\,(t_1'' - t_1')}{m_2\,c_2}$	$= 120 - \frac{120(70-10)}{200}$	84 °C	(7.20) (7.21)
4	Tauscherfläche A	$A = 1{,}28\ \frac{W_1}{k}$	$= 1{,}28\ \frac{120 \cdot 1}{600}$	0,256 m²	aus Diagramm für Φ und W_1/W_2 ist $\frac{kA}{W_1} = 1{,}28$
5	Länge des Tauschers *l* (linke Skizze auf Seite 193)	$l \approx \frac{A}{\pi\,d_m}$	$= \frac{0{,}256}{\pi \cdot 0{,}015}$	≈ 5,4 m	daraus konstruktive Anordnung. Mittlerer Rohrdurchmesser $d_m \approx 1{,}5$ cm
	b) Gegenstromtauscher (Φ und W_1/W_2 wie oben)				
6	Tauscherfläche A	$A = 0{,}98\ \frac{W_1}{k}$	$= 0{,}98\ \frac{120 \cdot 1}{600}$	0,196 m	$\frac{Ak}{W_1} = 0{,}98$ aus Diagramm
7	Länge des Tauschers *l*	$l = \frac{A}{\pi\,d_m}$	$= \frac{0{,}196}{\pi \cdot 0{,}015}$	4,15 m	

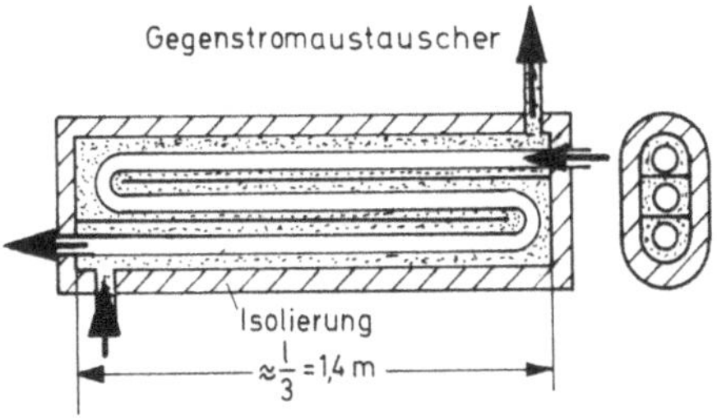

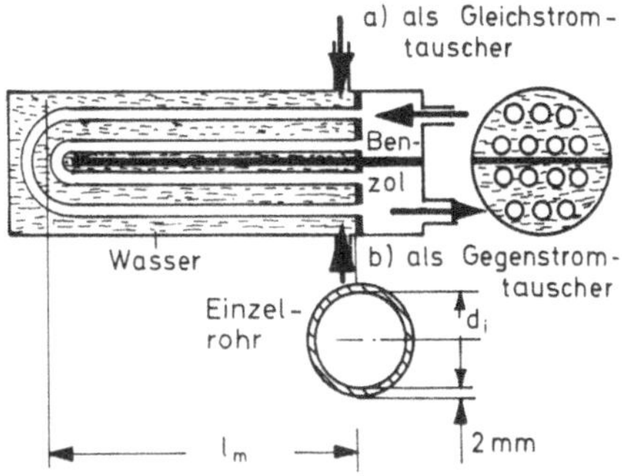

Weitere Aufgabenstellungen (siehe rechte Skizze)

Der skizzierte Wärmeaustauscher besitzt 7 Einzelrohre, die mit Benzol mit der Geschwindigkeit w = 0,5 m/s durchflossen werden. Der andere Strom ist Wasser, es fließt eine genau so große Masse Wasser wie Benzol. Wassereintrittstemperatur ist 20 °C, die Austrittstemperatur 50 °C. Auf welche Temperatur kann das Benzol vor seiner Eintrittstemperatur abgekühlt werden

a) bei Schaltung als Gleichstromaustauscher,
b) bei Schaltung als Gegenstromaustauscher?

Rohrdurchmesser d_i mm	8	10	12	16	20	25
Eintrittstemperatur des Benzols °C	80	100	120	160	200	250
mittlere Halblänge der Rohre l_m cm	80	100	120	160	200	
sonstige Angaben	Wasser am Eintritt 20 °C, am Austritt 50 °C, Benzolgeschwindigkeit w = 0,5 m/s, Wärmedurchgangszahl $k = 300 \frac{\text{kcal}}{\text{m}^2\text{h grd}}$					
Bemerkung	d_i, Eintrittstemperatur des Benzols und l_m beliebig kombinierbar.					

Beispiel 4

Ein Strom von 1200 kg/h Benzol mit einer Eintrittstemperatur von $t_1' = 25$ °C soll mit Dampf von $t_2' = 90$ °C erwärmt werden. Es ist zu untersuchen, ob sich ein Wärmeaustauscher lohnt. Wenn ja, wie groß muß die wirtschaftlich beste Tauscherfläche sein? Wie groß ist die Austrittstemperatur t_1''? Das abfließende Kondensat habe ebenfalls $t_2'' = t_2' = 90$ °C. Ferner ist:

$H_W - 10^{-4}$ DM/kcal,
a = 21 DM/m² Jahr,
$H_A = 100$ DM/m²
K = 2,5 DM/m² Jahr,
B = 1600 h/Jahr (8-Stundentag),

$$k = 1000 \frac{\text{kcal}}{\text{m}^2\text{h grd}}$$

Zeile	Bezeichnung	Gleichung	Zahlenrechnung	Ergebnis	Bemerkung
1	**x-Wert**	$x = \frac{a H_A - K}{B H_W k (t_1' - t_2')}$	$= \frac{21 \cdot 100 - 2{,}5}{1600 \cdot 10^{-4} \cdot 1000 (25 - 90)}$	0,202	(7.24) damit in Φ-Diagramm die Gerade $x \frac{kA}{W_1}$ konstruieren
2	optimale Tauscherfläche A	$A = \frac{1{,}7 W_1}{k}$	$= \frac{1{,}7 \cdot 500}{1000}$	0,85 m^2	$\left(\frac{kA}{W_1}\right)_{opt} = 1{,}7$ aus Diagramm für $\frac{W_1}{W_2} = 0$ (kondens. Dampf)
3	Wärmestrom W_1	$W_1 = mc$	$= 1200 \cdot 0{,}415$	$\approx 500 \frac{kcal}{h\,grd}$	**(7.19) c nach T2**
4	jährliche Ersparnis Sp	$Sp = Q_j H_W - A (a H_A + K)$	$= 4{,}24 \cdot 10^7 \cdot 10^{-4} - 0{,}85 (21 \cdot 100 + 2{,}5)$	$2460 \frac{DM}{Jahr}$	(7.22)
5	jährlicher Wärmeaustausch Q_j	$Q_j = Bq$	$= 1600 \cdot 26500$	$4{,}24 \cdot 10^7$ kcal/Jahr	
6	stündlich übertragene Wärme q	$q = W_1 (t_1'' - t_1')$	$= 500 (78 - 25)$	$26500 \frac{kcal}{h}$	(1.32)
7	Austrittstemperatur des Benzols t_1''	$t_1'' = t_1' - \Phi (t_1' - t_2')$	$= 25 - 0{,}82 (25 - 90)$	78 °C	(7.20) Φ aus Diagrammkonstruktion für Punkt B, Φ = 0,82

Weitere Aufgabenstellungen

Es soll überlegt werden, auf welche Temperatur ein Wärmestrom a möglichst wirtschaftlich mit dem Wärmestrom b vorgewärmt werden kann. Wie groß sind Tauscherfläche und Ersparnis/Jahr? Wie könnte der Tauscher konstruktiv ausgeführt werden, wenn die Geschwindigkeit in runden Rohren bei w = 0,5 m/s liegt und ein Gegenstromtauscher Verwendung findet?

Strom a	Wasser Schwefelsäure
$m \frac{kg}{h}$	630 800 1000 1250
Strom b	Wasser Benzol
$m \frac{kg}{h}$	1600 2000 2500 3150
sonstige Angaben	Wärmedurchgangszahl $k \approx 4500 \frac{kcal}{m^2 h\, grd}$ (angenommen) Kosten: für Wärme H_W = $0{,}4 \cdot 10^{-3}$ DM/kcal, Abschreibung a = 25 DM/Jahr, Anschaffung H_A = 140 DM/m², Betrieb K = 5 DM/m² Jahr, Betriebsstunden B = 2000 h/Jahr, Eintrittstemperaturen Strom a: 30 °C Strom b: 160 °C
Bemerkung	Ströme a und b beliebig kombinierbar.

Beispiel 5

Zwei Blechwände (Walzhaut) haben einen Abstand von b = 80 mm voneinander. Temperatur $t_1 = 400\,°C$.

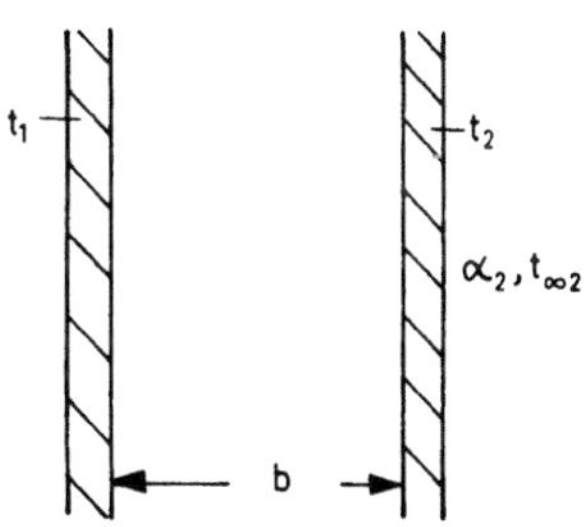

Wieviel Aluminiumfolien müssen zwischen die Bleche gespannt werden (Knitterfolie), um $t_2 \leq 50\,°C$ zu halten? Auf der rechten Seite der Wand sei gering bewegte Luft von $t_{\infty 2} = 20\,°C$ (z. B. in einer Werkshalle). $\alpha_2 \approx 2$ kcal/m²h grd.

Wie groß ist der Wärmedurchgang ohne Folienisolierung und wie hoch ist dabei die Wandtemperatur t_2?

Zeile	Bezeichnung	Gleichung	Zahlenrechnung	Ergebnis	Bemerkung
	Anzahl z der Schirme				
1	Wärmemenge q	$q = \frac{C_s\left[\left(\frac{T_1}{100}\right)^4 - \left(\frac{T_2}{100}\right)^4\right]}{\frac{1}{\epsilon_1} + \frac{1}{\epsilon_2} - 1 + z\left(\frac{2}{\epsilon'} - 1\right)}$	daraus erforderliche Anzahl z		(7.31) z Schirme aus Al mit ϵ'
2	erforderliche Anzahl Schirme z	$z = \left(\frac{C_s\left[\left(\frac{T_1}{100}\right)^4 - \left(\frac{T_2}{100}\right)^4\right]}{q} - \frac{1}{\epsilon_1} - \frac{1}{\epsilon_2} + 1\right)\frac{1}{\frac{2}{\epsilon'} - 1}$	$= \left(\frac{4{,}873\left[\left(\frac{673}{100}\right)^4 - \left(\frac{323}{100}\right)^4\right]}{60} - \frac{2}{0{,}77} + 1\right)\frac{1}{\frac{2}{0{,}035} - 1}$	2,78 gewählt 3 Folien	Gl. aus Zeile 1. $\epsilon_1 = \epsilon_2 = 0{,}77$ n. T 1.2; $\epsilon' = 0{,}035$ für Al, walzblank
3	größtzulässiger Wärmedurchgang q	$q = \alpha_2\,(t_2 - t_{\infty 2})$	$= 2\,(50 - 20)$	$60\ \frac{\text{kcal}}{\text{m}^2\text{h}}$	(7.18)
	Wärmedurchgang ohne Folienisolierung				
4	Wärmedurchgang q	$q = \frac{C_s}{\frac{1}{\epsilon_1} + \frac{1}{\epsilon_2}}\left[\left(\frac{T_1}{100}\right)^4 - \left(\frac{T_2}{100}\right)^4\right]$ $= \frac{4{,}873}{\frac{1}{0{,}77} + \frac{1}{0{,}77}}\left[\left(\frac{673}{100}\right)^4 - \left(\frac{\frac{q}{2} + 20 + 273}{100}\right)^4\right]$		$680\ \frac{\text{kcal}}{\text{m}^2\text{h}}$	**(7.31) (7.18)** t_2 hier nicht bekannt. Ergebnis durch probeweises Einsetzen von q
5	Wandtemperatur t_2	$t_2 = \frac{q}{\alpha_2} + t_{2\infty}$	$= \frac{680}{2} + 20$	360 °C	**(7.18) Temperatur geringer, weil $\alpha_2 > 2$ (Strahlung)**

Weitere Aufgabenstellungen

Zwei ebene parallele, im Verhältnis zum Abstand große Wände sind durch n Lagen Knitterfolie (Al) getrennt. Die Temperatur $t_{1\infty}$ ist bekannt; $t_{2\infty} = 20\ °C$. α_1 ist gegeben. Wie groß muß α_2 sein, damit t_2 einen gewünschten Wert nicht übersteigt?

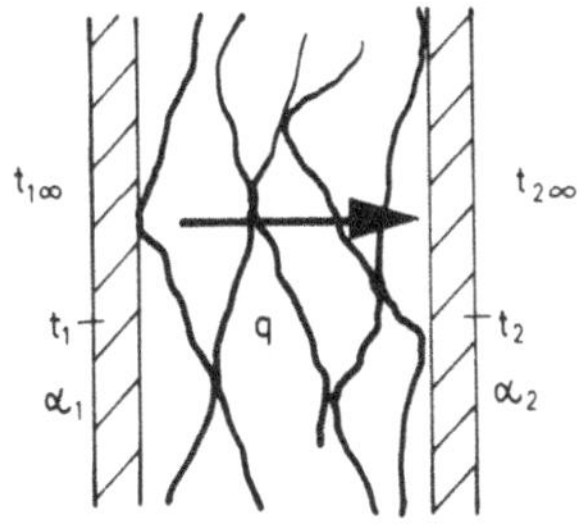

$t_{1\infty}$	°C	300	350	400	450
α_1	$\frac{kcal}{m^2 h\ grd}$	100	160	200	250
Folienzahl n		1	2	4	8
t_2	°C	20	40	80	
Bemerkung		Alle Angaben beliebig zu kombinieren.			

Tafelteil

Zunächst sind drei Umrechnungstafeln für Energie-, Leistungs- und Druckeinheiten wiedergegeben.

Zur Erleichterung der Arbeit mit dem Tafelteil folgt eine Suchtafel, aus der hervorgeht, in welcher Tafel welcher Stoffwert in welcher Abhängigkeit zu finden ist: z. B. c_p für Luft. Man entnimmt der Suchtafel, daß in Tafel 3.1 die Abhängigkeit von der Temperatur t, in Tafel 3.2 die Abhängigkeit von t und Druck p zu entnehmen sind.

Dieser Suchtafel folgen die Stofftafeln für feste (1. ...), flüssige (2. ...) und für gasförmige (3. ...) Stoffe.

Umrechnungen von Energieeinheiten

	Ws	kWh	PSh	mkp	kcal
J	1	$0{,}278 \cdot 10^{-6}$	$0{,}378 \cdot 10^{-6}$	0,102	$0{,}239 \cdot 10^{-3}$
kWh	$3{,}60 \cdot 10^{6}$	1	1,36	$0{,}367 \cdot 10^{6}$	860
PSh	$2{,}65 \cdot 10^{6}$	0,736	1	$0{,}270 \cdot 10^{6}$	632
mkp	9,81	$2{,}72 \cdot 10^{-6}$	$3{,}70 \cdot 10^{-6}$	1	$2{,}345 \cdot 10^{-3}$
kcal	4,186	$1{,}16 \cdot 10^{-3}$	$1{,}58 \cdot 10^{-3}$	426,9	1

Umrechnungen von Leistungseinheiten

	W (J/s)	kW (kJ/s)	PS	mkp/s	kcal/h
Watt	1	10^{-3}	0,00136	0,102	0,860
kW	1000	1	1,36	102	860
PS	736	0,736	1	75	635
mkp/s	9,81	0,00981	0,0133	1	8,45
kcal/h	1,16	$1{,}16 \cdot 10^{-3}$	0,00157	0,118	1

Umrechnungen von Druckeinheiten

	N/m^2	bar	at	atm	Torr
1 N/m^2 =	1	10^{-5}	$1{,}02 \cdot 10^{-5}$	$0{,}987 \cdot 10^{-5}$	$0{,}75 \cdot 10^{-2}$
1 bar *) = 10^6 dyn/cm^2	10^5	1	1,02	0,987	750,06
1 at **) = kp/cm^2	$0{,}981 \cdot 10^5$	0,981	1	0,968	735,56
1 atm = 760 Torr	$1{,}013 \cdot 10^5$	1,013	1,033	1	760
1 Torr =	$1{,}333 \cdot 10^2$	$1{,}333 \cdot 10^{-3}$	$1{,}359 \cdot 10^{-3}$	$1{,}316 \cdot 10^{-3}$	1

*) 1 Mikrobar = 10^{-6} bar
**) Druck in kp/m^2 = 10^4 kp/cm^2

Temperatureinheiten siehe Seite 3.

Suchtafel [z. B. c_p für Luft: Tafel 3.1 c_p abhängig von t, Tafel 3.2 c_p (t, p)]

	Bezeichnung / Dimension / Formelzeichen	Temperaturleitzahl $\frac{m^2}{s}$ a	Wärmeeindringzahl $\frac{kcal}{m^2\,grd\,\sqrt{h}}$ b	spezifische Wärme bei konst. Druck $\frac{kcal}{kg\,grd}$ c_p	spezifische Wärme bei konst. Volumen $\frac{kcal}{kg\,grd}$ c_v	Strahlungszahl $\frac{kcal}{m^2\,h\,grd}$ C	oberer Heizwert $\frac{kcal}{kg}$ H_o	unterer Heizwert $\frac{kcal}{kg}$ H_u	Heizwertverhältnis – $\frac{H_u}{H_o}$	Wärmedurchgangszahl $\frac{kcal}{m^2\,h\,grd}$ k	Molekulargewicht $\frac{kg}{kmol}$ M	kritischer Druck $\frac{kp}{cm^2}$ p_k	Prandtlsche Zahl – Pr	Schmelzwärme $\frac{kcal}{kg}$ q_f
1. feste Stoffe	feste Stoffe allgemein	1.	1.	1.		1.2								1.
	Eisen, Stahl	1.1 (t)		1.1 (t)		1.2								
	Isolierstoffe			1.4										
	feste Brennstoffe							1.3						
2. Flüssigkeiten	Flüssigkeiten allgemein	2.		2.				2.3				2.	2.	2.
	Wasser	2.1 (t) 2.2 (t, p)		2.1 (t) 2.2 (t, p)									2.1 (t) 2.2 (t, p)	
	flüssige Brennstoffe						2.3	2.3	2.3					
3. Gase und Dämpfe	Gase, Dämpfe allgemein	3.		3.	3.						3.	3.	3.	3.
	Luft (trocken)	3.1 (t)		3.1 (t) 3.2 (t, p)									3.1 (t)	
	Wasserdampf			Seite 56										
	gasförmige Brennstoffe						3.8 3.9	3.8	3.8		3.9			

Bezeichnung	Verdampfungswärme	Gaskonstante	Schmelztemperatur	kritische Temperatur	Siedetemperatur	Molvolumen	Längenausdehnung / Wärmeübergangszahl	Volumenausdehnung	spezifisches Gewicht	Strahlungskonstante	Strahlungskonstante (normal zur strahlenden Fläche)	dynamische Zähigkeit	Adiabatenexponent	
Dimension	$\frac{kcal}{kg}$	$\frac{m\,kp}{kg\,grd}$	°C	°C	°C	$\frac{nm^3}{kmol}$	grd^{-1} / $\frac{kcal}{m^2\,h\,grd}$	$\frac{1}{grd}$	$\frac{kp}{m^3}$	–	–	$\frac{kg}{m\,s}$	–	
Formelzeichen	r	R	t_f	t_k	t_s	v_m	α	β	γ	ϵ	ϵ_n	η	κ	
1. feste Stoffe	1.		1.		1.		1.			1.2	1.2			feste Stoffe allgemein
										1.2	1.2			Eisen, Stahl
														feste Brennstoffe
2. Flüssigkeiten	2.		2.	2.	2.			2.				2.		Flüssigkeiten allgemein
	2.1 (t) 2.2 (t, p)							2.1 (t) 2.2 (t, p)				2.1 (t) 2.2 (t, p)		Wasser
														flüssige Brennstoffe
3. Gase, Dämpfe	3.	3.	3.	3.	3.							3.	3.	Gase, Dämpfe allgemein
							Wärmeübergang α in T. 3.5	3.1 (t) 3.2 (p, t)				3.1 (t) 3.3 (t, p)		Luft (trocken)
	r = h''-h' in T. 3.10			Dampftafel → T. 3.10								3.6		Wasserdampf
						3.9								gasförmige Brennstoffe

Formelzeichen	λ	ν	ρ	ρ_k	σ				Diagramme	Diagramm Nr. oder Textseite	Bezeichnung
Bezeichnung	Wärmeleitzahl	kinematische Zähigkeit	Dichte	kritische Dichte	Brennstoffkennzahl						
Dimension	$\frac{kcal}{m\,h\,grd}$	$\frac{m^2}{s}$	$\frac{kg}{m^3}$	$\frac{kg}{m^3}$	–						
1. feste Stoffe	1.		1.								feste Stoffe allgemein
1. feste Stoffe	1.1 (t) 1.4		1.1 (t) 1.4								Eisen, Stahl Isolierstoffe
1. feste Stoffe					1.3				h-s-Diagramm für Kohlenstoffverbrennung h-t-Diagramm	D 5 S. 154	feste Brennstoffe
2. Flüssigkeiten	2.	2.	2.	2.					Φ-Diagramm für Wärmetauscher Gleichstrom Gegenstrom	D 6 D 7	Flüssigkeiten allgemein
2. Flüssigkeiten	2.1 (t) 2.2 (t, p)	2.1 (t) 2.2 (t, p)	2.1 (t) 2.2 (t, p)								Wasser
2. Flüssigkeiten			2.3		2.3				h-t-Diagramm	S. 154	flüssige Brennstoffe
3. Gase, Dämpfe	3.	3.	3.	3.					h-s-Diagramm für NH_3 h-s-Diagramm für CO_2 Φ-Diagramm für Wärmetauscher	D 2 D 3 D 6 D 7	Gase, Dämpfe allgemein
3. Gase, Dämpfe	3.1 (t) 3.4 (t, p)	3.1 (t) 3.3 (t, p)	3.1 (t) 3.3 (t, p)						h-x-Diagramm	D 4	Luft (trocken)
3. Gase, Dämpfe	3.7 (t, p)	3.6	3.6 (t) 3.10 (t, p)						h-s-Diagramm c_p (t, p)	D 1 S. 56	Wasserdampf
3. Gase, Dämpfe					3.8 3.9				h-t-Diagramm	S. 154	gasförmige Brennstoffe

Tafel 1: Stoffwerte fester Stoffe

$a \cdot 10^6$	b	c_p	q_f	r	t_f	t_s	$\alpha \cdot 10^6$	λ	ρ	Formelzeichen
$\frac{m^2}{s}$	$\frac{kcal}{m^2\ grd\ \sqrt{h}}$	$\frac{kcal}{kg\ grd}$	$\frac{kcal}{kg}$	$\frac{kcal}{kg}$	°C	°C	grd^{-1}	$\frac{kcal}{m\ h\ grd}$	$\frac{kg}{m^3}$	Dimension
										760 Torr 20 °C
94,6	338	0,214	85	2800	658	2270	23,1	196,5	2700	Aluminium
23,7	102,5	0,031	5,7	220	327,3	1730	28	30	11340	Blei
20,2	234	0,111	65	1520	1530	2500	11,5	63	7870	Eisen
124	397	0,0308	16	420	1063	2700	14,2	266	19290	Gold (rein)
115	523	0,0916	50	1110	1083	2330	16,5	339	8930	Kupfer (sehr rein)
80,6	72,3	0,0244	50	1350	650	1110	26	123	1740	Magnesium
1,4	60,6	0,115	60	1000	1250	2100		4,32	7430	Mangan
25–35	234–284	0,0914					18,6	69,5–99,6	8600	Messing
107	179	0,289	27	1000	97,7	880	71	108	970	Natrium
11,8	234	0,13	70	1480	1455	3000	12,5	48,1	8800	Nickel
24,7	205	0,0321	27	600	1773	3800	8,94	61	21500	Platin
174	453	0,0559	25	520	960,5	1950	18,7	352	10500	Silber
63,2	294	0,0321	60	1150	3380	5000	4,5	140	19300	Wolfram
39	252	0,092	26,8	430	419,4	907	36	97	7130	Zink
40	149,5	0,0541	14	620	231,9	2300	24	56,6	7280	Zinn
0,66	16,5	0,21					9–12	1,1	2200	Beton (Kies-)
1,2	28,2	0,46	80		0,0	100		1,89	917	Eis (bei 0 °C)
0,11–0,12		0,57						0,15–0,18	600–800	Eiche (quer zur Faser)
0,59		0,166–0,222			700			0,995	2480	Fensterglas
		0,201				3540		9,45–15,0		Graphit (fest)
0,098	7,25	0,34						0,135	1150	Gummi (hart)
		0,357						0,12–0,14	850–1000	Leder (trocken)
	4,91	0,287						0,12	700	Papier (gewöhnl.)
0,33–0,69		0,2			2000	2900		0,4–1	1700–2000	Schamottstein (bei 100 °C)
0,1–0,2		0,3						0,22	1200–1500	Steinkohle

Tafel 1.1: Wärmetechnische Eigenschaften von Stahl und Eisen in Abhängigkeit von der Temperatur

	t	ρ	c_p	λ	$a \cdot 10^6$
	°C	$\frac{kg}{m^3}$	$\frac{kcal}{kg\ grd}$	$\frac{kcal}{m\ h\ grd}$	$\frac{m^2}{s}$
Eisen	0	7850	0,111	51	16,25
Schmiedeeisen rein	200			45	
99,95 % Fe	400		0,15	38	
	600			32	
	800			25	
Stahl unter	100	7850	0,105	47	
0,1 % C	300		0,139	43	
	600		0,18	32	
	900			29	
Stahl unter	100	7780		36	
0,6 % C	300			36	
	600			29	
	900			25	
Stahl unter	100	7680		32	
1,5 % C	300	7750		31	
	600			29	
	900			25	
Bessemerstahl	20	7830		34,3	
Gußeisen 3 % C	20	7000–7700	0,129	50	14,7
Chromnickelstahl	20	7900	0,114	12,5	3,86
17–19 % Cr, 8 %	200			14,8	
Nickel, 0,1–0,2 C	500		0,145	18	
V2A-Stahl vergütet	20	8000	0,114	13	3,975
Kesselblech H III	20	7900	0,1122	44,6	14,1

Tafel 1.2: Strahlungskoeffizienten und Strahlungskonstanten

ϵ_n Emissionsverhältnis der Strahlung in Richtung der Flächennormalen
ϵ gilt für die Strahlung im Halbraum
C Strahlungszahl in $\frac{\text{kcal}}{\text{m}^2\ \text{h grd}^4}$

Stoff	Oberflächenbeschaffenheit	t °C	ϵ_n	ϵ 1)	C
Aluminium	roh	25	0,07		0,35
	poliert	23	0,052		0,26
	walzblank	170	0,039	0,049	
Blei	poliert	130	0,056		0,28
	grau-oxydiert	20	0,28		1,39
Chrom	poliert	150	0,058	0,071	
Eisen	blank geätzt	150	0,128	0,158	
	blank abgeschmirgelt	20	0,24		1,2
	rot angerostet	20	0,61		3,04
	Walzhaut	20	0,77		3,22
	Gußhaut	100	0,8		
	stark verrostet	20	0,85		3,4
Gold	poliert	130	0,018		
Kupfer	poliert	20	0,03		0,2
	leicht angelaufen	20	0,037		0,24
	geschabt	20	0,07		0,46
	oxydiert	130	0,76	0,725	3,6
	schwarz oxydiert	20	0,78		
Manganin	walzblank	120	0,048	0,057	
Messing	poliert	20	0,05		0,25
Nickel	poliert	230	0,07		0,35
	verzinktes Eisenblech, pol.	20	0,054		0,27
	mattvernickeltes Eisenbl.	20	0,109		0,53
Platin	blank poliert	230	0,054		0,27
Silber	poliert	230	0,02		0,1
Wismut	blank	80	0,34	0,366	
Zink	verzinktes Eisenblech	28	0,23		1,13
	poliert	230	0,045		0,22
	matt	50	0,21		1,04
Zinn	verzinntes Eisenbl. blank	24	0,056		0,28
Dachpappe		20	0,93		4,52
Eis	glatt, Wasser	0	0,966	0,918	3
	rauher Reifbelag	0	0,985		
Gips		20	0,9		4,48
Glas	glatt	20	0,94		4,65
Hartgummi		20	0,95		
Holz (Buche)	glatt	70	0,935	0,91	
Kohle	geschliffen	620	0,79		3,9
Papier		95	0,92	0,89	
Porzellan	glasiert	20	0,92		4,56
Schamottesteine	glasiert	1000	0,75		3,7
Silikatstein	rauh	1000	0,8		4
Ton	gebrannt	70	0,91	0,86	
Verputz		20	0,93		
Ziegelstein	rauh, unverputzt	20	0,93		4,6

Tafel 1.2 (Fortsetzung)

Stoff	Oberflächenbeschaffenheit	t °C	ϵ_n	ϵ [1]	C
Aluminiumbronze		100	0,2		
Emaille (Lacke)		20	0,85		
Heizkörperlack [2]		100	0,925		
Mennigeanstrich		100	0,93		

[1] Die Gesamtstrahlung ist bei blanken Metalloberflächen $\approx 1{,}2 \cdot \epsilon_n$, für andere Körper mit glatter Oberfläche $\approx 0{,}95 \cdot \epsilon_n$, mit rauher Oberfläche ist $\approx 0{,}98 \cdot \epsilon_n$ anzunehmen.

[2] Farbe des Heizkörperlacks ist ohne Einfluß auf die Gesamtemission.

Tafel 1.3: Werte für feste Brennstoffe

Brennstoff			flüchtige Bestandteile %	Asche %	Feuchte %	H_u kcal/kg	Brennstoffkennzahl σ [1]
Holz (lufttrocken)			75	0,2–0,8	17–20	3600	
Torf (lufttrocken)			70	10–12	25–35	2500–3500	
Braunkohlen	Rheinische		55	2–3,5	50–60	1800–2500	1,07 . . . 1,12
	Mitteldeutsche		57	6,7	42	3150	
	Böhmische		–	3–9	15–30	4100–5250	
	Österreichische		40–50	5–9	8–40	3150–5900	
	Braunkohlenbriketts		55	5–6	11–15	4500–5200	
Steinkohlen	Gas- und Gasflammkohle	Ruhr und Aachen	30–40	–	–	7050–7550	1,1 . . . 1,2
	Fettkohle		19–30	5–12	1–10	7300–7800	
	Eßkohle		13–19	–	–	7000–7900	
	Magerkohle		9–12	–	–	7300–7500	
	Anthrazit		7–9	–	–	6800–8000	
	Flammkohle	Saar	38–42	4–10	2–5	6800–7150	
	Fettkohle		31–40	4–9	2–5	7300–7650	
Koks	Ruhr und Aachen		–	6–10	2–10	6800–7300	
	Saar		–	3–8	2–10	6800–7300	

[1] σ für reinen Kohlenstoff: $\sigma = 1$

Tafel 1.4: Werte für Isolierstoffe

	organische Stoffe							anorganische Stoffe													
	Formaldehyd-schaumstoff	Polystyrol-schaumstoff	Polyurethan-schaumstoff	Kiefernborke-platten	Holzfaserplatten	Holzwollplatten	Expansitkork	Asbest	Glaswolle langfaserig	Glasgespinst	Magnesiamasse	Kieselgur	Gebrannte Kieselgursteine	Feuerfeste Isoliersteine (Leichtschamotte)	Schlackenwolle kurzfaserig	Steinwolle kurzfaserig (Novolan)	Steinwolle langfaserig (Sillan)	Kieselgurmasse	Leichtkieselgur-masse	Zellenbeton (300)	Zellenbeton (600)	Zellenbeton (800)
mittlere Wärmeleitzahl λ cal/m h grd	27	27	24	66	40	30	28	150	54	49	51	55	141	271	56	56	58	81	56	57	120	170
bei einer Mittel-Temp. von °C	0	0	0	0	0	0	0	50	150	150	150	150	400	550	150	150	150	150	150	25	0	0
Dichte ρ kg/m³	15	25	35	350	280	400	20	580	120	160	230	200	500	750	220	220	120	500	380	300	600	800
spez. Wärme c kcal/kg grd	0,33	0,33	0,33	0,48	0,55	–	0,33	0,20	0,20	0,20	0,24	0,18	0,18	0,19	0,18	0,20	0,20	0,23	0,23	0,27	0,27	0,27
Anwendungs-grenztemperatur °C	70–80	70–80	70–80	100	100	80	70	700	500	500	300	550	550	800	750	700	700	550	550	300	300	300

Tafel 2: Stoffwerte für Flüssigkeiten bei 760 Torr, 20 °C

$a \cdot 10^6$	c_p	p_k	Pr	q_f	r [1]	t_f	t_k	t_s	$\beta \cdot 10^3$	$\eta \cdot 10^6$	λ	$\nu \cdot 10^6$	ρ	ρ_k	Formelzeichen	
$\frac{m^2}{s}$	$\frac{kcal}{kg\,grd}$	$\frac{kp}{cm^2}$		$\frac{kcal}{kg}$	$\frac{kcal}{kg}$	°C	°C	°C	grd^{-1}	$\frac{kg}{m\,s}$	$\frac{kcal}{m\,h\,grd}$	$\frac{m^2}{s}$	$\frac{kg}{m^3}$	$\frac{kg}{m^3}$	Dimension	
0,105	0,516	62	3,88	23	125	- 94,3	236	+ 56,1	1,43	322	0,155	0,407	790,4	252	Aceton	C_3H_6O
0,0924	0,59	65,1	16,32	25	201	-114,5	243	+ 78,3	1,1	1190	0,153	1,508	789,2	280	Äthylalkohol	C_2H_5OH
0,1	0,415	49,6	7,33	30,4	94,5	+ 5,5	288,6	+ 80,1	1,16	650	0,1305	0,74	879,1	305	Benzol	C_6H_6
0,085	0,23	56,7	4,505	19	59	- 63,5	260	+ 61,2	1,28	570	0,104	0,383	1489	496	Chloroform	$CHCl_3$
0,092	0,58		130	47,9		+ 18		+290	0,5	14990	0,232	11,84	1260,4		Glycerin	$C_3H_8O_3$
0,03	0,876	75,3	2	44	137	- 56,6	31	- 78,2	6,6	48	0,0749	0,0062	771	468	Kohlendioxid	CO_2
4,28	0,0335	1076	0,0266	2,8	72	- 38,83	1460	+356,95	1,81	1545	6,83	0,114	13550	5000	Quecksilber	Hg
0,1	0,335	80,4	2,14	27,9	96	- 75,5	157,6	- 10	1,94	304	0,171	0,22	1383	524	Schwefeldioxid	SO_2
0,215	0,383		68,4	26		+ 10,5		+338	0,57	27000	0,468	14,7	1834		Schwefelsäure	H_2SO_4
0,078	0,203	46,5	7,86			-22,8	283	+ 76,7	1,22	970	0,0903	0,608	1595	558	Tetrachlorkohlenstoff	CCl_4
0,143	0,999	225,6	7,01	79,4	539,1	0,0	374,2	+100	0,206	1002	0,507	1,004	998,2	329	Wasser	H_2O
0,081	0,142		1020						0,7	71240	0,121	82	868		Flugmotorenöl 60 °C	
	0,122			35		+ 54		+300	0,97	12800	0,223		870		Paraffin	
0,083	0,116		59,4					+350	0,75	4179	0,122	4,95	845		Spindelöl 60 °C	
	0,43				70	- 10	376	+160	0,97	1460	0,119		860		Terpentinöl	
0,068	0,121		126						0,7	7318	0,1045	8,7	842		Transformatorenöl 60 °C	

[1] bei Siedetemperatur t_s

Tafel 2.1: Stoffwerte für Wasser bei 1 at (Sättigungsdruck) abhängig von der Temperatur t

Stoffwert [1])			Temperatur t °C									
			0	10	20	30	40	50	60	70	80	90
Temperatur-leitzahl	$\frac{m^2}{s}$	$a \cdot 10^9$	131	138	143	148	151	155	158	161	164	166
spez. Wärme	$\frac{kcal}{kg\,grd}$	c_p	1,0074	1,0013	0,9988	0,998	0,998	0,9985	0,9994	1,0007	1,0023	1,0044
Prandtl-Zahl	1	Pr	13,67	9,47	7,01	5,43	4,55	3,57	3	2,56	2,23	1,96
Verdampfungs-wärme [2])	$\frac{kcal}{kg}$	r	597,3	591,7	586	580,4	574,7	569	563,2	557,3	551,3	545,2
Volumenaus-dehnung	grd^{-1}	$\beta \cdot 10^6$	70	88	206	303	385	457	523	585	643	698
dyn. Zähigkeit	$\frac{kg}{m\,s}$	$\eta \cdot 10^6$	1792	1307	1002	797	653	548	467	404	355	315
Wärmeleitzahl	$\frac{kcal}{m\,h\,grd}$	$\lambda \cdot 10^3$	475	497	514	528	540	551	560	568	575	581
kin. Zähigkeit	$\frac{m^2}{s}$	$\nu \cdot 10^6$	1,792	1,307	1,004	0,801	0,658	0,554	0,475	0,413	0,356	0,326
Dichte	$\frac{kg}{m^3}$	ρ	999,8	999,6	998,2	995,7	992,2	988,0	983,2	977,8	971,8	965,3

[1]) Bequemlichkeitshalber sind manche Stoffwerte mit 10^3 oder 10^6 multipliziert. Z.B. ist $10^3 \cdot \lambda$ für 30 °C 528 $\frac{kcal}{m\,h\,grd}$; danach also $\lambda = 528 \cdot 10^{-3} = 0{,}528 \frac{kcal}{m\,h\,grd}$.

[2]) bei Sättigungsdruck, vgl. Tafel 3.10, Dampftafel.

Tafel 2.2: Stoffwerte für Wasser abhängig vom Siedezustand bei t und dazugehörigem Siededruck p

Bezeichnung[1])	Dimension	Temperatur t °C								
		100	140	180	220	260	300	340	360	374,2
Sättigungsdruck p	$\frac{kp}{cm^2}$	1,033	3,685	10,225	23,66	47,87	87,61	148,96	190,42	225,6
Wärmeleitzahl $a \cdot 10^6$	$\frac{m^2}{s}$	0,169	0,172	0,172	0,168	0,157	0,129	0,084	0,05	0,0
spez. Wärme c_p	$\frac{kcal}{kg\ grd}$	1,007	1,024	1,053	1,101	1,189	1,4	2	3,2	∞
Prandtl-Zahl Pr	–	1,75	1,25	0,98	0,88	0,87	1	1,5	2,6	∞
Verdampfungswärme r	$\frac{kcal}{kg}$	539	512	481,3	443,7	396,8	335,4	245,3	171,9	0
Ausdehnung $\beta \cdot 10^3$	grd^{-1}	0,752	0,975	1,233	1,597	2,21	3,46	8,25		∞
dyn. Zähigkeit $\eta \cdot 10^3$	$\frac{kg}{m\ s}$	0,282	0,199	0,151	0,125	0,107	0,094	0,077	0,068	0,051
kin. Zähigkeit $\nu \cdot 10^6$	$\frac{m^2}{s}$	0,295	0,215	0,170	0,149	0,136	0,130	0,127	0,131	0,155
Leitfähigkeit λ	$\frac{kcal}{m\ h\ grd}$	0,586	0,588	0,581	0,561	0,526	0,465	0,37	0,3	0,18
Dichte ρ	$\frac{kg}{m^3}$	958,4	926,1	886,9	840,3	784	712,5	609,5	524,5	326

[1]) Bequemlichkeitshalber sind manche Stoffwerte mit 10^3 oder 10^6 multipliziert: für 100 °C ist $a = 0{,}169 \cdot 10^{-6}\ \frac{m^2}{s}$.

Tafel 2.3: Werte flüssiger Brennstoffe

Brennstoff	Dichte ρ $\frac{kg}{dm^3}$	oberer Heizwert H_o $\frac{kcal}{kg}$	unterer Heizwert H_u $\frac{kcal}{kg}$	$\frac{H_u}{H_o}$	Brennstoffkennzahl σ
Kraftsprit	0,8–0,81	7140	6440	0,9	≈ 1,5
Flugbenzin	0,7–0,74	11200–11500	10000–10300	0,9	
Motorenbenzin	0,72–0,75	10800–11500	9800–10500	0,91	
Motorenbenzin (+ 10 % Alkohol)	0,74–0,76	10800–11000	10000–10200	0,93	
Motorenbenzol	0,86–0,88	10000–10200	9550–9750	0,96	≈ 1,26
Petroleum	0,8 –0,82	10000–10500	9500–10000	0,95	
Gasöl	0,84–0,86	10600–10900	10100–10400	0,95	
Dieselöl	0,85–0,88	10600–10800	9800–10100	0,94	
Braunkohlenteeröl für Dieselmotoren	0,86–0,9	10400–10600	9700–9900	0,93	
Steinkohlenteeröl für Dieselmotoren	0,95–0,97	9200–9500	8700–9200	0,97	
Steinkohlenteerheizöl	1,04–1,08	9300–9500	9000–9300	0,98	

Tafel 3: Stoffwerte von Gasen bei 760 Torr, 20 °C

Formelzeichen		$a \cdot 10^6$	c_p	c_v	M	p_k	Pr	q_f	r [1])
Dimension		$\frac{m^2}{s}$	$\frac{kcal}{kg\,grd}$	$\frac{kcal}{kg\,grd}$		$\frac{kp}{cm^2}$		$\frac{kcal}{kg}$	$\frac{kcal}{kg}$
Acetylen	C_2H_2	9,38	0,392	0,319	26,04	64,7	0,874	23	198
Ammoniak	NH_3	24,9	0,492	0,373	17,031	115,2	0,97	81	327
Argon	Ar	24,8	0,125	0,075	39,944	49,6	0,65	7	37,6
Äthan	C_2H_6	5,27	0,398	0,326	30,07	50,6	0,797	22,2	129
Chlor	Cl_2	4,69	0,12	0,0896	70,914	78,5	0,77	45	62
Difluordichlormethan	CF_2Cl_2		1,25	1,095	120,92	40,9		8,2	40
Helium	He		1,242	0,748	4,002	2,33		0,84	5
Kohlendioxid	CO_2	12,6	0,197	0,15	44,01	75	0,8	44	137
Kohlenoxid	CO		0,251	0,179	28,01	35,6		7,2	51
Luft (CO-frei)		21,4	0,239	0,17	28,96	38,4	0,713		47
Methan	CH_4		0,52	0,4	16,04	47,2		14	131
Sauerstoff	O_2	25,7	0,281	0,201	32	51,4	0,716	3,3	51
Schwefeldioxid	SO_2	4,76	0,151	0,1078	64,06	80,4	0,86	27,9	96
Stickoxid	NO	17,3	0,241	0,172	30,008	66	0,774	18,4	110
Stickstoff	N_2	18,3	0,249	0,1775	28,016	34,6	0,725	6,15	47,6
Wasserstoff	H_2	191	3,4	2,41	2,0156	13,2	0,67	14	110

Tafel 3.1: Stoffwerte für trockene Luft bei 760 Torr abhängig von der Temperatur t

t	$a \cdot 10^6$	c_p	Pr	$\beta \cdot 10^3$	$\eta \cdot 10^5$	$\nu \cdot 10^6$	λ	ρ
°C	$\frac{m^2}{s}$	$\frac{kcal}{kg\,grd}$		grd^{-1}	$\frac{kg}{m\,s}$	$\frac{m^2}{s}$	$\frac{kcal}{m\,h\,grd}$	$\frac{kg}{m^3}$
-150	4,19	0,245	0,74	8,21	0,87	3,11	0,0103	2,793
-100	8,28	0,241	0,72	5,82	1,18	5,96	0,0142	1,98
- 50	13,4	0,24	0,715	4,51	1,47	9,55	0,0177	1,534
0	18,7	0,24	0,711	3,67	1,72	13,3	0,0209	1,293
20	21,4	0,24	0,707	3,43	1,82	15,11	0,0221	1,2045
40	23,9	0,241	0,707	3,2	1,91	16,97	0,0233	1,1267
60	26,7	0,241	0,707	3	2	18,9	0,0245	1,0595
80	29,6	0,241	0,707	2,83	2,1	20,94	0,0257	0,9998
100	32,8	0,242	0,704	2,68	2,18	23,06	0,027	0,9458
120	36,1	0,242	0,7	2,55	2,27	25,23	0,0282	0,898
140	39,7	0,242	0,694	2,43	2,35	27,55	0,0295	0,835
160	43	0,243	0,693	2,32	2,43	29,85	0,03	0,815
180	46,7	0,244	0,69	2,21	2,51	32,29	0,0310	0,7785
200	50,5	0,245	0,685	2,11	2,58	34,63	0,0322	0,7457
250	60,3	0,247	0,68	1,91	2,78	41,17	0,0362	0,6745
300	70,3	0,25	0,68	1,75	2,95	47,85	0,0390	0,6157
350	81,1	0,252	0,68	1,61	3,12	55,05	0,0417	0,5662
400	91,9	0,255	0,68	1,49	3,28	62,53	0,0443	0,5242
450	103,1	0,258	0,685		3,44	70,54	0,0467	0,4875
500	114,2	0,261	0,69		3,58	78,48	0,0490	0,4564
600	138,2	0,266	0,69		3,86	95,57	0,0534	0,4041
700	162,2	0,271	0,7		4,12	113,7	0,0573	0,3625
800	185,8	0,276	0,715		4,37	132,8	0,0607	0,3287
900	210	0,28	0,725		4,59	152,5	0,0637	0,301
1000	235	0,283	0,735		4,8	173	0,0662	0,277

R	t_f	t_k	t_s 2)	$\eta \cdot 10^6$	κ	$\lambda \cdot 10^2$	$\nu \cdot 10^6$	ρ	ρ_k
$\frac{\text{m kp}}{\text{kg grd}}$	°C	°C	°C	$\frac{\text{kg}}{\text{m s}}$		$\frac{\text{kcal}}{\text{m h grd}}$	$\frac{\text{m}^2}{\text{s}}$	$\frac{\text{kg}}{\text{m}^3}$	$\frac{\text{kg}}{\text{m}^3}$
32,59	- 81	35,7	- 83,6	9,6	1,23	1,545	8,2	1,1607	231
49,76	- 77,9	132,4	- 33,4	9,25	1,32	2,578	24,1	0,7598	235
21,23	-189,3	-122,4	-185,9	21,2	1,67	1,545	16,1	1,7821	531
28,22	-183,6	35	- 88,6	8,55	1,22	1,545	4,19	1,3406	210
13	-103	144	- 35	12,25	1,34	0,687	3,82	3,17	573
7,01	-155	111,5	- 30	11,5	1,14	0,9		5,4	555
212	-270,7	-267,9	-268,9	18,55	1,66	12,34	104,2	0,1786	69
19,25	56	31	- 78,48	13,77	1,31	1,529	10	1,9634	460
30,28	-205	-140,2	-191,5	16,5	1,4	2,1		1,2495	301
29,27		-140,7	-194	17,05	1,4	2,21	15,11	1,2922	310
52,89	-182,5	- 82,5	-161,7	10,15	1,3	2,834	19,47	0,7152	162
26,49	-218,83	-118,8	-182,97	19,2	1,4	2,232	18,4	1,4276	430
13,24	- 75,3	157,3	- 10	11,6	1,4	0,722	4,1	2,92	524
30,008	-163,5	- 94	-152	17,85	1,4	1,99	13,38	1,3388	520
30,26	-210,02	-147,1	-195,81	16,6	1,4	2,04	13,26	1,2499	311
420,75	-259,2	-239,9	-252,9	8,4	1,41	17,35	128	0,08994	31

1) bei Siedetemperatur t_s und 760 Torr

2) Siedetemperatur bei 760 Torr

Tafel 3.2: Spezifische Wärme trockener Luft $c_p \frac{\text{kcal}}{\text{kg grd}}$ abhängig von Temperatur und Druck

Druck kp/cm²	Temperatur °C					
	- 50	0	50	100	200	300
1	0,2404	0,2402	0,2409	0,2418	0,245	0,250
50	0,285	0,264	0,256	0,254	0,252	0,253
100	0,335	0,288	0,27	0,263	0,257	0,257
150		0,306	0,282	0,271	0,262	0,261
200		0,322	0,292	0,278	0,267	0,265
250			0,299	0,285	0,272	0,269

Tafel 3.3: Stoffwerte für trockene Luft in Abhängigkeit von Druck und Temperatur

Druck	0 °C			20 °C			50 °C		
	$\eta \cdot 10^5$	$\nu \cdot 10^6$	ρ	$\eta \cdot 10^5$	$\nu \cdot 10^6$	ρ	$\eta \cdot 10^5$	$\nu \cdot 10^6$	ρ
ata	$\frac{kg}{m\,s}$	$\frac{m^2}{s}$	$\frac{kg}{m^3}$	$\frac{kg}{m\,s}$	$\frac{m^2}{s}$	$\frac{kg}{m^3}$	$\frac{kg}{m\,s}$	$\frac{m^2}{s}$	$\frac{kg}{m^3}$
1	1,72	13,75	1,2514	1,82	15,6	1,166	1,96	18,54	1,057
1,033	1,72	13,3	1,293	1,82	15,11	1,204	1,96	17,94	1,092
20	1,77	0,7	25,28	1,892	0,791	23,46	1,99	0,943	21,19
40	1,825	0,358	50,98	1,905	0,404	47,14	2,03	0,481	42,39
60	1,882	0,2445	77,01	1,963	0,277	70,84	2,075	0,327	63,47
80	1,943	0,1888	103	2,02	0,214	90,54	2,12	0,252	83,34
100	2,01	0,1559	128,9	2,07	0,1757	118,0	2,17	0,2065	105
150	2,175	0,1140	191,2	2,22	0,1272	174,5	2,305	0,1485	154,9
200	2,362	0,0949	248,8	2,385	0,1050	226,9	2,44	0,1213	201,5
250	2,57	0,0863	297,8	2,56	0,0936	273,4	2,59	0,1064	243,7
300	2,77	0,0803	342,9	2,735	0,0864	316,5	2,745	0,0964	283,3

Druck	100 °C			150 °C		
	$\eta \cdot 10^5$	$\nu \cdot 10^6$	ρ	$\eta \cdot 10^5$	$\nu \cdot 10^6$	ρ
ata	$\frac{kg}{m\,s}$	$\frac{m^2}{s}$	$\frac{kg}{m^3}$	$\frac{kg}{m\,s}$	$\frac{m^2}{s}$	$\frac{kg}{m^3}$
1	2,18	23,84	0,915	2,39	29,64	0,807
1,033	2,18	23,06	0,9458	2,39	28,68	0,8343
20	2,21	1,210	18,26	2,4	1,498	16,08
40	2,24	0,615	36,38	2,425	0,759	31,97
60	2,27	0,419	54,29	2,45	0,515	47,61
80	2,305	0,32	72,03	2,48	0,393	63,05
100	2,34	0,262	98,45	2,51	0,32	78,22
150	2,44	0,1843	132,5	2,59	0,225	114,9
200	2,56	0,1494	171,2	2,68	0,1791	149,6
250	2,675	0,1288	207,9	2,79	0,1529	182
300	2,8	0,1156	242,5	2,88	0,1356	218,8

Tafel 3.4: Wärmeleitzahl $\lambda \frac{kcal}{m\,h\,grd}$ für trockene Luft abhängig von Druck und Temperatur

Druck	Temperatur in °C					
ata	0	20	40	60	80	100
1	0,0209	0,0221	0,0233	0,0245	0,0257	0,0270
100	0,0256	0,0266	0,0275	0,0284	0,0294	0,0303
200	0,0314	0,0318	0,0323	0,0328	0,0334	0,034
300	0,038	0,038	0,0381	0,0382	0,0383	0,0385
400	0,0442	0,0439	0,0436	0,0432	0,0428	0,0424
500	0,0505	0,0498	0,0491	0,0484	0,0477	0,047

Tafel 3.5: Wärmeübergangszahl α in $\frac{\text{kcal}}{\text{m}^2\,\text{h}\,\text{grd}}$ für

1. Luft an senkrechte Wand

a) bei ruhender Luft (ohne Strahlung) nach folgenden Gleichungen:

überschlägig

$\alpha \approx 2{,}2 \cdot \sqrt[4]{\Delta t/H}$ bei $\Delta t > 10\,°C$ H Höhe der Wand in m

$\alpha \approx 3{,}0 + 0{,}08\,\Delta t$ bei $\Delta t < 10\,°C$

$\Delta t = t_a - t_L$ in °C t_a Außentemperatur der Wand
t_L Lufttemperatur

b) *bei parallel zur Wand bewegter Luft* (ohne Strahlung) abhängig von der Geschwindigkeit des Luftstromes und der Rauhigkeit der Wand.

α nach folgender Tafel:

Luft-geschwindigkeit w m/s	α an rauher Platte $\frac{\text{kcal}}{\text{m}^2\,\text{h}\,\text{grd}}$	α an polierter Platte $\frac{\text{kcal}}{\text{m}^2\,\text{h}\,\text{grd}}$
0	5,3	4,8
0,5	7,1	6,5
1	8,9	8,2
2	12,5	11,6
3	16,1	15,0
4	19,7	18,4
5	23,3	21,8
6	26,4	24,6
7	29,8	27,7
8	33,0	30,7
9	36,2	33,6
10	39,4	36,5
12	45,4	42,0
14	51,2	47,3
16	56,9	52,5
18	62,4	57,4
20	67,8	62,4
22	73,0	67,2
25	80,7	74,2

Tafel 3.5 (Fortsetzung)

2. **Horizontale Rohre**

a) an ruhender Luft (ohne Strahlung)

$$\alpha \approx 1{,}02 \sqrt[4]{\frac{\Delta t}{d}} \frac{\text{kcal}}{\text{m}^2 \text{ h grd}}$$ mit Rohraußendurchmesser d in m

b) *an bewegte Luft, senkrecht zur Rohrachse,* ohne Strahlung nach folgender Tafel:

Rohraußen-durchmesser d	$\alpha \frac{\text{kcal}}{\text{m}^2 \text{ h grd}}$ bei Luftgeschwindigkeit in m/s								
mm	1	2	3	4	5	10	15	20	25
50	12,3	18,0	23,1	27,8	32,2	51,4	68,1	83,3	97,5
60	11,3	16,8	21,0	26,2	30,3	48,6	64,6	79,0	92,6
70	10,5	15,9	20,5	24,8	28,8	46,4	61,7	75,4	88,5
80	9,9	15,1	19,6	23,7	27,6	44,6	59,3	72,4	85,0
90	9,4	14,5	18,8	22,8	26,6	43,0	57,2	70,0	82,1
100	9,0	13,9	18,2	22,1	25,7	41,7	55,4	67,9	79,6
120	8,4	13,1	17,2	20,8	24,3	39,4	52,5	64,4	75,5
140	7,9	12,4	16,3	19,8	23,2	37,6	50,2	61,6	72,2
160	7,5	11,8	15,6	19,1	22,3	36,2	48,3	59,3	69,5
180	7,2	11,4	15,0	18,4	21,5	35,0	46,7	57,3	67,2
200	6,9	11,0	14,6	17,8	20,8	34,0	45,3	55,6	65,2
250	6,4	10,2	13,6	16,7	19,5	31,8	42,5	52,3	61,2
300	6,0	9,7	12,8	15,8	18,5	30,2	40,3	49,6	58,0
350	5,7	9,3	12,3	15,1	17,7	28,9	38,6	47,4	55,5
400	5,5	8,9	11,8	14,5	17,0	27,8	37,1	45,6	53,5
450	5,3	8,6	11,4	14,0	16,4	26,9	35,8	44,1	51,7
500	5,2	8,4	11,1	13,6	15,9	26,1	34,8	42,9	50,1
600	4,9	7,9	10,5	12,9	15,1	24,8	33,0	40,6	47,6
700	4,6	7,5	10,0	12,3	14,4	23,7	31,6	38,9	45,6
800	4,5	7,2	9,7	11,8	13,8	22,8	30,4	37,4	43,9

Tafel 3.6: Stoffwerte von Wasserdampf bei 1 ata und verschiedenen Temperaturen

t	$\eta \cdot 10^6$	$\nu \cdot 10^6$	ρ
°C	$\frac{\text{kg s}}{\text{m}^2}$	$\frac{\text{m}^2}{\text{s}}$	$\frac{\text{kg}}{\text{m}^3}$
100	1,296	21,27	0,598
150	1,486	27,88	0,524
200	1,679	35,3	0,467
250	1,875	43,65	0,421
300	2,071	52,8	0,384
350	2,267	63,0	0,353
400	2,468	74,2	0,326
450	2,668	86,1	0,304
500	2,87	99,1	0,284

Tafel 3.7: Wärmeleitzahlen $\lambda \frac{kcal}{m\,h\,grd}$ von Wasserdampf bei verschiedenen Temperaturen und Drücken

Druck $\frac{kp}{cm^2}$	λ bei t_s (Siedetemp.)	Temperatur °C 0	50	100	200	300	400	500
0	–	0,0137	0,017	0,0205	0,028	0,0365	0,0473	0,0647
1	0,0208			0,0208	0,0282	0,0367	0,0474	0,0647
5	0,0268				0,0298	0,0373	0,0477	0,065
10	0,031				0,0318	0,038	0,0482	0,0654
20	0,0368					0,0395	0,0493	0,0662
40	0,045					0,0432	0,0513	0,0677
60	0,0521					0,0486	0,0535	0,0692
80	0,0584					0,057	0,0559	0,0707
100	0,0648						0,0585	0,0722
140	0,0775						0,065	0,0752
180	0,0945						0,0762	0,0784
200	0,109						0,086	0,0802
250	–						0,128	0,0865
300								0,1000

Tafel 3.8: Heizwerte gasförmiger Brennstoffe

Brennstoff mittlere prozentuale Volumenzusammensetzung in der Reihenfolge $\lvert CO \lvert CO_2 \lvert H_2 \lvert CH_4 \lvert N_2 \lvert$ [1])	Dichteverhältnis $\frac{\rho}{\rho_{Luft}}$	oberer Heizwert H_0 $\frac{kcal}{nm^3}$	unterer Heizwert H_u $\frac{kcal}{nm^3}$	$\frac{H_u}{H_0}$	Brennstoffkennzahl σ
Steinkohlengas |8|3|50|28|4|3	0,4 –0,42	5400–5600	4800–5000	0,89	
Kokereigas |7|3|54|25|10|2	0,4 –0,44	4600–4800	4100–4300	0,89	
Steinkohlenschwelgas |8|8|10|57|3|8	0,7 –0,9	7000–8000	6000–7000	0,87	
Braunkohlenschwelgas |5|40|32|21|3|5	0,8 –1,0	3000–3600	2600–3200	0,88	
Stadtgas (Normengas) |14|4|54|20|4|2	0,45–0,5	4200–4600	3700–4100	0,88	2,0
Generatorgas |28|5|11|≈ 0|54|0	0,85–0,9	1200–1300	1150–1250	0,96	
Gichtgas |22|7|3|0|61|0	0,95–1,0	950–1000	940–980	0,98	0,45
Braunkohlengeneratorgas |26|7|14|2|47|2	0,75–0,85	1400–1600	1300–1500	0,93	
Wassergas |38|5|48|≈ 0|5|0	0,52–0,58	2600–2800	2350–2550	0,91	
Steinkohlenwassergas |33|5|46|7|6|0,3	0,52–0,56	3000–3400	2700–3000	0,89	

[1]) Die zuletzt genannten Prozentwerte sind schwerere Kohlenwasserstoffe

Tafel 3.9: Heizwerte reiner Brenngase

Brennstoff		Molvolumen v_m $\frac{nm^3}{kmol}$	oberer [1]) Heizwert H_o $\frac{kcal}{nm^3}$	unterer [1]) Heizwert H_u $\frac{kcal}{nm^3}$	$\frac{H_u}{H_o}$	Molekülmasse M $\frac{kg}{kmol}$ (abgerundete Werte)	Brennstoffkennzahl σ
Wasserstoff	H_2	22,43	3 050	2 570	0,84	2	
Kohlenoxid	CO	22,40	3 020	3 020	1	28	0,5
Ammoniak	NH_3	22,08	4 120	3 390	0,82	17	
Schwefelwasserstoff	H_2S	22,14	6 140	5 660	0,92	34	
Methan	CH_4	22,36	9 520	8 550	0,9	16	2,00
Acetylen	C_2H_2	22,22	14 090	13 600	0,96	26	1,25
Äthylen	C_2H_4	22,24	15 290	14 320	0,94	28	1,50
Äthan	C_2H_6	22,16	16 820	15 370	0,91	30	1,75
Propylen	C_3H_6	21,96	22 540	21 070	0,93	42	1,50
Propan	C_3H_8	21,82	24 320	22 350	0,92	44	1,67
Butylen	C_4H_8	22,4	29 110	27 190	0,93	56	1,50
Butan	C_4H_{10}	21,49	32 010	29 510	0,92	58	1,63
Isobutan	C_4H_{10}	21,77	31 530	29 050	0,92	58	
Benzoldampf	C_6H_6	22,4	35 310	33 870	0,96	78	

[1]) Heizwerte in $\frac{kcal}{kg}$: vorliegende Zahlenwerte mit v_m multiplizieren und durch M dividieren

Tafel 3.10: Zustandsgrößen von Wasser und Dampf bei Sättigung (Dampftafel)

Temperatur °C t	Druck at p	spez. Volumen des Wassers dm³/kg v′	spez. Volumen des Dampfes m³/kg v″	Dichte des Dampfes kg/m³ ρ″	Enthalpie kcal/kg des Wassers h′	Enthalpie kcal/kg des Dampfes h″	Entropie kcal/kg °K des Wasser s′	Entropie kcal/kg °K des Dampfes s″
0	0,006228	1,0002	206,3	0,004847	0	597,2	0	2,1865
5	0,008894	1,0000	147,1	0,006798	5,03	599,4	0,0182	2,1552
10	0,012517	1,0002	106,4	0,009399	10,4	601,6	0,0361	2,1254
15	0,017381	1,0008	77,96	0,01283	15,04	603,8	0,0536	2,0969
20	0,02383	1,0017	57,84	0,01729	20,03	606,0	0,0708	2,0697
25	0,03229	1,0029	43,40	0,02304	25,02	608,2	0,0876	2,0436
30	0,04325	1,0043	32,94	0,03036	30,00	610,4	0,1042	2,0186
35	0,05732	1,0059	25,25	0,03960	34,98	612,5	0,1205	1,9947
40	0,07519	1,0078	19,56	0,05113	39,97	614,7	0,1366	1,9718
45	0,09770	1,0099	15,28	0,06544	44,96	616,8	0,1524	1,9497
50	0,12577	1,0121	12,05	0,08298	49,94	618,9	0,1679	1,9286
55	0,16050	1,0146	9,583	0,1044	54,94	621,0	0,1832	1,9082
60	0,2031	1,0172	7,682	0,1302	59,93	623,1	0,1983	1,8887
65	0,2550	1,0200	6,205	0,1612	64,93	625,1	0,2132	1,8698
70	0,3178	1,0229	5,047	0,1981	69,93	627,2	0,2279	1,8517
75	0,3931	1,0260	4,135	0,2418	74,94	629,2	0,2424	1,8342
80	0,4829	1,0293	3,410	0,2933	79,95	631,2	0,2567	1,8173
85	0,5894	1,0327	2,829	0,3535	84,96	633,1	0,2708	1,8011
90	0,7149	1,0363	2,361	0,4235	89,98	635,0	0,2847	1,7854
95	0,8619	1,0400	1,982	0,5045	95,01	636,9	0,2984	1,7702
100	1,03323	1,0438	1,673	0,5977	100,05	638,8	0,3120	1,7555
105	1,2318	1,0479	1,419	0,7047	105,09	640,6	0,3254	1,7413
110	1,4609	1,0520	1,210	0,8264	110,14	642,4	0,3387	1,7276
115	1,7239	1,0563	1,036	0,9652	115,20	644,2	0,3518	1,7143
120	2,0245	1,0608	0,8913	1,122	120,3	645,9	0,3647	1,7014
125	2,3666	1,0654	0,7700	1,299	125,3	647,6	0,3775	1,6890
130	2,7544	1,0702	0,6679	1,497	130,4	649,3	0,3902	1,6769
135	3,192	1,0751	0,5817	1,719	135,5	650,9	0,4028	1,6652
140	3,685	1,0802	0,5083	1,967	140,7	642,5	0,4152	1,6538
145	4,237	1,0855	0,4459	2,243	145,8	654,0	0,4275	1,6427
150	4,854	1,0910	0,3924	2,549	150,9	655,5	0,4397	1,6319
155	5,540	1,0966	0,3464	2,887	156,1	657,0	0,4518	1,6214
160	6,302	1,1024	0,3068	3,260	161,3	658,4	0,4637	1,6112
165	7,146	1,1085	0,2724	3,671	166,5	659,7	0,4756	1,6012
170	8,076	1,1147	0,2426	4,122	171,7	661,0	0,4874	1,5914
175	9,101	1,1211	0,2166	4,617	176,9	662,3	0,4991	1,5818
180	10,225	1,1278	0,1939	5,158	182,2	663,4	0,5107	1,5724
185	11,456	1,1347	0,1739	5,750	187,4	664,5	0,5222	1,5632
190	12,800	1,1418	0,1564	6,394	192,8	665,5	0,5337	1,5541
195	14,265	1,1491	0,1409	7,097	198,1	666,4	0,5450	1,5451

Temperatur °C t	Druck at p	spez. Volumen des Wassers dm³/kg v'	spez. Volumen des Dampfes m³/kg v''	Dichte des Dampfes kg/m³ ρ''	Enthalpie kcal/kg des Wassers h'	Enthalpie kcal/kg des Dampfes h''	Entropie kcal/kg °K des Wassers s'	Entropie kcal/kg °K des Dampfes s''
200	15,857	1,1568	0,1273	7,856	203,5	667,3	0,5563	1,5363
205	17,585	1,1647	0,1151	8,688	208,9	668,0	0,5676	1,5276
210	19,456	1,1729	0,1043	9,588	214,3	668,6	0,5788	1,5189
215	21,478	1,1814	0,09471	10,56	219,7	669,2	0,5899	1,5103
220	23,659	1,1903	0,08611	11,61	225,2	669,6	0,6010	1,5017
225	26,007	1,1994	0,07841	12,75	230,8	669,9	0,6120	1,4932
230	28,531	1,2090	0,07149	13,99	236,4	670,0	0,6230	1,4847
235	31,239	1,2190	0,06527	15,32	242,0	670,1	0,6340	1,4762
240	34,140	1,2293	0,05967	16,76	247,7	670,0	0,6450	1,4677
245	37,244	1,2400	0,05465	18,30	253,5	669,7	0,6558	1,4584
250	40,56	1,2515	0,05002	19,99	259,2	669,4	0,6668	1,4507
255	44,10	1,2633	0,04586	21,81	265,0	668,8	0,6777	1,4421
260	47,87	1,2757	0,04208	23,76	270,9	668,1	0,6886	1,4335
265	51,88	1,2888	0,03865	25,87	276,9	667,3	0,6996	1,4248
270	56,14	1,3025	0,03552	28,15	282,9	666,3	0,7105	1,4161
275	60,66	1,3169	0,03266	30,62	289,0	665,1	0,7215	1,4073
280	65,46	1,3322	0,03005	33,28	295,2	663,7	0,7324	1,3984
285	70,54	1,3483	0,02766	36,16	301,5	662,1	0,7435	1,3894
290	75,92	1,3655	0,02546	39,27	307,9	660,4	0,7546	1,3804
295	81,60	1,3837	0,02345	42,64	314,4	658,5	0,7658	1,3712
300	87,61	1,4033	0,02165	46,19	321,1	656,3	0,7770	1,3620
305	93,95	1,424	0,01989	50,28	327,8	654,0	0,7884	1,3526
310	100,64	1,447	0,01832	54,57	334,7	651,5	0,7999	1,3431
315	107,69	1,471	0,01687	59,29	341,8	648,9	0,8115	1,3337
320	115,12	1,498	0,01549	64,55	349,0	645,5	0,8234	1,3232
325	122,95	1,527	0,01420	70,43	356,5	641,5	0,8354	1,3118
330	131,18	1,560	0,01298	77,02	364,2	636,9	0,8478	1,2999
335	139,85	1,597	0,01184	84,43	372,2	631,6	0,8605	1,2870
340	148,96	1,638	0,01077	92,81	380,6	625,8	0,8736	1,2735
345	158,54	1,687	0,009765	102,4	389,4	619,4	0,8874	1,2595
350	168,63	1,746	0,008803	113,6	398,9	612,0	0,9021	1,2441
355	179,24	1,817	0,007878	126,9	409,5	603,6	0,9179	1,2270
360	190,42	1,908	0,006967	143,5	420,9	593,1	0,9353	1,2072
365	202,21	2,03	0,00604	165,5	434,2	579,4	0,9557	1,1833
370	214,68	2,23	0,00499	200	452,3	558,9	0,9824	1,1481
371	217,26	2,30	0,00474	211	457,2	553,2	0,9897	1,1387
372	219,88	2,37	0,00447	224	462,9	546,3	0,9984	1,1276
373	222,53	2,49	0,00415	241	471,0	538,0	1,010	1,1136
374	225,22	2,79	0,00362	276	488,0	522,5	1,033	1,086
374,15	225,65	3,18	0,00318	315	501,5		1,058	

Tafel 3.10: Zustandsgrößen von Wasser und Dampf bei Sättigung nach dem Druck geordnet

Druck at p	Temperatur °C t	spez. Volumen des Dampfes m^3/kg v''	Dichte des Dampfes kg/m^3 ρ''	Enthalpie kcal/kg des Wassers h'	Enthalpie kcal/kg des Dampfes h''	Entropie kcal/kg °K des Wassers s'	Entropie kcal/kg °K des Dampfes s''
0,01	6,69	131,6	0,007597	6,72	600,2	0,0243	2,1450
0,015	12,73	89,64	0,01116	12,77	602,9	0,0457	2,1097
0,02	17,20	68,27	0,01465	17,23	604,8	0,0612	2,0848
0,025	20,78	55,28	0,01809	20,80	606,4	0,0734	2,0655
0,03	23,77	46,53	0,02149	23,79	607,7	0,0835	2,0499
0,04	28,65	35,46	0,02820	28,65	609,8	0,0998	2,0253
0,05	32,55	28,73	0,03481	32,54	611,5	0,1126	2,0063
0,06	35,83	24,19	0,04134	35,81	612,9	0,1232	1,9908
0,08	41,17	18,45	0,05421	41,14	615,2	0,1403	1,9665
0,10	45,45	19,95	0,06688	45,40	617,0	0,1538	1,9478
0,12	49,06	12,60	0,07739	49,01	618,5	0,1650	1,9325
0,15	53,60	10,21	0,09792	53,54	620,4	0,1790	1,9139
0,20	59,67	7,794	0,1283	59,60	623,0	0,1974	1,8899
0,25	64,56	6,321	0,1582	64,49	625,0	0,2119	1,8715
0,30	68,68	5,328	0,1877	68,61	626,6	0,2241	1,8564
0,35	72,24	4,614	0,2169	72,17	628,1	0,2345	1,8437
0,40	75,42	4,068	0,2458	75,36	629,4	0,2436	1,8328
0,50	80,86	3,301	0,3030	80,81	631,5	0,2591	1,8145
0,60	85,45	2,782	0,3594	85,41	633,3	0,2720	1,7996
0,70	89,45	2,408	0,4152	89,43	634,8	0,2832	1,7871
0,80	92,99	2,125	0,4705	92,99	636,2	0,2929	1,7762
0,90	96,18	1,904	0,5253	96,20	637,4	0,3017	1,7667
1,0	99,09	1,725	0,5798	99,13	638,4	0,3095	1,7582
1,1	101,76	1,578	0,6339	101,82	639,4	0,3167	1,7504
1,2	104,25	1,454	0,6876	104,33	640,3	0,3234	1,7434
1,3	106,56	1,349	0,7411	106,66	641,2	0,3296	1,7370
1,4	108,74	1,259	0,7944	108,87	642,0	0,3353	1,7310
1,5	110,79	1,180	0,8474	110,94	642,7	0,3407	1,7255
1,6	112,73	1,111	0,9001	112,90	643,4	0,3458	1,7203
1,8	116,33	0,9950	1,005	116,55	644,6	0,3552	1,7109
2,0	119,62	0,9015	1,109	119,88	645,8	0,3637	1,7024
2,2	122,64	0,8245	1,213	122,9	646,8	0,3715	1,6948
2,4	125,46	0,7600	1,316	125,8	647,8	0,3787	1,6879
2,6	128,08	0,7051	1,418	128,5	648,6	0,3854	1,6815
2,8	130,55	0,6577	1,520	131,0	649,5	0,3916	1,6756
3,0	132,88	0,6165	1,622	133,4	650,2	0,3975	1,6701
3,2	135,08	0,5803	1,723	135,6	650,9	0,4030	1,6650
3,4	137,18	0,5482	1,824	137,8	651,6	0,4082	1,6601
3,6	139,18	0,5196	1,925	139,8	652,2	0,4132	1,6556
3,8	141,09	0,4939	2,025	141,8	652,8	0,4179	1,6513
4,0	142,92	0,4706	2,125	143,6	653,4	0,4224	1,6472
4,5	147,20	0,4213	2,373	148,0	654,7	0,4329	1,6379
5,0	151,11	0,3816	2,621	152,1	655,9	0,4424	1,6295
5,5	154,71	0,3489	2,867	155,8	656,0	0,4511	1,6220
6,0	158,08	0,3213	3,112	159,3	657,9	0,4592	1,6151
6,5	161,21	0,2980	3,356	162,6	658,8	0,4666	1,6087
7,0	164,17	0,2778	3,600	165,6	659,5	0,4737	1,6028

Druck at p	Tempe-ratur °C t	spez. Volumen des Dampfes m^3/kg v″	Dichte des Dampfes kg/m^3 ρ″	Enthalpie kcal/kg des Wassers h′	 des Dampfes h″	Entropie kcal/kg °K des Wassers s′	 des Dampfes s″
7,5	166,96	0,2603	3,842	168,5	660,2	0,4803	1,5973
8,0	169,61	0,2448	4,085	171,3	660,9	0,4865	1,5921
8,5	172,12	0,2311	4,327	173,9	661,5	0,4923	1,5873
9,0	174,53	0,2189	4,568	176,4	662,1	0,4980	1,5827
9,5	176,82	0,2080	4,809	178,9	662,7	0,5033	1,5783
10	179,04	0,1980	5,050	181,2	663,2	0,5085	1,5742
11	183,20	0,1808	5,530	185,5	664,1	0,5181	1,5665
12	187,08	0,1664	6,010	189,7	664,9	0,5270	1,5594
13	190,71	0,1541	6,489	193,5	665,7	0,5353	1,5528
14	194,13	0,1435	6,968	197,2	666,3	0,5431	1,5467
15	197,36	0,1343	7,447	200,6	666,8	0,5504	1,5409
16	200,43	0,1262	7,926	203,9	667,3	0,5573	1,5355
17	203,35	0,1190	8,405	207,1	667,8	0,5639	1,5304
18	206,14	0,1125	8,885	210,1	668,2	0,5701	1,5256
19	208,82	0,1068	9,365	213,0	668,5	0,5761	1,5209
20	211,38	0,1016	9,846	215,8	668,8	0,5818	1,5165
22	216,23	0,09250	10,81	221,1	669,3	0,5926	1,5082
24	220,75	0,08490	11,78	226,1	669,6	0,6027	1,5005
26	224,99	0,07843	12,75	230,8	669,9	0,6120	1,4932
28	228,98	0,07285	13,73	235,2	670,0	0,6208	1,4865
30	232,76	0,06799	14,71	239,5	670,1	0,6291	1,4801
32	236,35	0,06371	15,70	243,5	670,1	0,6370	1,4740
34	239,77	0,05992	16,69	247,4	670,0	0,6445	1,4682
36	243,04	0,05653	17,69	251,1	669,9	0,6516	1,4626
38	246,17	0,05349	18,69	254,7	669,7	0,6585	1,4573
40	249,18	0,05074	19,71	258,2	669,5	0,6650	1,4521
42	252,07	0,04825	20,73	261,6	669,2	0,6713	1,4472
44	254,87	0,04597	21,75	264,9	668,9	0,6774	1,4424
46	257,56	0,04388	22,79	268,0	668,5	0,6833	1,4377
48	260,17	0,04196	23,83	271,1	668,1	0,6890	1,4332
50	262,70	0,04019	24,88	274,1	667,7	0,6945	1,4289
55	268,70	0,03631	27,54	281,3	666,5	0,7076	1,4184
60	274,29	0,03305	30,25	288,2	665,2	0,7199	1,4086
65	279,54	0,03028	33,02	294,7	663,8	0,7314	1,3993
70	284,48	0,02789	35,85	300,9	662,3	0,7423	1,3904
75	289,17	0,02582	38,74	306,9	660,7	0,7527	1,3819
80	293,62	0,02399	41,69	312,6	659,0	0,7627	1,3738
85	297,86	0,02237	44,70	318,2	657,3	0,7722	1,3659
90	301,92	0,02093	47,78	323,6	655,5	0,7814	1,3584
95	305,80	0,01963	50,93	328,9	653,6	0,7902	1,3511
100	309,53	0,01846	54,16	334,1	651,7	0,7988	1,3440
110	316,58	0,01642	60,89	344,0	647,7	0,8152	1,3302
120	323,15	0,01467	68,18	353,7	643,0	0,8309	1,3160
130	329,30	0,01315	76,05	363,1	637,5	0,8460	1,3015
140	335,09	0,01183	84,57	372,4	631,6	0,8607	1,2868
150	340,56	0,01066	93,82	381,6	625,1	0,8751	1,2719
160	345,74	0,00962	104,0	390,8	618,3	0,8895	1,2571
180	355,35	0,00781	128,0	410,2	603,0	0,9191	1,2259
200	364,08	0,00622	161,9	431,5	582,2	0,9516	1,1880
224	373,60	0,00389	257	478,5	530,8	1,0204	1,1012
225,65	374,15	0,00318	315	501,5		1,058	

Sachwortverzeichnis

Die fettgedruckten Seitenzahlen bedeuten, daß das Stichwort auf dieser Seite als Überschrift oder Randstichwort (Marginalie) zu finden ist.

absolute Feuchtigkeit **132**
– Temperatur 12
Absorption (Wärmestrahlung) **183**
Absorptions-Kältemaschine **116**
Ackeret 100
Adiabate 11, **20**, 30, 32
Adiabatenexponent 16
Adiabatengleichung 21
adiabatische Verbrennung 153
AK-Prozeß 100
allgemeine Gaskonstante **14**
Arbeit **9**
Arbeitsfähigkeit 67
Arbeitsverlust bei Mischung **70**
Asche 147
Ausbrennbelastung **177**
Ausdehnungsthermometer **2**
Avogadro 14, 15

Bacon 158
Bilanzkreis **7**
Boyle-Mariottesches Gesetz **12**
Brennstoffkennzahl **151**
Brennstoffzellen **158**

carnotisieren **62**
Carnotprozeß **23**, 33
Carnot-Prozeß (Kältemaschinen) **115**
Celsius 2
Clausius-Rankine-Prozeß 58, 64

Dalton 129
Dämpfe **51**
Dampfdruck 51
Dampfgehalt **55**
Dampfkessel 58
Dampfkraftprozesse **58**
Dampf-Luft-Gemisch (feuchte Luft) **132**
Dampfnässe 55
Dampfspannung 53
Dieselprozeß **95**
DIN-Prozeß 64
Dissoziation **36, 154**
direkte Energieumwandlung **157**
Doppel-Isothermen-Prozeß **100**
Drehkolbenmotor **93**
Drosselung 30, **36**
Drosselverluste **63**
Druck **8**
Druckausgleich **30**
Druckverhältnis **110**

Einspritzverhältnis **96**
Energieausnutzung **28**
Energiegewinnung **146**
Energiezustand **5**
Enthalpie **35**
– der Rauchgase **153**
Entropie **26**
– idealer Gase **31**
Erster Hauptsatz **7**
Exergie **67**
– (Verbrennung) **156**
Expansion 19

Fadenthermometer **2**
Fahrenheit 2
Fehling 154
feuchte Luft **132**
Filmkondensation **175**
Flugkolbenmotor 89
Fremdzündung **87**
Füllungsgrad 110

Gasarbeit, absolute **34**
Gasgemische **129**
Gaskonstante (Gasgemische) **131**
Gasmotor von Lenoir 89
Gasthermometer **3**
Gasturbinen **96**
Gasverflüssigung 54
Gay-Lussacsches Gesetz **11**
Gefriertrocknung 54
Gemischbildung **87**
Gemische idealer Gase **129**
Gesamtwirkungsgrad **66**
geschlossener Kreislauf **98**
Gleichdruckprozeß **23, 25, 34**
Gleichdruckturbine **98**
grauer Körper 183
Grenzschicht 171
Grenzwassergehalt 132

Heizkörper **24**, 25
Heizwerte **148**
Hochdruckmotoren **88**, 91
h-s-Diagramm **57**
h-t-Diagramm (Verbrennung) **154**
h-x-Diagramm für feuchte Luft **132**
Hydroxzelle 158

ideale Gase 12, **13**
Indikatordiagramm **65, 89**
– Ottomotor **92**
– Verdichter **111**
Infrarotstrahlung 183
innere Energie 5, **6**
Isentrope 20, 32
Isobare 1o, **18**, 32
Isochore 10, **18**, 32
Isolierschirme **185**
Isotherme 10, **19**, 32
Irreversibilität **29**
– Verbrennung **155**
Irreversibilitätsgrad **68**

Joule 4
Jouleprozeß 25

Kalorimeter 148
Kaltdampfmaschine 114, **116**
Kälteleistung 115
Kältemaschinen **113**
kalte Verbrennung **66**
Keller 100
Kelvin 2

Kesselverluste **66**
Kilokalorie 4
Klopfen 90
Knitterfolie **185**
Kolbenverdichter **109**
Kompressor-Kältemaschine **115**
Kompression **19**
Kondensation **52**
Kondensator 59
Kondensatorverluste **67**
Konvektion **171**
Kraftstoff **88**
Kreisprozesse **23**
– der Verbrennungskraftmaschinen **87**
kritischer Zustand 53
Kühlkörper **24**, 25
Kühlleistung **116**

laminare Strömung 173
Leistungsziffer 115, 116, 117
– (Wärmepumpen) **118**
Liefergrad **95**, 111
Loschmidtsche Zahl 14
Luftbedarf **151**
Luftbefeuchtung 136
Luftstrahl-Triebwerke **100, 101**
Luftüberschuß **151**

magnetohydrodynamische Generatoren **159**
Massenanteile **130**
mehrstufige Dampfmaschinen 62
Meyer 4
MHD-Generatoren **159**
Mischgerade 69, 134
Mischung **30**
– feuchter Luft **134**
Mischvorgänge 61, **69**
mittlerer Druck **92, 95**
Mitteldruckmotoren **88**
mol **14**
Mollier 57
Molvolumen **14**

Naßdampf 51
Nebel **133**
Newton 5
Nichtumkehrbarkeit **27**, 70
Niederdruckmotoren **87**
Niveauwert 28
Normkubikmeter **15**
Nußelt-Zahl 172

offener Kreislauf **98**
Ottoprozeß **90**

Perpetuum mobile 26
Plasma **160**
Polytrope 11, **21**
Polytropenexponent 21, **22**
Prandtl-Zahl 172
Prozeßtemperaturen **24**
Pumpenarbeit 58
p-v-Diagramm **9**
Pyrometer **4**

Quecksilberkessel 66

Raketen **100, 101**
Randmaßstab h-x-Diagramm für feuchte Luft **136**
Rankine 2
Raumanteile **130**
Rauchgasvolumen **152**
Rauchgastemperatur 153
reale Gase **36**
Reaumur 2
Reflektion **183**
regenerative Speisewasservorwärmung 62
Reibung **29**
relative Feuchtigkeit **132**
Reversibilitätsgrad 67, 69, 147
Reynold-Zahl 172
Rohrbündel **174**
Rosin 154

Sattdampf 53
Sättigungsgrad **132**
Sauerstoffbedarf **150**
schädlicher Raum 64, **110**
Schub 101
schwarzer Körper **183**
Seiligerprozeß **96**
Selbstzündung 87, 90, 95
selektive Strahlung **184**
Spannungskurve **53**
spezielle Gaskonstante R **13**
spezifische Wärme **15**, 16, **17**, 37
– Wärme (Dämpfe) **56**
– Wärme (Gasgemische) **131**
Speisewasserpumpe 59, **61**
Speisewasservorwärmung **61**
Strahlungsbeiwert **184**
Strahlungspyrometer **4**
Stoffaustausch 87
Stoffwechsel 89

Strömung längs ebener Platte **173**
Sublimationstrocknung 54
Sublimieren **54**

Taktzahl **87**
technische Arbeit **35**
Teildruck 130
Temperatur 1
Temperaturmessung **2**
Temperaturskalen **2**
theoretischer Prozeß Verbrennungsmotoren **89**
thermische Generatoren **159**
thermoelektrische Generatoren **158, 159**
Thermoelement **4**
Thermometereichung 3
Tripelpunkt **54**
Trockner 134
Tropfenkondensation **176**
T-s-Diagramm 32
Turbinen-Propeller-Triebwerk 101
Turbokompressor 97
Turboprop 101
turbulente Strömung 173

Überhitzung des Dampfes 52, **60**
Umgebungsgerade 67, **156**
Umlufttrocknung **134**
Umkehrbarkeit **24**
unvollständige Expansion **64**

van der Waalssche Gleichung **37**
Verbandsformeln 148
Verbrennung **31, 66, 146**
Verbrennungsgleichungen **149**
Verbrennungstemperatur **153**
Verbrennungsturbinen **96**
Verdampfer-Kälteanlagen 116
Verdampfung **51**
– im h-s-Diagramm **58**
– (Wärmeübergang) **176**
Verdampfungswärme 51
Verdichter **109**
Verdichter, mehrstufige **112**
Verdichtungsarbeit **110**
Verdichtungsverhältnis **87, 91, 110**
Vergaser 90
Verluste Ottomotor **93**
Verpuffungsturbine **97**
Viertaktmotor **87**
vollkommener Wärmeaustausch 62, 99
Vorwärmung (Verbrennung) **157**
Vorzeichenregel 7

Wandverluste **65**
Wankel 93
Wärmeäquivalent **4**
Wärmeaustausch **27**
Wärmeaustausch durch Strahlung 185
Wärmeaustauscher **179**
Wärmedurchgang an Rohren **178**
Wärmedurchgangszahl **177**
Wärmeenergie 4
Wärmeersparnis 181
Wärmeleitung **170**
Wärmeleitfähigkeit **170**
Wärmemenge **4**
Wärmemengen bei Verdampfung **56**
Wärmepumpen **117**
Wärmestrahlung **183**
Wärmetönungen 148, 149
Wärmeübergang **171**
Wärmeübertragung (Arten) **169**
Wärmeübergang bei Strahlung + Konvektion **186**
Wärmeübergangszahl 171
Wärmezustand 1
Wassergehalt 132
Wasserwert 180
Wirkungsgrade **33, 65,** 69
– Gleichdruckturbine **99**
Wirkungsgrad Ottoprozeß **91**
Wirkungsgrade Raketen, Luftstrahltriebwerke **101**
– Verbrennungsmotoren **94**
– Verdichter **113**
Wirkungsgrad Wärmepumpen **118**
Wirtschaftlichkeit **29,** 181
wirtschaftliche Tauschergröße **181**

Zustandsänderungen idealer Gase **10**
Zustandsgleichung idealer Gase **11,** 12, **15, 17**
– für Gasgemische **131**
Zweistoffkessel **66**
Zweitaktmotor 87, 94
Zweiter Hauptsatz **25**
Zwischenüberhitzung 60
Zündung **87**

Wolfgang Wagner

» Chemische Thermodynamik

Hrsg. von K. Schwabe. Mit 21 Abb. und 2 Tabellen. 2., verb. Aufl. – Braunschweig: Vieweg 1968. 190 S. 11 x 18 cm (WTB-Wissenschaftliche Taschenbücher. Bd. 6.) Pb. 6,80 DM
ISBN 3 528 **06006** 9

Inhalt: Stoffliche Zustände – Thermische Zustandsgleichung – Der erste Hauptsatz der Thermodynamik – Der zweite Hauptsatz der Thermodynamik – Thermische Gleichgewichte – Anhang 1: Tabelle der wichtigsten physikalischen Konstanten – Anhang 2: Lehrbücher und Monographien, Tabellenwerke.

Dieses Wissenschaftliche Taschenbuch enthält in Form einer knappen Übersicht das gesamte Gebiet der klassischen chemischen Thermodynamik. Sowohl die theoretischen Grundlagen als auch die experimentellen Verfahren und praktischen Anwendungen werden übersichtlich und jederzeit verständlich dargestellt.

Dieses WTB vermittelt dem Leser einen gut fundierten Gesamtüberblick über einen Bereich, der zu den wichtigsten Grundpfeilern der modernen Chemie gehört.

» vieweg

Hohmann, Technische Wärmelehre

Diagramm 1

Mollier-h-s-Diagramm für Eis, Wasser und Wasserdampf von − 60 °C bis + 900 °C und von 0,00001 bar bis 2000 bar

Enthalpie h kJ/kg
Entropie s kJ/kg K

Oberhalb 0 °C bis 1000 bar sind die im MKS-System vorliegenden Dampftafeln von B. Kraut [1]) zugrunde gelegt, die aus den Dampftafeln von M. P. Wukalowitsch gewonnen wurden. Unterhalb 0 °C wurde das Dampfgebiet von G. Atagündüz berechnet. Für 2000 bar wurde das Dampfdiagramm von M. Bäckström [2]) herangezogen. Nullpunkt der Zählung ist der Eiszustand von − 273,15 °C.

1) B. Kraut, Strojarski Priručnik, Zagreb, 1963.

2) M. Bäckström, Entropy-enthalpy diagramm for water vapour and liquid, extended to higher temperatures and pressures. Göteborg, 1956.

aus Bošnjaković, Technische Thermodynamik I, 4. Aufl.

Additional material from *Technische Wärmelehre,*
ISBN 978-3-663-05224-1 (978-3-663-05224-1_OSFO1),
is available at http://extras.springer.com

Hohmann, Technische Wärmelehre

Diagramm 4

h-x-Diagramm für feuchte Luft bei Temperaturen von – 10 °C bis 110 °C und p = 750 mm QS (h in kcal/kg tr. Luft)

aus Krischer/Kröll, Trocknungstechnik I, 2. Auflage
Springer-Verlag, Berlin, Göttingen, Heidelberg

Additional material from *Technische Wärmelehre*,
ISBN 978-3-663-05224-1 (978-3-663-05224-1_OSFO2),
is available at http://extras.springer.com

Diagramm 5

Brenngemisch- und Abgasisobaren für Verbrennung von Kohlenstoff mit Luft bei p = 1 bar (h und s sind auf 1 kmol C bezogen)

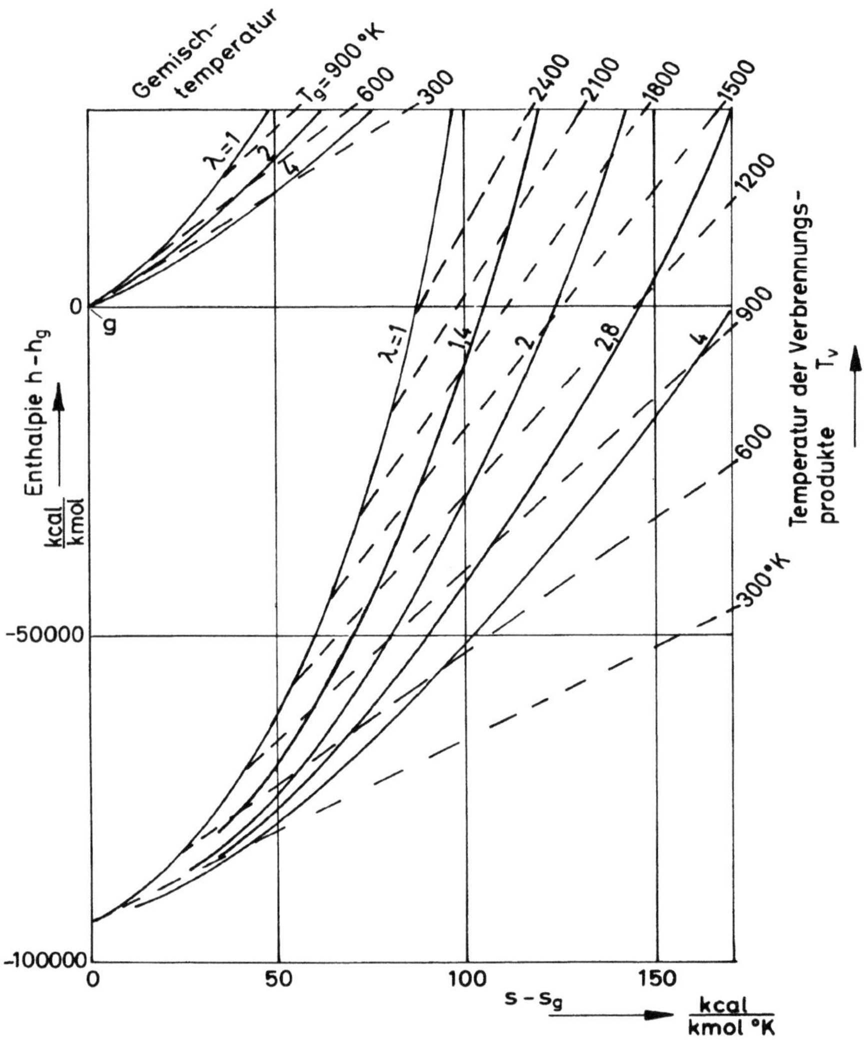

nach K. F. Knoche: Das i-s-Diagramm zur exergetischen Beurteilung von Verbrennungsvorgängen, BWK 1967, Seite 9–14

Additional material from *Technische Wärmelehre*,
ISBN 978-3-663-05224-1 (978-3-663-05224-1_OSFO3),
is available at http://extras.springer.com

EXTRA MATERIALS extras.springer.com

GPSR Compliance

The European Union's (EU) General Product Safety Regulation (GPSR) is a set of rules that requires consumer products to be safe and our obligations to ensure this.

If you have any concerns about our products, you can contact us on ProductSafety@springernature.com

In case Publisher is established outside the EU, the EU authorized representative is:

Springer Nature Customer Service Center GmbH
Europaplatz 3
69115 Heidelberg, Germany

Batch number: 10577919

Printed by Printforce, the Netherlands